21世纪高等教育计算机规划教材

SQL Server 2008 数据库应用教程

SQL Server 2008 Database Application

张小志 吴庆双 主编

宋海军 王冬梅 副主编

人民邮电出版社

北京

图书在版编目（C I P）数据

SQL Server2008数据库应用教程 / 张小志，吴庆双主编. -- 北京 : 人民邮电出版社，2013.8（2018.2 重印）
21世纪高等教育计算机规划教材
ISBN 978-7-115-31944-9

Ⅰ. ①S… Ⅱ. ①张… ②吴… Ⅲ. ①关系数据库系统－高等学校－教材 Ⅳ. ①TP311.138

中国版本图书馆CIP数据核字(2013)第145880号

内 容 提 要

本书以 SQL Server 2008 中文企业版为学习和开发平台，以大量的案例来组织讲解学习内容，着重培养学生的动手能力。

全书分为应用教程和实验指导两部分：第一部分应用教程主要包括数据库技术概述、SQL Server 2008 概述、数据库的创建和管理、表的设计、数据操作与数据查询、索引与数据完整性、视图及其应用、Transact-SQL 编程、存储过程与触发器、SQL Server 2008 安全管理、数据备份与还原、Visual C#/SQL Server 2008 学生成绩管理系统开发案例共 12 章，每章都涵盖了大量案例，方便学生理解掌握相关知识；第二部分实验指导为配套实验练习，共 10 个，可强化学生的实际应用能力。

本书既可作为应用型本科、高职高专、社会培训机构数据库类课程教材，也可作为数据库开发人员的参考用书。

本书提供配套教学课件、所有章节设计代码和数据库系统案例设计源代码。

◆ 主　　编　张小志　吴庆双
副 主 编　宋海军　王冬梅
责任编辑　许金霞
责任印制　彭志环　焦志炜

◆ 人民邮电出版社出版发行　　北京市丰台区成寿寺路 11 号
邮编　100164　　电子邮件　315@ptpress.com.cn
网址　http://www.ptpress.com.cn
北京中石油彩色印刷有限责任公司印刷

◆ 开本：787×1092　1/16
印张：18.25　　2013 年 8 月第 1 版
字数：479 千字　　2018 年 2 月北京第 6 次印刷

定价：38.00 元

读者服务热线：(010)81055256　印装质量热线：(010)81055316
反盗版热线：(010)81055315

前　言

数据库技术是现代信息科学与技术的重要组成部分，是计算机数据处理与信息管理系统的核心。近年来，随着计算机网络技术的迅猛发展，数据库技术和计算机网络技术的发展相互渗透、相互促进，数据库已经成为信息管理、办公自动化、计算机辅助设计等应用的主要软件工具之一，并且进一步应用到情报检索、人工智能、专家系统等领域，帮助人们处理各种各样的信息数据。同时，数据库技术及其应用也成为国内本、专科学校计算机类专业，甚至非计算机类专业的必修课程。

SQL Server 2008 是目前市场中最流行的大中型关系型数据库管理系统，以其强大的功能、简便的操作、友好的界面和可靠的安全性等优点得到很多用户的认可，目前已应用在银行、邮电、铁路、财税和制造等众多行业和领域中。同时，SQL Server 2008 也是目前各类学校学习数据库管理系统的首选工具平台。

本书以 SQL Server 2008 中文企业版为学习和开发平台，以大量的案例来组织讲解学习内容，着重培养学生的动手能力。全书分为应用教程和实验指导两部分：第一部分主要介绍数据库技术相关理论基础、关系数据库设计的一般过程、SQL Server 2008 的环境配置、SQL Server 2008 的组件与体系结构、数据库的创建和管理、数据表的创建和维护、数据表中数据的管理、数据的简单查询、数据的高级查询、索引与数据完整性的应用、视图的创建及其应用、Transact-SQL 语言及其应用、函数的设计与应用、存储过程的设计与应用、触发器的设计与应用、SQL Server 2008 系统安全与管理、数据的备份与恢复、数据库系统应用案例设计等内容；第二部分为实验指导，包含 10 个针对性的实验，让读者通过不断的练习实践，提高其数据库实际应用能力。

本书是作者在总结了多年数据库开发经验和相关课程教学经验的基础上编写而成的，针对每个知识点，设计了针对性强的教学案例，方便读者理解掌握。为方便教学，本书提供配套教学课件、所有章节设计代码和数据库系统案例设计源代码。

全书由张小志和吴庆双主编，其中，张小志负责全书的统稿并编写了第 1 章、第 9 章，吴庆双编写了第 2 章、第 4 章，宋海军编写了第 3 章、第 11 章，王冬梅编写了第 5 章、第 8 章，陈步英编写了第 6 章，郗君甫编写了第 7 章，陈晓纪编写了第 12 章，高欢编写了第 10 章，游凯何负责实验指导的编写。

本书既可作为应用型本科、高职高专、社会培训机构数据库类课程教材，也可作为数据库开发人员的参考用书。

由于作者水平有限，书中难免会有错误或不足之处，敬请读者予以批评指正。

编　者

2013 年 3 月

目 录

第一部分　应用教程

第一部分 应用教程

本部分主要介绍 SQL Server 2008 数据库应用的相关基础知识和应用设计案例，包括数据库技术相关理论基础、关系数据库设计的一般过程、SQL Server 2008 的环境配置、SQL Server 2008 的组件与体系结构、数据库的创建和管理、数据表的创建和维护、数据表中数据的管理、数据的简单查询、数据的高级查询、索引与数据完整性的应用、视图的创建及其应用、Transact-SQL 语言及其应用、函数的设计与应用、存储过程的设计与应用、触发器的设计与应用、SQL Server 2008 系统安全与管理、数据的备份与恢复等应用基础知识；另外，还介绍了运用 Visual C#和 SQL Server 2008 设计应用系统的一般过程。

通过本部分的学习，可充分了解 SQL Server 2008 数据库管理系统中各种对象的概念和作用，并熟悉 SQL Server 2008 的基本操作和各种对象的应用。

第 1 章 数据库技术概述

数据库技术是现代信息科学与技术的重要组成部分，是计算机数据处理与信息管理系统的核心。数据库技术是通过研究数据库的结构、存储、设计、管理以及应用的基本理论和实现方法，并利用这些理论来实现对数据库中的数据进行处理、分析和应用的一门软件科学技术。

学习目标

1. 理解信息和数据的特点
2. 了解数据管理的发展
3. 理解数据库系统体系结构
4. 理解关系数据库的基本理论
5. 掌握关系数据库设计的一般过程

1.1 数据库基础知识

1.1.1 信息与数据

1. 信息

信息是客观事物存在、联系、作用和发展变化的反映。信息在社会的各行各业中具有普遍性，具有可感知、可存储、可加工、可传递、可再生等特性。

2. 数据

数据是数据库中存储的基本对象，是描述事物的符号记录。数据有多种表现形式，可以是数字、文字、图像、声音，也可以是计算机代码。

在计算机中，为了对现实世界中的事物进行描述，需要将事物的特征抽象出来以数据的形式予以存储。比如，在计算机中可以用如下的数据来描述一个学生：

李四，男，1992-1-1，河北，团员，2011 级，信息工程系，电商 111 班

3. 数据处理与数据管理

数据处理是对各种数据进行采集、存储、检索、加工、变换和传输的一系列活动的总和。数据处理离不开软件的支持，数据处理软件包括：用以书写处理程序的各种程序设计语言及其编译程序，管理数据的文件系统和数据库系统，以及各种数据处理方法的应用软件包。为了保证数据安全可靠，还有一整套数据安全保密的技术。

数据管理是指对数据进行分类、组织、编码、存储、检索和维护，是数据处理的中心问题。

1.1.2 数据管理的发展

随着计算机技术的发展，特别是在计算机软件、硬件与网络技术发展的前提下，人们对数据处理的要求不断提高，在此情况下，数据管理技术也不断改进。数据管理的水平是和计算机硬件、软件的发展相适应的，随着计算机技术的发展，数据管理技术经历了三个阶段的发展：人工管理阶段、文件系统阶段、数据库系统阶段。

1. 人工管理阶段

20 世纪 50 年代中期以前，计算机的软硬件均不完善，硬件存储设备只有磁带、卡片和纸带，软件方面还没有操作系统,计算机主要用于科学计算。人工管理阶段的数据具有以下几个特点：

（1）计算机中没有支持数据管理的软件；

（2）数据组织面向应用，数据不能共享，数据重复；

（3）在程序中要规定数据的逻辑结构和物理结构，数据与程序不独立；

（4）数据处理方式为批处理；

（5）数据不予保存。

综上所说，也称这一数据管理阶段为无管理阶段。

2. 文件系统阶段

20 世纪 50 年代后期到 60 年代中期，由于计算机大容量存储设备（如硬盘）的出现，推动了软件技术的发展，而操作系统的出现标志着数据管理步入一个新的阶段。在文件系统阶段，数据以文件为单位存储在外存储器中，且由操作系统统一管理，此阶段的计算机不仅用于科学计算，还大量用于管理。文件系统阶段的数据具有以下几个特点：

（1）数据可以长期保留；

（2）数据独立性较高；

（3）数据可以实时处理。

在文件系统阶段，由于数据的组织仍然是面向程序，所以存在大量的数据冗余，而且数据的逻辑结构不能方便地修改和扩充，数据逻辑结构的每一点微小改变都会影响到应用程序。

3. 数据库系统阶段

从 20 世纪 60 年代后期开始，数据管理进入数据库系统阶段。随着人们对数据管理技术提出了更高的要求：希望面向企业或部门，以数据为中心组织数据，减少数据的冗余，提供更高的数据共享能力，同时要求程序和数据具有较高的独立性，当数据的逻辑结构改变时，不涉及数据的物理结构，也不影响应用程序，以降低应用程序研制与维护的费用。数据库技术正是在这样一个应用需求的基础上发展起来的。数据库系统阶段的数据管理有如下特点：

（1）数据结构化；

（2）数据共享性高，冗余度小，易扩充；

（3）数据独立性高；

（4）统一的数据管理和控制功能。

在数据库系统阶段，数据占据了中心位置，数据的结构设计成为信息系统设计的核心问题。

1.1.3 数据库与数据库管理系统

1. 数据库

通俗地定义，数据库（DataBase，DB）是存放数据的仓库；严格地定义，数据库是长期存储在计算机内的、有组织的、可共享的数据集合。

2. 数据库管理系统

数据库管理系统（Data Base Management System，DBMS）是位于用户与操作系统之间的一层数据库管理软件，如 SQL Server 2008 就是一个 DBMS。数据库管理系统完成数据的组织、存储、维护、获取等任务，它具有如下功能。

（1）数据定义功能。用户可以通过 DBMS 提供的数据定义语言（Data Definition Language，DML）方便地对数据库中的对象进行定义。

（2）数据操纵功能。用户可以通过 DBMS 提供的数据操纵 语言（Data Manipulation Language，DML）方便地操纵数据库中的数据，实现对数据库中数据的基本操作，如增加、删除、修改、查询等。

（3）数据库的运行管理。数据库管理系统统一管理数据库的运行和维护，以保障数据的安全性、完整性、并发性和故障的系统恢复性。

（4）数据库的建立和维护功能。数据库管理系统能够完成初始数据输入、数据转换、数据转储、数据恢复、数据库的性能监视和分析等任务。

3. 数据库管理员

数据库管理员（DataBase Administrator，DBA）负责全面管理和控制数据库系统。其具体职责包括安装和升级数据库服务器（如 Oracle、Microsoft SQL server）以及应用程序工具；设计数据库系统存储方案，并制订未来的存储需求计划；创建数据库存储结构，创建数据库对象，修改数据库的结构；维护数据库的安全性，控制和监控用户对数据库的存取访问；监控和优化数据库的性能；制订数据库备份计划，灾难出现时对数据库信息进行恢复、维护适当介质上的存档或者备份数据、备份和恢复数据库等。

4. 数据库系统

数据库系统（DataBase System，DBS）是采用数据库技术的计算机系统。数据库系统由数据库管理系统及应用开发工具、数据库应用程序、数据库管理员和用户以及支撑它们的硬件平台和软件平台组成。其中，数据库管理系统是数据库系统的重要组成部分，数据库管理系统在计算机系统中的地位如图 1.1 所示。

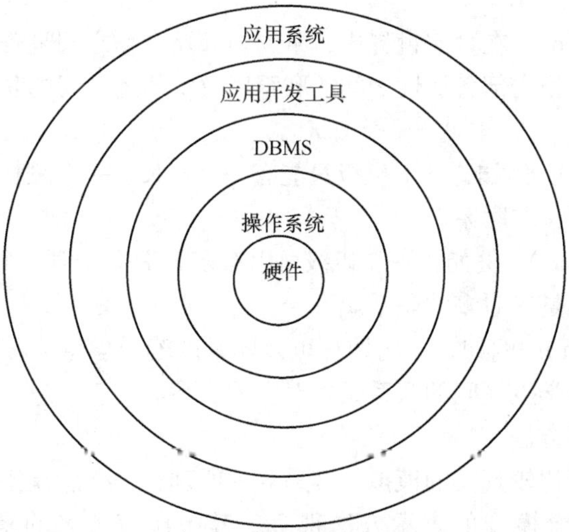

图 1.1　数据库管理系统的地位

1.1.4 数据模型

数据模型是现实世界数据特征的抽象，是现实世界的模拟。对于现实生活中的具体的模型，如汽车模型、飞机模型等，人们看到模型就会想到现实生活中真实的事物。数据模型同样是现实世界中数据和信息在数据库中的抽象与表示。数据模型应满足三方面要求：一是能比较真实地模拟现实世界；二是容易为人所理解；三是便于在计算机中实现。

不同的数据模型提供的模型化数据和信息的方法是不同的，根据模型应用目的的不同，数据模型可以分为概念模型和结构数据模型。概念模型是按用户的观点对数据和信息进行抽象，主要用于数据库设计；结构数据模型是按计算机的观点建模，主要用于数据库管理系统的实现。

1. 概念模型

概念模型是现实世界到信息世界的第一次抽象，用于信息世界的建模，是数据库设计人员的有利工具，也是数据库设计人员与用户之间交流的语言。

（1）信息世界的基本概念

信息世界涉及到的主要概念如下。

① 实体（Entity）：实体是指客观存在并可以相互区别的事物。实体可以是具体的人、事、物，也可以是抽象的概念和联系。例如，一个部门、一个产品、一名学生、一名教师等都是实体。

② 属性（Attribute）：实体所具有的某一特性称为实体的属性，一个实体由若干个属性来描述。例如，教师实体可以由教师编号、姓名、性别、职称、学历、工作时间等属性描述，（1001，杨森，男，副教授，研究生，1965）这些属性组合起来就描述了一个教师实体。

③ 码（Key）：唯一标识实体的属性集称为码。例如，教师编号是教师实体的码。

④ 域（Domain）：属性的取值范围成为该属性的域。例如，教师实体的“性别”属性的域为（男，女）。

⑤ 实体型（Entity Type）：具有相同属性的实体称为同型实体，用实体名及其属性名的集合来抽象和刻画同类实体，称为实体型。例如，教师（教师编号，姓名，职称，学历，工作时间）就是一个实体型。

⑥ 实体集（Entity Set）：同型实体的集合称为实体集。例如，全体教师就是一个实体集，全体学生也是一个实体集。

⑦ 联系（Relationship）：在现实世界中，事物内部及事物之间是普遍存在联系的，这些联系在信息世界中表现为实体型内部各属性之间的联系以及实体型之间的联系。两个实体型之间的联系可以分为以下三类。

- 一对一联系（1:1）：例如，一个班级只能有一个班长，一个班长也只能属于一个班级，则班级与班长之间具有一对一的联系。
- 一对多的联系（1:n）：例如，一个班级可以有多名学生，但一个学生只能属于一个班级，班级与学生之间的联系就是一对多的联系。
- 多对多联系（m:n）：例如，一门课程可以同时由若干学生学习，而一个学生也可以同时学习若干门课程，课程与学生之间的联系是多对多的联系。

（2）概念模型的表示方法

概念模型是信息世界比较真实的模拟，容易为人所理解，概念模型能方便、准确地表示出信息世界中常用概念。概念模型的表示方法很多，其中比较著名的是实体-联系方法（Entity-Relationship），该方法用 E-R 图来描述现实世界的概念模型。

E-R 图提供了表示实体型、属性和联系的方法。

① 实体型：用矩形表示，矩形框内写明实体名。图 1.2 所示为学生实体和成绩实体。

② 属性：用椭圆表示，椭圆内写明属性名，用无向边将属性与实体连接起来。图 1.3 所示为学生实体及其属性。

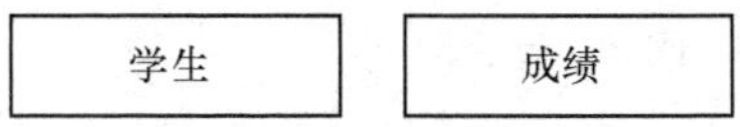

图 1.2　实体的表示

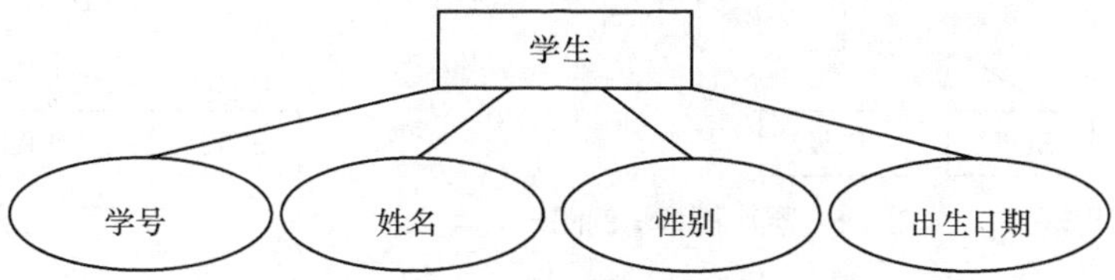

图 1.3　实体及其属性的表示

③ 联系：用菱形表示，菱形框内写明联系名，通过无向边与有关实体连接起来，同时在无向边上注明联系类型。需要注意的是，联系也具有属性，也要用无向边与联系连接起来。图 1.4 所示为学生实体及课程实体之间的联系。

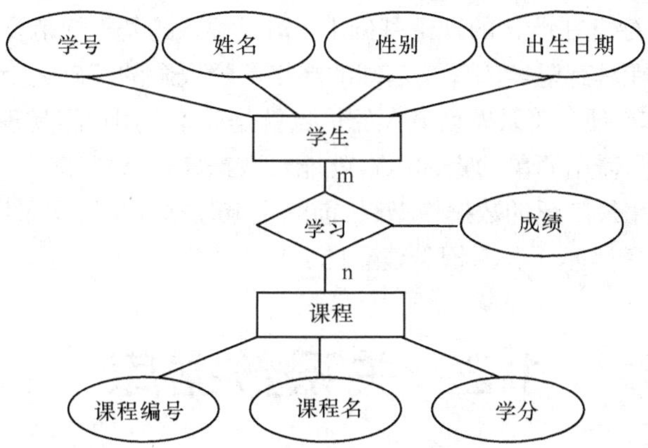

图 1.4　实体之间的联系

2. 结构数据模型

数据库管理系统根据数据模型对数据进行存储和管理，其采用的数据模型主要有：层次模型、网状模型和关系模型。

（1）层次模型

用树型（层次）结构表示实体类型及实体间联系的数据模型称为层次模型。

层次模型是用树型结构表示实体及其之间的联系，树中每一个节点代表一个记录类型，树状结构表示实体型之间的联系。图 1.5 所示为某学校按层次模型组织的数据示例。

在层次模型中的限制条件是：有且仅有一个节点，无父节点，此节点为树的根；其他节点有且仅有一个父节点。

层次模型的优点是记录之间的联系通过指针实现，查询效率高；缺点是只能表示 1∶N 的联系。

（2）网状模型

每一个数据用一个节点表示，每个节点与其他节点都有联系，这样，数据库中的所有数据节点就构成了一个复杂的网络。图 1.6 所示为按网状模型组织的数据示例。

（3）关系模型

关系模型用二维表的形式表示实体和实体间联系的数据模型。关系模型是以集合论中的关系

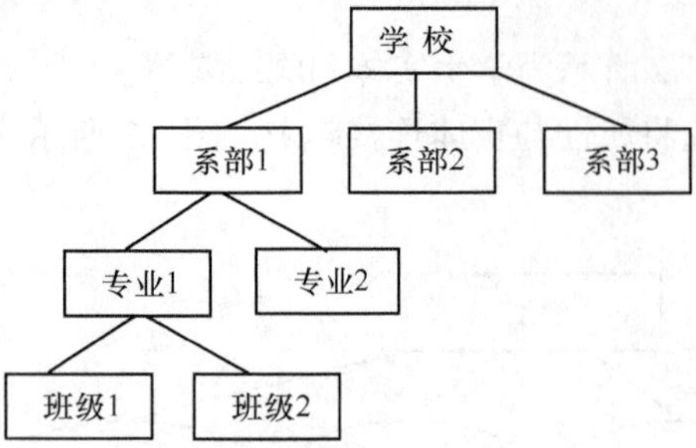

图 1.5 层次模型示例图

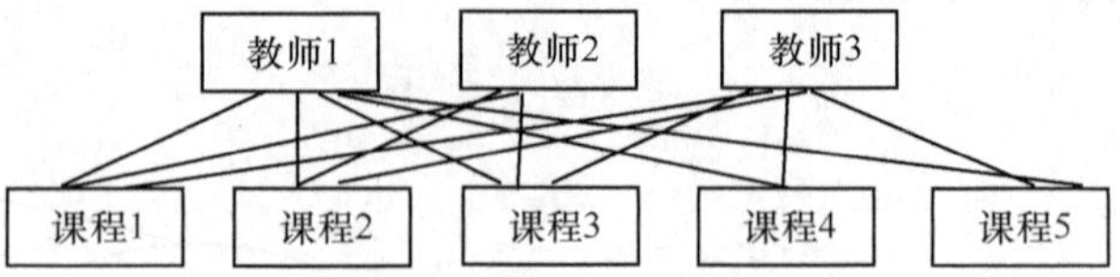

图 1.6 网状模型示例

概念为基础发展起来的。关系模型中无论是实体还是实体间的联系均由单一的结构类型——关系来表示。在实际的关系数据库中的关系也称表。一个关系数据库就是由若干个表组成的。

关系模型具有如下优点。

① 数据结构单一。关系模型中，不管是实体还是实体之间的联系，都用关系来表示，而关系都对应一张二维数据表，数据结构简单、清晰。

② 关系规范化，并建立在严格的理论基础上。构成关系的基本规范要求关系中每个属性不可再分割，同时关系建立在具有坚实的理论基础的严格数学概念的基础之上。

③ 概念简单，操作方便。关系模型最大的优点就是简单，用户容易理解和掌握，一个关系就是一张二维表格，用户只需用简单的查询语言就能对数据库进行操作。

关系模型是目前使用最广泛的数据模型，目前的主流数据库系统均采用关系模型来组织数据，SQL Server 2008 数据库就是基于关系模型建立的。

1.2 关系数据库

关系数据库是当前信息管理系统中最常用的数据库，目前市场中的数据库管理系统也以关系型数据库为主导产品，技术比较成熟。主流的关系型数据库管理系统包括 Oracle、SQL Server、MySQL、DB2、Sybase、Informix 等。小型的关系型数据库管理系统包括 Access、Visual FoxPro 等。

SQL Server 是由微软公司开发和推广的在 Windows 平台上最为流行的大中型关系数据库管理系统。SQL Server 版本从 SQL Server 6.5、SQL Server 7.0、SQL Server 2000 到 SQL Server 2005，再到目前的 SQL Server 2008，功能不断完善。

1.2.1 关系模型

关系模型由数据结构、关系操作、数据完整性三部分组成。

1. 数据结构

关系模型的数据结构是一种二维表格结构。在关系模型中，现实世界的实体与实体之间的联系均用二维表格表示。关系模型的数据结构如表 1.1 所示。

关系模型的基本术语及其含义如下。

（1）关系模型（Relational Model）：用二维表格结构来表示实体及实体间联系的模型称为关系模型。在关系模型中一个关系对应于一张二维表，如表 1.1 所示的学生表。

表 1.1　　学生表

学号	姓名	性别	出生日期
201201020201	王晓兰	女	1993-5-9
201201020202	杨红蕾	女	1992-10-20
201201020203	李维	男	1993-8-8
201201020204	黄立杰	男	1992-12-25

（2）属性（Attribute）和值域（Domain）：二维表中的列（字段、数据项）称为属性，列值称为属性值，属性值的取值范围称为值域。

（3）关系模式（Relation Schema）：对关系的描述称为关系模式。在二维表中，行定义称为关系模式。

关系模式的一般表示为:关系名（属性 1，属性 2，属性 3，…，属性 n）

上面的学生信息表对应一个关系，其关系模式为：学生（学号，姓名，性别，出生日期）。

（4）元组（Tuple）：二维表中的行（记录的值）称为元组。

（5）关键字或码（Key）：在关系的属性中能够用来唯一标识元组的属性（或属性的组合）称为关键字或码。关系中的元组由关键字的值来唯一确定，并且关键字不能为空。例如，学生表中的学号就是关键字。

（6）候选关键字或候选码（Candidate Key）：如果一个关系中存在着多个属性（或属性的组合）都能唯一标识该关系的元组，则这些属性或属性的组合都称为该关系的候选关键字或候选码。

（7）主关键字或主码（Primary Key）：在一个关系中的若干候选码中指定为关键字的属性（或属性组合）称为该关系的主关键字或主码。

（8）非主属性或非码属性（Non Primary Attribute）：关系中不组成码的属性均称为非主属性或非码属性。

（9）全码（All-key）：如果一个关系模型的所有属性一起构成这个关系的码，则称其为全码。

（10）分量（Component）：元组中的属性值称为分量。例如，表 1.1 中的“黄立杰”。

（11）外部关键字或外键（Foreign Key）：如果关系中的某个属性或属性组合不是该关系的关键字或只是关键字的一部分，而是另一个关系的关键字时，称该属性或属性组合为这个关系的外部关键字或外键。

（12）从表与主表：从表与主表是指以外键相关联的两个表，以外键为主键的表称为主表（主键表），外键所在的表称为从表（外键表）。

例如，学生（学号，姓名，性别，出生日期）与成绩（学号，课程编号，成绩）两个表，对于“成绩”表，学号是外键，对于“学生”表，学号是主键。“学生”表是主表，“成绩”表是从表。

2. 关系操作

关系操作的特点是集合操作，即操作的对象和结果都是集合。关系操作主要包括查询（Select）、插入（Insert）、删除（Delete）、修改（Update）等操作。

（1）数据查询

数据查询是将数据从关系数据库中取出并提供给用户，数据可以来自同一个关系，也可以来自不同的多个关系。

(2) 数据插入

数据插入是将数据添加到指定关系中，形成关系中新的元组。

(3) 数据修改

数据修改是在一个关系中修改指定元组的指定属性。数据修改包含删除需要修改的元组和插入修改后的元组两部分操作。

(4) 数据删除

数据删除的基本单位是关系中的单个元组，是将指定关系中的指定元组删除。

3. 数据完整性

数据完整性是指关系模型中数据的正确性与一致性。关系模型允许定义的完整性约束包括实体完整性、域完整性、参照完整性和用户自定义的完整性约束。关系模型数据库系统提供了对实体完整性、域完整性和参照完整性约束的默认支持，也就是在执行插入、修改、删除操作时，数据库系统可以自动保证数据的正确性与一致性。

(1) 实体完整性（Enity Integrity）

现实世界中的实体是可区分开的，即具有某种唯一性的标识。关系模型中的关系通常对应于现实世界中的实体集，关系模型中是以主关键字作为唯一性标识的，而主关键字的属性即主属性是不能为空值的，如果主属性为空值，则说明存在某个不可标识的实体，即存在不可区分的实体，这与现实世界相矛盾。

实体完整性就是指要求关系中的元组在组成主关键字的属性上不能为空。例如，学生表中学号列的值不能为空。

(2) 域完整性（Domain Integrity）

域完整性是指要求表中列的数据必须具有正确的数据类型、格式以及有效的数据范围。例如，学生表中的性别列的数值只能为“男”或“女”。

(3) 参照完整性（Reference Integrity）

关系模型中实体之间的联系也是用关系来进行描述的，这就需要在关系与关系之间通过特定的属性建立起它们之间的联系。比如，“学生”关系和“成绩”关系之间是通过“学号”属性来建立联系的，显然，成绩关系中的“学号”值必须是确实存在的学生的学号，即在学生关系中要有该学生的记录。

参照完整性就是指关系之间不能引用不存在的元组。例如，在成绩表中的学号列不能引用学生表中不存在的学号。

(4) 用户自定义的完整性

不同的关系数据库系统根据其实际应用环境的不同还需要一些特殊的约束条件，用户自定义的完整性就是针对具体应用中的数据所必须满足的要求而定义的约束条件。

1.2.2 关系数据库中的基本运算

在关系中访问所需的数据时，需要对关系进行一定的关系运算。关系数据库主要支持选择、投影和连接关系运算，它们源于关系代数中并、交、差、选择、投影和连接等运算。

(1) 选择

从一个表中找出满足指定条件的记录行形成一个新表的操作称为选择。选择是从行的角度进行运算得到新的表，新表的关系模式不变，其记录是原表的一个子集。

例如，从“学生”表中查询出 1992 年出生的学生信息，即从原表中筛选出一个新的表，如

表 1.2 所示，新表的结构没有发生变化，只是数据集发生变化了。

表 1.2　　学生表

学号	姓名	性别	出生日期
201201020202	杨红蕾	女	1992-10-20
201201020204	黄立杰	男	1992-12-25

（2）投影

从一个表中找出若干字段形成一个新表的操作称为投影。投影是从列的角度进行的运算，通过对表中的字段进行选择或重组得到新表。新表的关系模式所包含的字段个数一般比原表少，或者字段的排列顺序与原表不同，其内容是原表的一个子集。

例如，从“学生”表中查询出学生的学号、姓名信息，即是从原表中选取了两列形成一个新表，如表 1.3 所示。

表 1.3　　学生学号、姓名信息

学号	姓名
201201020201	王晓兰
201201020202	杨红蕾
201201020203	李维
201201020204	黄立杰

（3）连接

选择和投影都是对单表进行的运算操作，在实际应用中，经常需要从两个或多个表中选择满足条件的记录。连接就是这样的一种运算方式，它可将两个表中的记录按一定的条件横向结合起来形成一个新表。

连接运算分为很多种类型，实际应用中大多是自然连接。自然连接是指当两个表中有相同的字段时，将字段值相等的记录连接起来，并且去掉重复字段形成新表。

假设有“成绩”表，如表 1.4 所示。

表 1.4　　成绩表

学号	课程编号	成绩
201201020201	100010	85
201201020202	100011	90

对“学生”表和“成绩”表执行自然连接运算，结果如表 1.5 所示。

表 1.5　　自然连接运算结果

学号	姓名	性别	出生日期	课程编号	成绩
201201020201	王晓兰	女	1993-5-9	100010	85
201201020202	杨红蕾	女	1992-10-20	100011	90

1.2.3　关系数据库规范化理论

一个关系数据库模式由一组关系模式组成，一个关系模式由一组属性名组成。关系数据库设计，就是如何把已给定的相互关联的一组属性名分组，并把每一组属性名组成关系的问题。然而，属性的分组不是唯一的，不同的分组对应着不同的数据库应用系统，它们的效率往往相差很远。为了使数据库设计合理可靠、简单实用，长期以来，形成了关系数据库设计的理论——规范化理论。

1. 问题的提出

假设有学生课程成绩关系如下所示：

学生课程成绩（学号、姓名、性别、出生日期、课程编号、课程名称、学分、成绩）

该关系存在以下问题。

（1）数据冗余

数据冗余是指数据的重复出现。在该关系中，存在一个学生学习了多门课程的情况，此时该学生的信息会不断重复出现，当一门课程为多名学生学习时，该门课程的信息也会多次出现，导致数据出现大量的冗余。

（2）更新异常

由于存在着数据冗余现象，当需要对某个数据进行修改时，可能会出现因其多处存在而可能发生的未全部修改的情况，此时将会产生数据不一致的情况。例如，假设姓名为“王晓兰”的学生学习了 20 门课程，则在该关系表中会有 20 条记录包含姓名“王晓兰”，如果需要将该姓名改为“王小兰”，则很容易产生只修改部分记录中的情况，最终导致数据的不一致。

（3）插入异常

如果需要新增一门课程，而这门课程因为还没有学生学习，则该门课程无法添加到数据库中。因为在该关系中（学号，课程编号）是主键，此时学号为空，根据数据库的实体完整性约束规则该记录将无法插入到表中。

（4）删除异常

如果某个学生的课程成绩记录被全部删除，则会出现该学生的基本信息也会被一起删除的情况，该学生的基本信息也将无法找到。

为了克服以上存在的问题，可以将关系“学生课程成绩”分解为 3 个关系，如下所示：

学生（学号，姓名，性别，出生日期）

课程（课程编号，课程名称，学分）

成绩（学号，课程编号，成绩）

分解后的关系很好地解决了前面存在的问题。首先，分解后在一定程度上解决了数据冗余的问题，当某个学生学习了 20 门课程时，该学生的信息只需要在“学生”关系表中出现一次即可；其次，更新异常是由于数据冗余产生的，数据冗余的问题解决之后更新异常的情况也就自然消失了；再次，由于学生信息和课程信息是分开存储的，新增课程可以直接插入到“课程”关系表中，而无需考虑有没有学生学习该门课程，也就不存在插入异常的问题；最后，学生的成绩是存储在“成绩”关系表中的，当删除某个学生的成绩记录时，学生的基本信息是不会受到影响的，删除异常的问题也就解决了。

那么，为什么分解后可以解决所有的异常问题呢？那是因为“学生课程成绩”关系的属性之间存在数据依赖，要避免产生数据冗余、更新异常、插入异常、删除异常的问题，必须消除同一关系内不同属性之间的数据依赖。

2. 数据依赖

同实体与实体之间联系一样，实体内部各属性间的联系也分为 1：1、1：n 和 m：n 三类。

例如关系：学生（学号，姓名，性别，出生日期，身份证号，籍贯，系部）

（1）一对一关系（1：1）

设 X、Y 是关系 R 的两个属性（集）。如果对于 X 中的任一具体值，Y 中至多有一个值与之对应，反之，对于 Y 中的任一具体值，X 中也至多有一个值与之对应，则称 X、Y 两属性间是一对一关系。如本例学生关系中学号与身份证号码之间就是一对一关系。

（2）一对多关系（1：n）

设 X、Y 是关系 R 的两个属性（集）。如果对于 X 中的任一具体值，Y 中可以找到多个值与之对应，而对于 Y 中的任一具体值，X 中至多只有一个值与之对应，则称属性 X 对 Y 是一对多关系。如本例学生关系中系部与学号之间就是一对多的关系。

（3）多对多关系（m：n）

设 X、Y 是关系 R 的两个属性（集）。如果对于 X 中的任一具体值，Y 中有 n 个值与之对应，而对于 Y 中的任一具体值，X 中也有 m 个值与之对应，则称属性 X 对 Y 是多对多（m:n）关系。本例学生关系中籍贯与系部之间就是多对多的关系。

上述属性间的 3 种关系实际上是属性值之间相互依赖与相互制约的反映，因而称之为属性间的数据依赖。

数据依赖共有 3 种：

- 函数依赖（Functional Dependency，FD）
- 多值依赖（Multivalued Dependency，MVD）
- 连接依赖（Join Dependency，JD）

其中最重要的是函数依赖和多值依赖。

① 函数依赖

函数依赖是属性之间的一种联系。在关系 R 中，X、Y 为 R 的两个属性或属性组，如果对于 R 的所有关系 r 都存在：对于 X 的每一个具体值，Y 都只有一个具体值与之对应，则称属性 Y 函数依赖于属性 X。或者说，属性 X 函数决定属性 Y，记作 $X \rightarrow Y$。其中，X 称为决定因素，Y 称为被决定因素。上述定义，可简言之：如果属性 X 的值决定属性 Y 的值，那么属性 Y 函数依赖于属性 X。换一种说法：如果知道 X 的值，就可以获得 Y 的值，则可以说 X 决定 Y。

若 $X \rightarrow Y$，且 $Y \rightarrow X$，则记为 $X \leftrightarrow Y$。

若 Y 函数不依赖于 X，则记为 $X \nrightarrow Y$。

前面学习的属性间的 3 种关系，并不是每种关系中都存在着函数依赖。

- 如果 X、Y 间是 1：1 关系，则存在函数依赖 $X \leftrightarrow Y$。
- 如果 X、Y 间是 1：n 关系，则存在函数依赖：$X \rightarrow Y$ 或 $Y \rightarrow X$（多方为决定因素）。
- 如果 X、Y 间是 m：n 关系，则不存在函数依赖。

注意：属性间的函数依赖不是指 R 的某个或某些关系子集满足上述限定条件，而是指 R 的一切关系子集都要满足定义中的限定。只要有一个具体的关系 r（R 的一个关系子集）不满足定义中的条件，就破坏了函数依赖，使函数依赖不成立。

关系数据库中的函数依赖有以下几种。

- 平凡函数依赖和非平凡函数依赖：设有关系模式 R（U），$X \rightarrow Y$ 是 R 的一个函数依赖。若对任何 X、$Y \rightarrow U$，$Y \rightarrow X$，则称 $X \rightarrow Y$ 是平凡函数依赖。若 $Y \notin X$，则称 $X \rightarrow Y$ 是非平凡的函数依赖。

- 完全函数依赖和部分函数依赖：设有关系模式 R（U），X→Y 是 R 的一个函数依赖，且对于任何 X′∉X，X′→Y 都不成立，则称 X→Y 是完全函数依赖。反之，如果 X′ X→Y 成立，则称 X→Y 是部分函数依赖。
- 传递函数依赖：设有关系模式 R（U），X、Y、Z∈U，如果 X→Y，Y→Z，且 Y∈X，Y 不函数依赖于 X，有 X→Z，则 Z 传递依赖于 X。

② 多值依赖

设 R（U）是属性集 U 上的一个关系模式。X、Y、Z 是 U 的子集，并且 Z=U−X−Y，当且仅当对 R（U）的任一关系 r，给定的一对（x，z）值有一组 Y 值，这组值仅仅取决于 x 值而与 z 的值无关，则关系模式 R（U）中多值依赖 X→Y 成立。

在关系模式中，函数依赖不能表示属性值之间的一对多联系，这些属性之间有些虽然没有直接关系，但存在间接的关系，把没有直接联系、但有间接的联系称为多值依赖的数据依赖。例如，教师和学生之间没有直接联系，但教师和学生可通过系名或任课把教师和学生联系起来。

例如，有这样一个关系仓库（仓库管理员，仓库号，库存产品号），假设一个产品只能放到一个仓库中，但是一个仓库可以有若干管理员，那么对应于一个（仓库管理员，库存产品号）有一个仓库号，而实际上，这个仓库号只与库存产品号有关，与管理员无关，这就是多值依赖。

若多值依赖 X→Y，而 Z 为空集，则称 X→Y 为平凡的多值依赖；若 Z 不为空，则称其为非平凡的多值依赖。

3. 范式和规范化

为了使数据库设计的方法走向规范，1971 年 E.F.Codd 提出了规范化理论。规范化理论用于改造关系模式，通过分解关系模式来消除其中不合适的数据依赖，以解决数据冗余、更新异常、插入异常、删除异常等问题。

关系数据库中的关系要满足一定的要求，不同等级的要求对应不同等级的范式。满足最低要求的称为第一范式，记为 1NF。在第一范式的基础上如果进一步满足某种要求，达到第二范式标准，则称该关系符合第二范式（2NF）。以此类推，直到第五范式。

不满足 1NF 的关系都是非规范化关系，满足 1NF 的关系称为规范化的关系。将较低的范式通过关系的无损分解转换为若干个高级范式的关系，这一过程叫做关系的规范化。

（1）第一范式（1NF）

如果关系模式 R 的每一个属性都是不可分解的数据项，则称 R 属于 1NF，满足第一范式是关系数据库最基本的要求。

表 1.6 所示的关系中“家庭成员”属性可分为两项，不满足第一范式的要求。

表 1.6　　不满足第一范式的关系

学号	姓名	性别	出生日期	家庭成员	
				父亲	母亲
201201020201	王晓兰	女	1993-5-9	王志建	李兰
201201020202	杨红蕾	女	1992-10-20	杨金波	王亚兰
201201020203	李维	男	1993-8-8	李松	陈梦丹
201201020204	黄立杰	男	1992-12-25	黄旭	罗美璐

满足第一范式要求的关系模式不一定是最合理的关系模式，例如前面分析的关系学生课程成绩（学号、姓名、性别、出生日期、课程编号、课程名称、学分、成绩），虽然满足第一范式的要求，但是它存在数据冗余、更新异常、插入异常、删除异常等问题，还需要对它进行进一步的规范，以使其更合理。

（2）第二范式（2NF）

如果关系模式 R 符合第一范式的要求，并且每个非码属性都完全函数依赖于主码，则称 R 是满足第二范式的关系模式。

例如，对于关系：学生课程成绩（学号，姓名，性别，出生日期，课程编号，课程名称、学分，成绩），该关系的主码是（学号，课程编号），而姓名、性别、出生日期、课程名称、学分、成绩都属于非码属性。该关系中存在非码属性部分依赖于主码的情形，如：姓名、性别、出生日期完全依赖于学号，课程名称、学分完全依赖于课程编号，都是部分依赖于主码（学号，课程编号），因此，该关系不满足第二范式的要求。

可以将该关系分解为如下 3 个关系：

学生（学号，姓名，性别，出生日期）

课程（课程编号，课程名称，学分）

成绩（学号，课程编号，成绩）

（3）第三范式（3NF）

如果关系模式 R 符合第二范式的要求，且没有一个非码属性是传递函数依赖于候选码属性，则称 R 是满足第三范式的关系模式。

例如，关系模式学生（学号，姓名，性别，出生日期，班级，专业）符合第二范式的要求，但是，其中的非码属性专业可由属性班级决定，即专业属性传递依赖于主码属性学号，因此，该关系模式不符合第三范式的要求。

可将该关系分解为如下两个关系：

学生（学号，姓名，性别，出生日期，班级）

班级（班级，专业）

从上面的分析可以看出，在对关系模式进行规范化的过程中，需要将原有的一个关系分解成若干个关系，实际上也就是将关系中所包含的不同主题的信息分解到不同的关系中，使最终的每个关系只包含一种主题的信息。

在数据库规范化理论中，还有比第三范式更高的要求，如 BC 范式（BCNF）、第四范式（4NF）、第五范式（5NF）等。但在实际应用中，也不是规范化程度越高就越好，因为规范化程度越高，在查询检索时需要做的关联等工作就越多，数据库在操作过程中需要访问的数据表以及数据表之间的关联也就越多。在数据库设计的规范化过程中，一般要求满足第三范式即可，这样可以保证关系规范化和数据库易用性的平衡。

1.2.4 关系数据库语言

1974 年，IBM 公司的 Ray Boyce 和 Don Chamberlin 将 Codd 关系数据库的 12 条准则的数学定义以简单的关键字语法表现出来，里程碑式地提出了 SQL（Structured Query Language）语言。SQL 语言是一种综合的、通用的关系数据库语言，同时又是一种高度非过程化的语言，只要求用户指出做什么而不需要指出怎么做，SQL 语言集成实现了数据库生命周期中的全部操作。SQL 语言提供了与关系数据库进行交互的方法，它可以与标准的编程语言一起工作。自产生之日起，SQL

语言便成了检验关系数据库的试金石，而 SQL 语言标准的每一次变更都指导着关系数据库产品的发展方向。然而，直到 20 世纪 70 年代中期，关系理论才通过 SQL 在商业数据库 Oracle 和 DB2 中使用。

1986 年，ANSI 把 SQL 作为关系数据库语言的美国标准，同年公布了标准 SQL 文本。目前 SQL 标准有 3 个版本。基本 SQL 定义是 ANSIX3135-89，“Database Language - SQL with Integrity Enhancement” [ANS89]，一般叫做 SQL-89。SQL-89 定义了模式定义、数据操作和事务处理。SQL-89 和随后的 ANSIX3168-1989，“Database Language-Embedded SQL” 构成了第一代 SQL 标准。ANSIX3135-1992[ANS92]描述了一种增强功能的 SQL，现在称为 SQL-92 标准。SQL-92 包括模式操作，动态创建，SQL 语句动态执行、网络环境支持等增强特性。在完成 SQL-92 标准后，ANSI 和 ISO 即开始合作开发 SQL3 标准。SQL3 的主要特点在于抽象数据类型的支持，为新一代对象关系数据库提供了标准。

SQL 语言是一种介于关系代数和关系演算之间的语言，具有丰富的查询功能，同时具有数据操纵、数据定义和数据访问功能，是集数据定义、数据操纵、数据查询和数据控制于一体的关系型数据库语言。目前，许多关系型数据库管理系统支持 SQL 语言，如 SQL Server、Access、Oracle、Sybase、MySQL、DB2 等。

SQL 语言的核心功能包括数据查询、数据操纵、数据定义和数据访问控制 4 部分。SQL 语言简洁、方便、实用，完成其核心功能只用了 9 个动词：CREATE、ALTER、DROP、SELECT、INSERT、UPDATE、DELETE、GRANT、REVOKE，目前已成为应用最广的关系数据库语言。

1. 数据定义功能

SQL 语言的数据定义功能主要包括对数据库以及数据库中的各种对象进行创建、修改、删除操作，所用到的语句主要是 CREATE、ALTER、DROP，所涉及的对象包括表、视图、约束、索引等。

2. 数据查询功能

SQL 语言的数据查询功能非常强大，它主要是通过 SELECT 语句来实现对数据库中数据的检索，它可以实现简单查询、连接查询、嵌套查询和视图查询等。

3. 数据操纵功能

SQL 语言的数据操纵功能主要是指对数据库表中的数据记录进行添加、修改、删除操作，所用到的语句有 INSERT、DELETE、UPDATE 三条语句。

4. 数据访问控制功能

SQL 语言的数据访问控制功能是指控制用户对数据的操作权限。某个用户对数据库的操作权限是由数据库管理员来决定和分配的，数据访问控制功能保证这些安全政策的正确执行。SQL 语言通过授权语句 GRANT 和回收权限语句 REVOKE 来实现数据访问控制功能。

SQL 语言具有两种使用方式，既可以作为独立的语言在终端交互方式下使用，又可以将 SQL 语句嵌入在某种高级语言（如 C、C++、Java 等）中使用。嵌入 SQL 的高级语言称为主语言或宿主语言。

SQL 语言易学易用，作为关系数据库的标准语言，它已被众多商用数据库管理系统产品所采用。不过，因为不同的数据库管理系统在其实践过程中都对 SQL 规范做了某些修改和扩充，所以，实际上不同数据库管理系统之间的 SQL 语言不能完全通用。例如，微软公司的 SQL Server 数据库系统支持的是 Transact-SQL（T-SQL）语句，而甲骨文公司的 Oracle 数据库所使用的 SQL 语言则是 PL-SQL 语句。

1.3　关系数据库设计

关系数据库的设计是信息系统开发和设计的重要组成部分，数据库设计的合理程度直接决定了信息系统开发的进度、用户的使用和后期的维护。

数据库设计的任务是针对给定的应用环境，构造最优的数据库模式，建立数据库及其应用系统，使之能够有效地存储数据，满足各种用户的应用需求（信息要求和处理要求）。

数据库设计通常是在一个通用的 DBMS 支持下进行，即以现成的 DBMS 为基础。数据库设计的内容主要包括两个方面：结构特性设计、行为特性设计。结构特性设计使之确定数据库的数据模型，数据模型反映了现实世界的数据及数据之间的联系，在满足要求的前提下，尽可能的减少冗余，实现数据共享。行为特性设计使之确定数据库应用的行为和动作，应用的行为和动作体现在应用程序中。数据库设计的重点是结构特性设计，但也必须与行为特性设计相结合，这两部分是紧密相关、相辅相成的，组成了统一的数据库工程。

一般将数据库的设计分为 6 个阶段：需求分析阶段、概念结构设计阶段、逻辑结构设计阶段、物理结构设计阶段、数据库实施阶段、运行和维护阶段。

1.3.1　需求分析

需求分析是设计数据库的起点，需求分析的结果将直接影响到各个阶段的设计。需求分析的任务是通过详细调查用户的需求，确定所要开发系统的目标，收集支持系统运行的各种基础数据与处理方法。

需求分析调查的重点是“数据”和“处理”，通过调查、收集、分析，获得用户对数据库的信息需求、处理要求以及安全性和完整性要求等。

信息需求是指用户要从应用系统中获得信息的内容与性质，即未来系统中要输入的信息、从数据库中要获得的信息等。由对信息的要求就可以导出对数据的要求，即在数据库中存储什么数据。

处理要求是指用户要完成什么样的处理、对处理的响应时间有什么要求以及要求用什么样的处理方式等。

确定用户的需求是非常困难的，因为用户往往对计算机应用不太了解，难以准确表达自己的需求。另外，计算机专业人员缺乏用户的专业知识，存在与用户准确沟通的障碍。

需求分析的结果是产生用户和设计人员共同确认的需求分析说明书，说明书中主要包括数据流图、数据字典、各类数据的统计表格、系统功能结构图和必要的说明。需求分析说明是下一步数据库概念结构设计的基础。

1.3.2　概念结构设计

需求分析阶段描述的用户需求是面向现实世界的具体需求，将需求分析得到的用户需求抽象为信息世界的概念模型的过程就是概念结构设计，它是整个数据库设计的关键。概念结构设计不依赖于具体的计算机系统和数据库管理系统。表达概念设计结果的工具称为概念模型。

概念设计要遵从一定的策略和步骤，如概念设计的策略有以下几种。

- 自顶向下：先定义全局概念结构的框架，再做局部细化。

- 自底向上：先定义每一局部应用的概念结构，然后按一定的规则将它们集成得到全局的概念结构。
- 由里向外：首先定义核心结构，然后再扩展。
- 混合策略：将自顶向下和自底向上结合起来，先用前一种方法确定框架，再用自底向上设计局部概念，然后再结合起来。

概念设计的一般步骤如下。

- 进行局部抽象，设计局部概念。
- 将局部概念模式综合成全局概念模式。
- 进行评审、改造。

概念结构设计最常用的表达工具是 E-R 模型，采用 E-R 模型进行概念设计的步骤如下。

1. 设计局部 E–R 模型

在需求分析阶段的数据字典和数据流图中的数据流、文件项、数据项等就体现了实体、实体的属性等的划分，参照数据流图来标定局部应用中的实体、实体的属性、实体的码、实体间的联系以及它们联系的类型来完成局部 E-R 模型的设计。

2. 设计全局 E–R 模型

当所有的局部 E-R 模型设计完毕后，就可以对局部 E-R 模型进行集成。集成即是把各局部 E-R 模型加以综合连接在一起，使同一实体只出现一次，消除不一致和冗余。一般采用两两集成的方法，即先将具有相同实体的 E-R 模型以该相同的实体为基准进行集成，如果还有相同的实体，就再次集成，直到所有具有相同实体的局部 E-R 模型都被集成，从而得到全局的 E-R 模型。在集成的过程中，要消除属性、结构、命名 3 类冲突，实现合理的集成。

3. 检查集成后的 E–R 模型

通过检查集成后的 E-R 模型可以消除模型中的冗余数据和冗余联系。冗余表现在：在初步集成的 E-R 模型中，可能存在可由其他的所谓基本数据和基本联系导出的数据和联系。这些能够被导出的数据和联系就是冗余数据和冗余联系。冗余数据和冗余联系容易破坏数据的完整性，给数据的操作带来困难和异常，原则上应予以消除。

1.3.3 逻辑结构设计

逻辑结构设计阶段的任务是将概念结构设计阶段所得到的概念模型转换为具体 DBMS 所能支持的数据模型（即逻辑结构），并对其进行优化。

逻辑结构设计一般分为 3 步，具体如下。

1. 从 E–R 模型向关系模式转化

数据库的逻辑设计主要是将概念模型转换成一般的关系模式，也就是将 E-R 模型中的实体、实体的属性和实体之间的联系转化为关系模式。在转化过程中会遇到如下问题。

（1）命名问题。命名问题可以采用原名，也可以另行命名，避免重名。

（2）非原子属性问题。非原子属性问题可将其进行纵向和横向展开。

（3）联系转换问题。联系可用关系表示。

2. 数据模型的优化

数据库逻辑设计的结果不是唯一的。为了进一步提高数据库应用系统的性能，还应该适当修改数据模型的结构，提高查询的速度。

3. 关系视图设计

关系视图的设计又称为外模式的设计，也叫用户模式设计，是用户可直接访问的数据模式。同一系统中，不同用户可有不同的关系视图。关系视图来自逻辑模式，但在结构和形式上可能不同于逻辑模式，所以它不是逻辑模式的简单子集。

关系视图主要有以下 3 个作用。

（1）通过外模式对逻辑模式的屏蔽，为应用程序提供一定的逻辑独立性。

（2）更好地适应不同用户对数据的不同需求。

（3）为不同用户划定了访问数据的不同范围，有利于数据的保密。

1.3.4　物理结构设计

数据库的物理结构设计阶段用于为逻辑数据模型选择一个最适合应用环境的物理结构，主要是确定数据库在物理设备上的存储结构、存取方法，包括设计关系、索引等数据库文件的物理存储结构、确定系统配置参数等。

在确定数据存取方法时，必须明确以下几种信息。

（1）数据库查询事物的信息，包括查询所需要的关系、查询条件所涉及的属性、查询结果所涉及的属性等。

（2）数据更新事务的信息，包括被更新的关系、每个关系上的更新操作所涉及的属性、修改操作要改变的属性值等。

（3）每个事务在各关系上运行的频率和性能需求。

1.3.5　数据库实施

对数据库的物理设计完成后就可以开始建立数据库了。数据库实施主要包括以下几项工作。

1. 用 DDL 定义数据库结构

确定了数据库的逻辑结构与物理结构后，就可以用所选用的 DBMS 提供的数据定义语言（DDL）来严格描述数据库结构。

2. 组织数据入库

数据库结构建好后，就可以向数据库中装载数据了。组织数据入库是数据库实施阶段最主要的工作。

（1）小型系统用人工方法

对于数据量不是很大的小型系统，可以用人工方法完成数据的入库，其步骤如下。

① 筛选数据：需要装入数据库中的数据通常都分散在各个部门的数据文件或原始凭证中，所以首先必须把需要入库的数据筛选出来。

② 转换数据格式：筛选处理的需要入库的数据，其格式往往不符合数据库要求，还需要进行转换。这种转换有时可能很复杂。

③ 输入数据：将转换好的数据输入计算机中。

④ 校验数据：检查输入的数据是否有误。

（2）大型系统需设计数据输入子系统

对于中大型系统，由于数据量极大，用人工方式组织数据入库将会耗费大量的人力、物力，而且很难保证数据的正确性，因此应该设计一个数据输入子系统，由计算机辅助数据的入库工作。其步骤如下。

① 筛选数据：把需要入库的数据筛选出来。

② 输入数据：由录入人员将原始数据直接输入计算机中。数据输入子系统应提供输入界面。

③ 校验数据：数据输入子系统采用多种检验技术检查输入数据的正确性。

④ 转换数据：数据输入子系统根据数据库子系统的要求，从录入的数据中抽取有用成分并对其进行分类，然后转换数据格式。抽取、分类和转换数据是数据输入子系统的主要工作，也是数据输入子系统的复杂性所在。

⑤ 综合数据：数据输入子系统对转换好的数据根据系统的要求进一步综合成最终数据。

如果数据库是在老的文件系统或数据库的系统的基础上设计的，则数据输入子系统只需要完成转换数据、综合数据两项工作，直接将老系统中的数据转换成系统中需要的数据格式。

值得注意的是：为了保证数据能够及时入库，应在数据库物理设计的同时编制数据输入子系统。

3．编制与调试应用程序

数据库应用程序的设计应该与数据设计并行进行。在数据库实施阶段，当数据库结构建好后，就可以开始编制与调试数据库的应用程序，也就是说，编制与调试应用程序是与组织数据入库同步进行的。调试应用程序时由于数据入库尚未完成，可先使用模拟数据。

4．数据库试运行

数据库试运行是要实际测量系统的各种性能指标（不仅是时间、空间指标），其主要工作如下。

（1）功能测试

功能测试即实际运行应用程序，执行对数据库的各种操作，测试应用程序的各种功能。

（2）性能测试

性能测试即测量系统的性能指标，分析是否符合设计目标。

如果试运行结果不符合设计目标，则需要返回物理结构设计阶段，调整物理结构，修改参数；有时甚至需要返回逻辑结构设计阶段，调整逻辑结构。

重新设计物理结构甚至逻辑结构会导致数据重新入库。由于数据入库工作量实在太大，所以可以采用分期输入数据的方法，即先输入小批量数据供先期联合调试使用，待试运行基本合格后再输入大批量数据，逐步增加数据量。

说明　在数据库试运行阶段，由于系统还不稳定，硬、软件故障随时都有可能发生，而系统的操作人员对系统还不熟悉，误操作也不可避免，因此必须做好数据库的转储和恢复工作，尽量减少对数据库的破坏。

1.3.6　运行和维护

数据库试运行合格后，数据库开发工作就基本完成，即可投入正式运行了。但是，由于应用环境在不断变化，数据库运行过程中物理存储也会不断变化，所以对数据库设计进行评价、调整、修改等维护工作是一个长期的任务，也是设计工作的继续和提高。

在数据库运行阶段，对数据库经常性的维护工作主要是由数据库管理员（DBA）完成的，它包括以下几个方面。

1．数据库的转储和恢复

数据库的转储和恢复是系统正式运行后最重要的维护工作之一。DBA 要针对不同的应用要求制定不同的转储计划，以保证一旦发生故障能尽快将数据库恢复到某种一致的状态，并尽可能减少对数据库的破坏。

2. 数据库的安全性、完整性控制

在数据库运行过程中，由于应用环境的变化，对安全性的要求也会发生变化，比如：有的数据原来是机密的，现在是可以公开查询的，而新加入的数据又可能是机密的，系统中用户的密级也会改变。这些都需要 DBA 根据实际情况修改原有的安全性控制。同样，数据库的完整性约束条件也会变化，也需要 DBA 不断修正，以满足用户要求。

3. 数据库性能的监督、分析和改造

在数据库运行过程中，监督系统运行、对监测数据进行分析、找出改进系统性能的方法是 DBA 的又一重要任务。目前有些 DBMS 产品提供了监测系统性能参数的工具，DBA 可以利用这些工具方便地得到系统运行过程中一系列性能参数的值。DBA 应仔细分析这些数据，判断当前系统运行状况是否是最佳，应当做哪些改进。例如，调整系统物理参数，或对数据库进行重组织或重构造等。

4. 数据库的重组织与重构造

数据库运行一段时间后，由于记录不断增、删、改，会使数据库的物理存储情况变坏，降低数据的存取效率，数据库性能下降，这时 DBA 就要对数据库进行重组织，或部分重组织（只对频繁增、删的数据表进行重组织），DBMS 一般都提供数据重组织用的实用程序。在重组织的过程中，按原设计要求重新安排存储位置、回收垃圾、减少指针链等，提高系统性能。

数据库的重组织并不修改原设计的逻辑和物理结构，而数据库的重构造则不同，它是指部分修改数据库的模式和内模式。

由于数据库应用环境发生变化，增加了新的应用或新的实体，取消了某些应用，有的实体与实体间的联系也发生了变化等，使原有的数据库设计不能满足新的需求，需要调整数据库的模式和内模式。例如，在表中增加或删除某些数据项，改变数据项的类型，增加或删除某个表，改变数据库的容量，增加或删除某些索引等。当然，数据库的重构也是有限的，只能做部分修改。如果应用变化太大，重构也无济于事，说明此数据库应用系统的生命周期已经结束，应该设计新的数据库应用系统了。

练 习 题

1. 信息与数据的区别是什么？
2. 数据管理技术的发展经历了哪几个阶段？
3. 数据库管理系统的主要功能是什么？
4. 数据库管理系统采用的结构数据模型有哪几种？各有什么特点？
5. 假设有关系图书、读者、借阅登记，试分析并画出其完整的 E-R 模型。
6. 关系数据库设计有哪几个阶段？

第 2 章 SQL Server 2008 概述

SQL Server 2008 是一个典型的关系型数据库管理系统，以其强大的功能、简便的操作、友好的界面和可靠的安全性等优点，得到很多用户的认可，目前已应用在银行、邮电、铁路、财税和制造等众多行业和领域。

SQL Server 2008 是微软公司推出的基于客户端/服务器结构的关系型数据库管理系统。本章将具体介绍 SQL Server 2008 的环境、安装和配置方法以及 SQL Server 管理工具的使用。

学习目标

1. 了解 SQL Server 2008 环境
2. 掌握 SQL Server 2008 的安装和配置方法
3. 掌握使用 SQL Server 2008 管理工具的方法

2.1 SQL Server 2008 环境

任何软件的安装都会对计算机的软、硬件环境有一定的要求，如果安装环境不能满足软件的最低运行要求，那么很可能安装失败，即使安装成功了，在运行时也很可能会出现不可预料的错误。所以，在安装 SQL Server 2008 之前，有必要了解一下该版本的数据库对计算机环境的具体要求。

根据微软公司官方提供的资料， SQL Server 2008 Enterprise 版在 32 位操作系统平台下对计算机系统的要求如表 2.1 所示。

表 2.1 SQL Server 2008 Enterprise（32 位）的软、硬件要求

项目	要求说明
CPU	处理器类型：Pentium III 兼容处理器或速度更快的处理器 处理器速度：最低 1.0 GHz，建议 2.0 GHz 或更快
内存	最小：512 MB 建议：2 GB 或更大
硬盘	根据组件的不同，需要的硬盘空间进行变化 建议 2.2 GB 以上硬盘空间
显示器	分辨率 1024×768 像素以上

续表

项目	要求说明
操作系统	Windows Server 2003 Service Pack 2 Windows Server 2008 Windows Server 2008 R2 可以安装到 64 位服务器的 Windows on Windows（WOW64）32 位子系统
需要的框架	.NET Framework 3.5 SP1 SQL Server Native Client SQL Server 安装程序支持文件
需要的软件	Microsoft Windows Installer 4.5 或更高版本 Microsoft Internet Explorer 6 SP1 或更高版本
网络协议	Shared memory（客户端连接本机 SQL Server 实例时使用） Named Pipes TCP/IP VIA

以上是 SQL Server 2008 Enterprise（32 位）对计算机系统要求的简单介绍，而 SQL Server 2008 Enterprise（64 位）版本除了要求操作系统是 64 位系统外，其他部分改动不大。当前主流计算机系统配置都能够轻松运行 SQL Server 2008。

如果表 2.1 中的要求得不到满足，安装程序有可能中断并给出错误提示，此时开发者需要自己对系统做出修改，以便使安装可以顺利进行。

读者如果在开发过程中需要了解其他版本数据库对计算机系统的具体要求，可以到微软的 MSDN 官方网站进行查询。

说明　对于 SQL Server 2008，微软建议其安装在 NTFS 格式的系统中，但对于那些从旧版本数据库升级到 SQL Server 2008 的情况，不会阻止使用 FAT32 文件系统。

2.2　SQL Server 2008 的安装

SQL Server 2008 拥有全新的安装体验，使用【SQL Server 安装中心】将新安装、从 SQL Server 2000 或 SQL Server 2005 升级、添加/删除组件维护及示例更改的管理都集成在了一个统一的窗口中，图 2.1 所示为开始安装时 SQL Server 2008 的【SQL Server 安装中心】窗口。

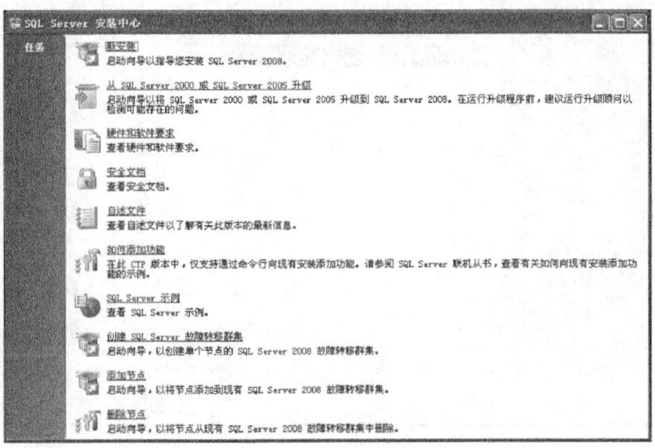

图 2.1 【SQL Server 安装中心】窗口

从光盘或网络获取 SQL Server 2008 的安装文件，然后就可以进行安装了。下面以在 Windows 2003 平台上安装 SQL Server 2008 的 DVD 版为例，介绍其安装步骤，具体如下。

1. 将安装源放入光驱，此时会自动播放打开安装程序的导航界面，若没有打开也可以直接双击“光盘\Servers\splash.hta”文件来运行。

2. 从导航界面的【安装】区域中单击【服务器组件、工具、联机丛书和示例】链接来启动安装程序，若上一步骤没有执行也可以直接运行“光盘\Setup.exe”文件。

3. 安装启动后首先检测是否有.NET Framework 3.5 环境。如果没有会弹出安装对话框，通过选中复选框以授受.NET Framework 3.5 许可协议，再单击【下一步】按钮进行安装，当.NET Framework 3.5 安装完成后单击【完成】按钮。

4. 现在弹出 SQL Server 2008 安装过程的第一个对话框，显示了要安装 SQL Server 2008 必须接受的软件许可条款。选中【我接受许可条款】复选框后单击【下一步】按钮继续安装，如图 2.2 所示。

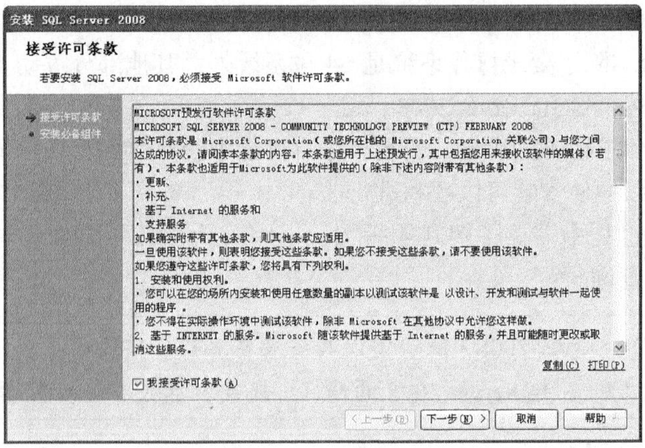

图 2.2　SQL Server 2008 许可条款

5. 接受许可条款之后，会检测计算机上是否安装有 SQL Server 必备组件，否则安装向导将安装它们，单击【安装】按钮开始安装，如图 2.3 所示。

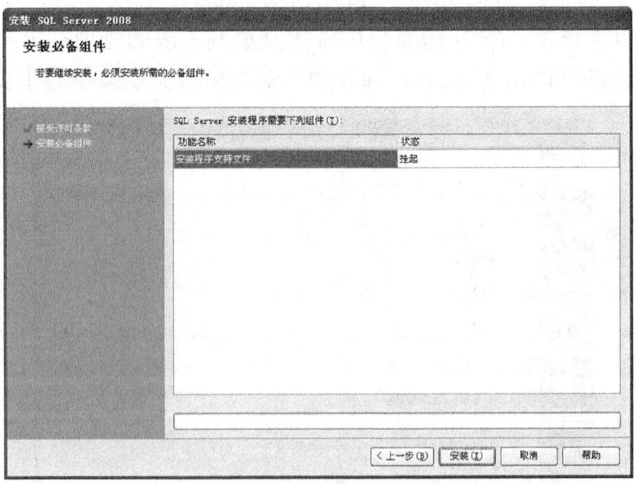

图 2.3　安装必备组件

6. 打开如图 2.1 所示的【SQL Server 安装中心】窗口，单击【新安装】链接创建一个新 SQL Server 2008 实例。单击该安装链接时，系统配置检查器将验证要运行安装的计算机。

7. 待所有检查项都通过验证后，【下一步】按钮被激活，单击【下一步】按钮继续安装，如图 2.4 所示。

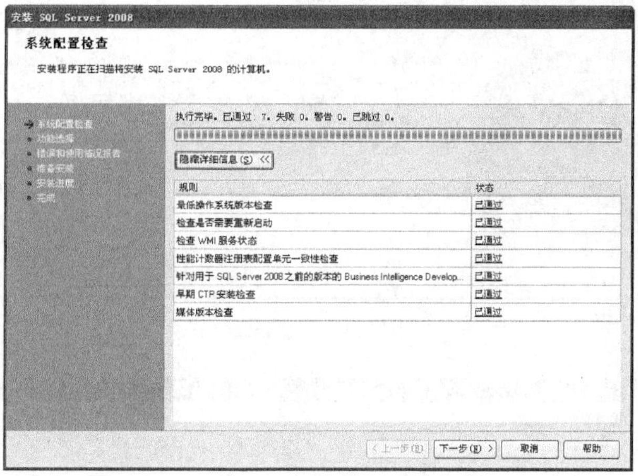

图 2.4　系统配置检查

8. 进入【功能选择】对话框，从【功能】区域中选择要安装的组件。在选中功能名称复选框后，右侧窗格中会显示每个组件的说明。用户可以根据需要进行选择，这里为全选，如图 2.5 所示。

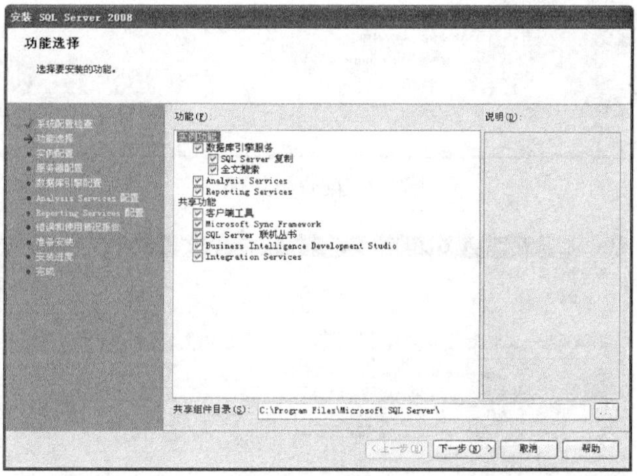

图 2.5　功能选择

9. 单击【下一步】按钮来指定是要安装默认实例还是命名实例。如果选择命名实例还需要指定实例名称，如图 2.6 所示。

10. 接下来进入【服务器配置】对话框，在【服务账户】选项卡中为每个 SQL Server 服务单独配置用户名、密码以及启动类型，如图 2.7 所示。

11. 切换到【服务器配置】对话框的【排序规则】选项卡，为【数据库引擎】和【Analysis Services】指定非默认的排序规则，如图 2.8 所示。

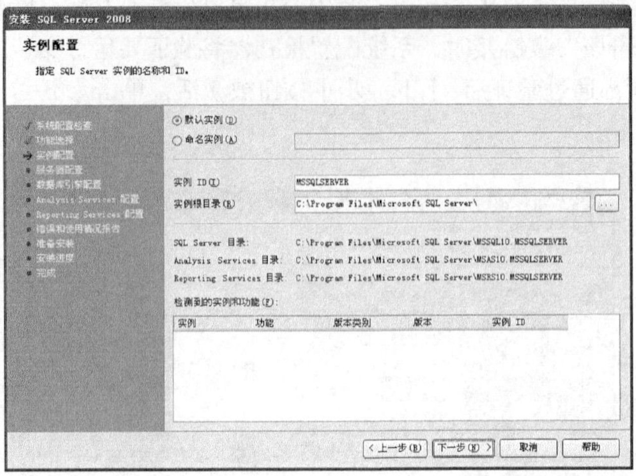

图 2.6　实例配置

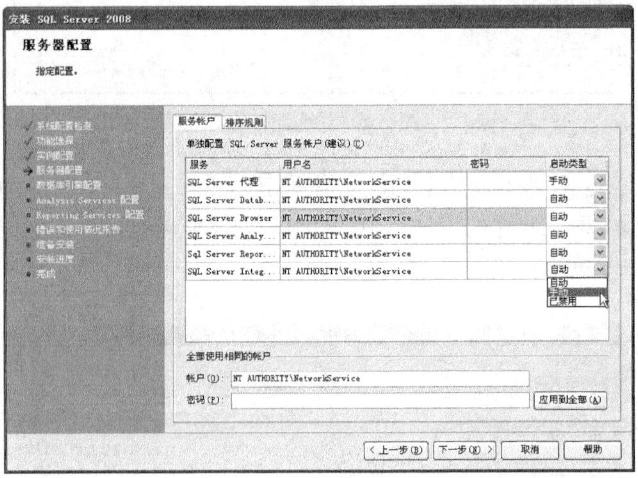

图 2.7　配置服务账户

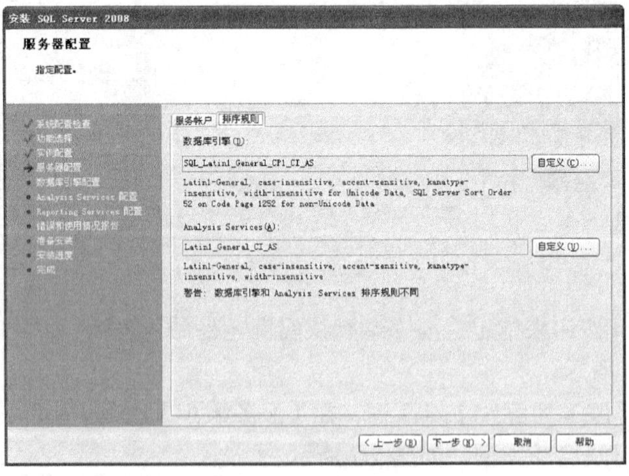

图 2.8　配置排序规则

12. 单击【下一步】按钮对 SQL Server 2008 的数据库引擎进行配置，包括安全模式、管理员和数据文件夹等。图 2.9 所示为其中的【账户设置】选项卡。

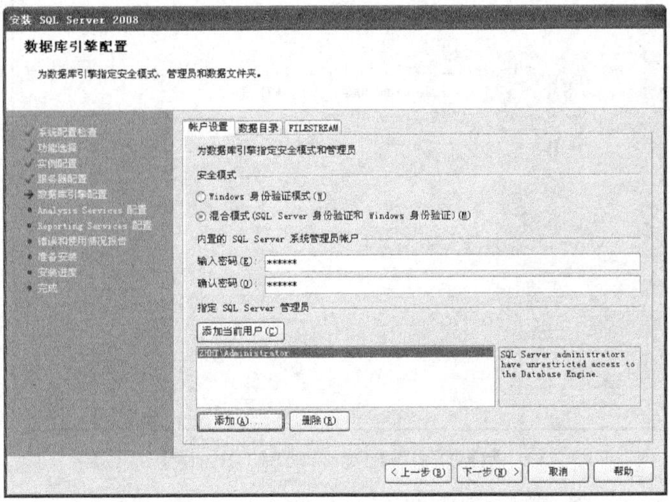

图 2.9　数据库引擎配置【账户设置】选项卡

13. 切换到【数据库引擎配置】对话框的【数据目录】选项卡，在这里指定各种数据库的安装目录以及备份目录，如果使用默认的安装目录可直接单击【下一步】按钮，如图 2.10 所示。

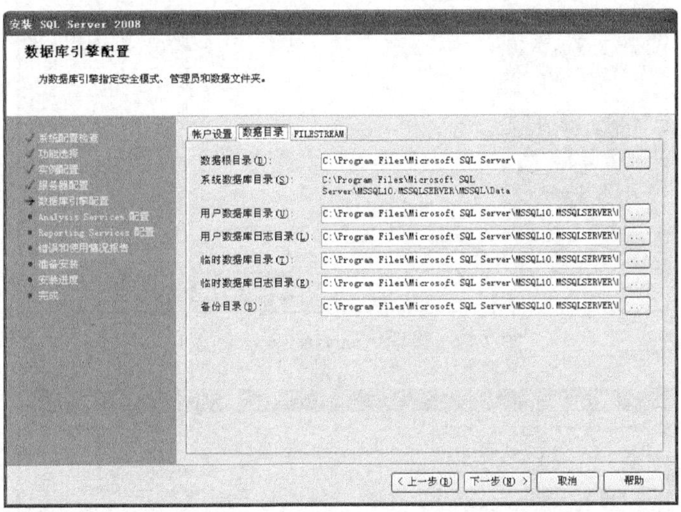

图 2.10　数据库引擎配置【数据目录】选项卡

14. 切换到【FILESTREAM】选项卡启用针对 T-SQL 的 FILESTREAM 功能。FILESTREAM 是 SQL Server 2008 中新增的概念，它使用 Windows NT 系统缓存来缓存文件数据如图 2.11 所示，单击【下一步】按钮继续安装。

15. 经过前面安装步骤的操作，SQL Server 2008 的核心设置已经完成。接下来的步骤取决于前面选择组件的多少，由于前面选择了全部，此时首先需要对【Analysis Services 配置】进行设置，如图 2.12 所示。

16. 在【数据目录】选项卡中为 SQL Server Analysis Services 指定数据目录、日志文件目录、Temp 目录和备份目录，如图 2.13 所示。

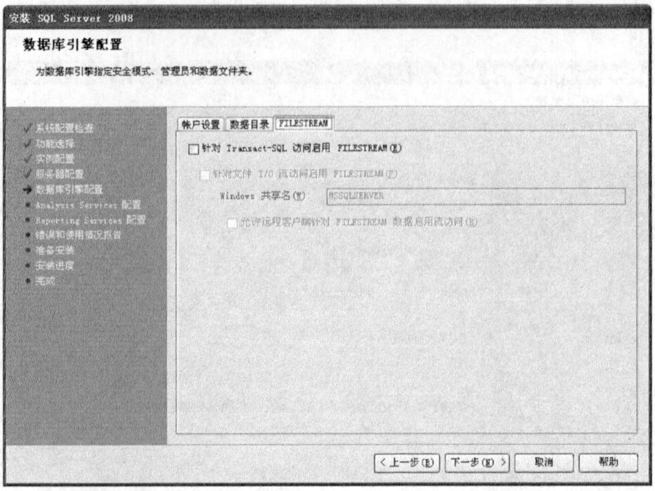

图 2.11　数据库引擎配置【FILESTREAM】选项卡

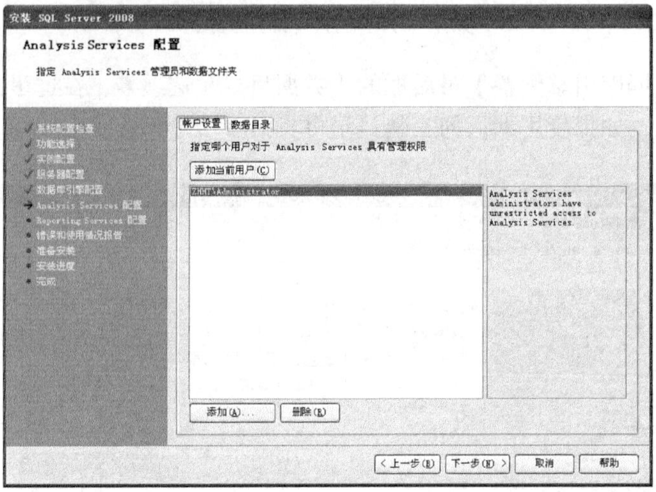

图 2.12　设置 Analysis Services 账户

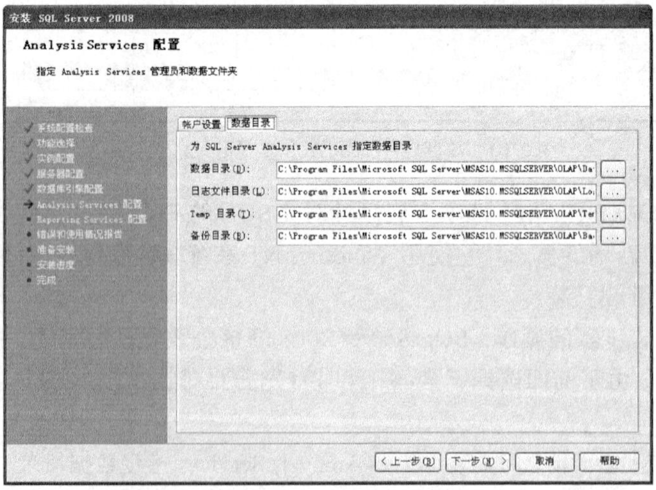

图 2.13　设置 Analysis Services 数据目录

17. 完成数据目录的设置后，单击【下一步】按钮，在进入的对话框中对 Reporting Services 进行配置，这里使用默认值，如图 2.14 所示。

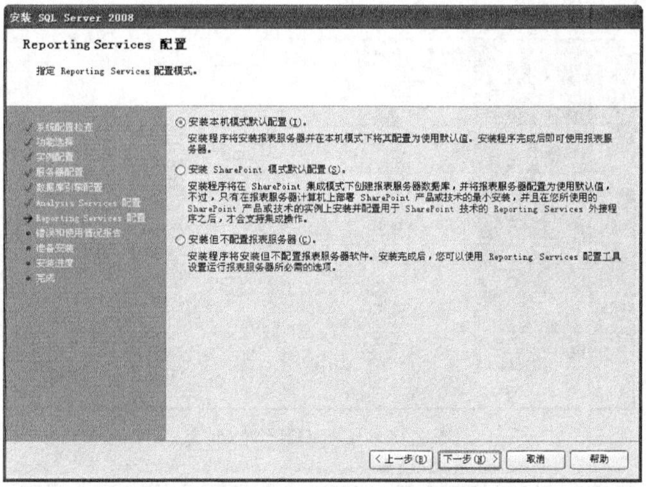

图 2.14　Reporting Services 配置

18. 单击【下一步】按钮来针对 SQL Server 2008 的错误和使用情况报告进行设置，通过选中复选框来选择某些功能，如图 2.15 所示。

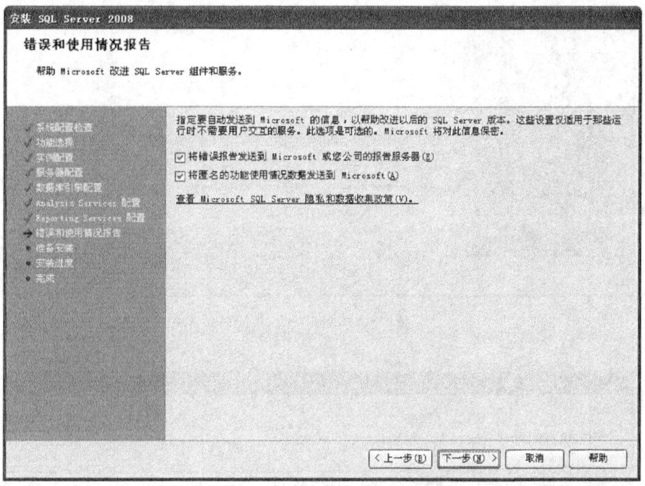

图 2.15　错误和使用情况报告

19. 单击【下一步】按钮结束对 SQL Server 2008 安装所需参数的配置，在进入的对话框中准备安装，这里显示了所有要安装的组件，用户可通过扩展/折叠查看详细信息，如图 2.16 所示。

20. 确认组件列表无误后单击【安装】按钮开始安装，安装程序会根据用户对组件的选择复制相应的文件到计算机，并显示正在安装的功能名称、安装状态和安装结果，如图 2.17 所示。

21. 在如图 2.17 所示的【功能名称】列表中，所有项目安装成功后，单击【下一步】按钮即完成安装。此时会显示整个 SQL Server 2008 安装过程的摘要、日志保存位置以及其他说明信息，如图 2.18 所示。最后，单击【关闭】按钮结束安装过程。

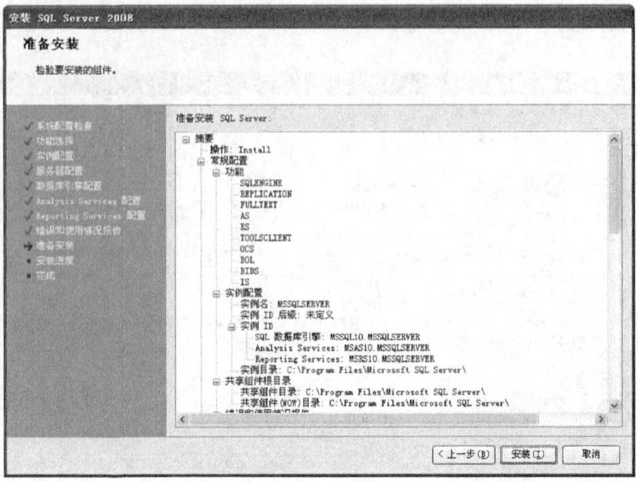

图 2.16　预览安装组件列表

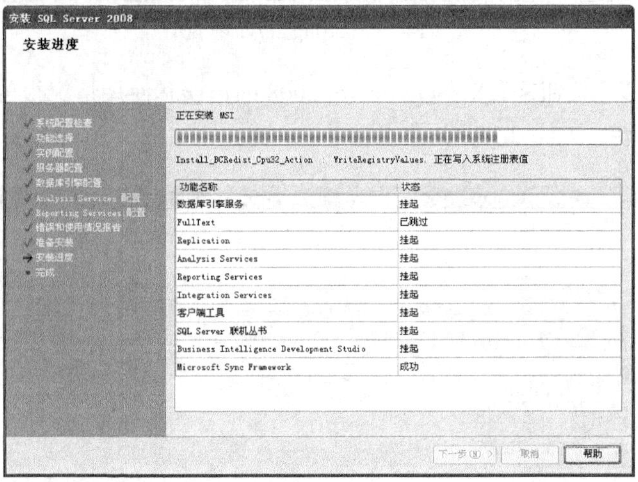

图 2.17　安装进度

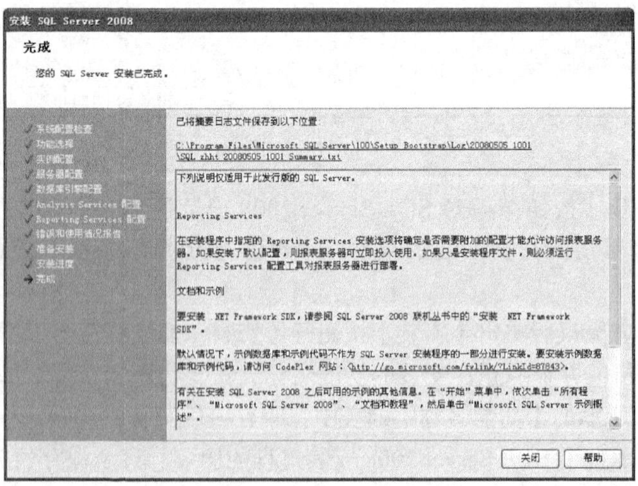

图 2.18　完成安装

2.3　SQL Server 2008 的组件与体系结构

SQL Server 2008 是一个提供了联机事务处理、数据仓库、电子商务应用的数据库和数据分析的平台。体系架构是描述系统组成要素和要素之间关系的方式。SQL Server 2008 系统的体系结构是对 SQL Server 2008 的主要组成部分和这些组成部分之间关系的描述。

SQL Server 2008 系统由 4 个主要部分组成，这 4 个部分被称为 4 个服务，分别是数据库引擎、分析服务、报表服务和集成服务。这些服务之间相互依存，它们的关系如图 2.19 所示。

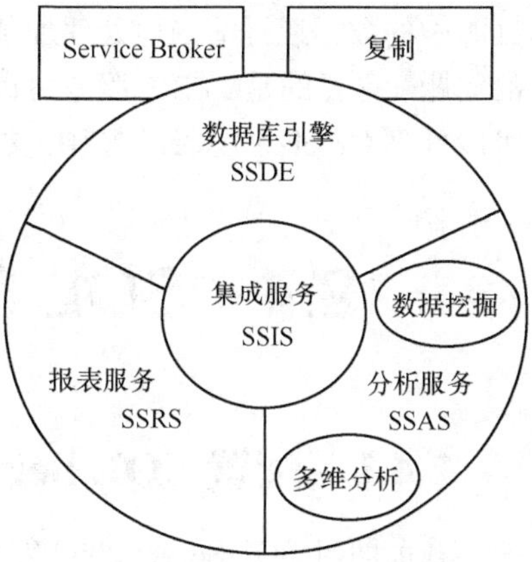

图 2.19　SQL Server 2008 体系结构图

1. 数据库引擎

数据库引擎（SQL Server Database Engine，SSDE）是 SQL Server 2008 系统的核心服务，负责完成业务数据的存储、处理、查询和安全管理等操作。例如，创建数据库、创建表、执行各种数据查询、访问数据库等操作都是由数据库引擎完成的。在大多数情况下，使用数据库系统实际上就是使用数据库引擎。例如，在某个使用 SQL Server 2008 系统作为后台数据库的航空公司机票销售信息系统中，SQL Server 2008 系统的数据库引擎服务负责完成机票销售数据的添加、更新、删除、查询及安全控制等操作。

实际上，数据库引擎本身也是一个复杂的系统，它包括了许多功能组件，例如 Service Broker、复制等。Service Broker 提供了异步通信机制，可以用于存储、传递消息。复制是指在不同的数据库之间对数据和数据库对象进行复制和分发，保证数据库之间同步和数据一致性的技术。复制经常用于物理位置不同的服务器之间的数据分发，它可以通过局域网、广域网、拨号连接、无线连接和 Internet 分发到不同位置的远程或移动用户。

2. 分析服务

分析服务（SQL Server Analysis Services，SSAS）提供了多维分析和数据挖掘功能，可以支持用户建立数据仓库和进行商业智能分析。相对多维分析（有时也称为 OLAP，即：Online Analysis Processing，中文直译为联机分析处理）来说，OLTP（Online Transaction Processing，联机事务处理）是由数据库引擎负责完成的。使用 SSAS 服务，可以设计、创建和管理包含来自于其他数据源数据的多维结构，通过对多维数据进行多个角度的分析，可以支持管理人员对业务数据的更全面的理解。另外，通过使用 SSAS 服务，用户可以完成数据挖掘模型的构造和应用，实现知识发现、知识表示、知识管理和知识共享。例如，在航空公司的机票销售信息系统中，可以使用 SQL Server 2008 系统提供的 SSAS 服务完成对客户的数据挖掘分析，可以发现更多有价值的信息和知识，为客户提供更全面满意的服务和关怀，从而为有效管理客户资源、减少客户流失、提高客户管理水平提供支持。

3. 报表服务

报表服务（SQL Server Reporting Services，SSRS）为用户提供了支持 Web 的企业级的报表功能。通过使用 SQL Server 2008 系统提供的 SSRS 服务，用户可以方便地定义和发布满足自己需求的报表。无论是报表的布局格式，还是报表的数据源，用户都可以轻松地实现。这种服务极大地便利了企业的管理工作，满足了管理人员高效、规范的管理需求。例如，在航空公司的机票销售信息系统中，使用

SQL Server 2008 系统提供的 SSRS 服务可以方便地生成 Word、PDF、Excel、XML 等格式的报表。

4. 集成服务

集成服务（SQL Server Integration Services，SSIS）是一个数据集成平台，可以完成有关数据的提取、转换、加载等。例如，对于分析服务来说，数据库引擎是一个重要的数据源，如何将数据源中的数据经过适当地处理加载到分析服务中以便进行各种分析处理，正是 SSIS 服务所要解决的问题。重要的是，SSIS 服务可以高效地处理各种各样的数据源，除了 SQL Server 数据之外，还可以处理 Oracle、Excel、XML 文档、文本文件等数据源中的数据。

2.4 SQL Server 2008 服务器的操作

2.4.1 配置 SQL Server 2008

在前面对 SQL Server 2008 安装的相关知识及过程进行了介绍，安装之后的第一件事就是对安装 SQL Server 2008 是否成功进行验证以及注册并配置 SQL Server 2008 服务器。

1. 验证安装

通常情况下，如果安装过程中没有出现错误提示，即可以认为安装成功。但是，为了检验安装是否正确，也可以采用一些验证方法。例如，可以检查 SQL Server 的服务和工具是否存在，应该自动生成的系统数据库和样本数据库是否存在，以及有关文件和目录是否正确等。

安装之后，选择【开始】→【所有程序】→【SQL Server 2008】可以看到图 2.20 所示的程序组。

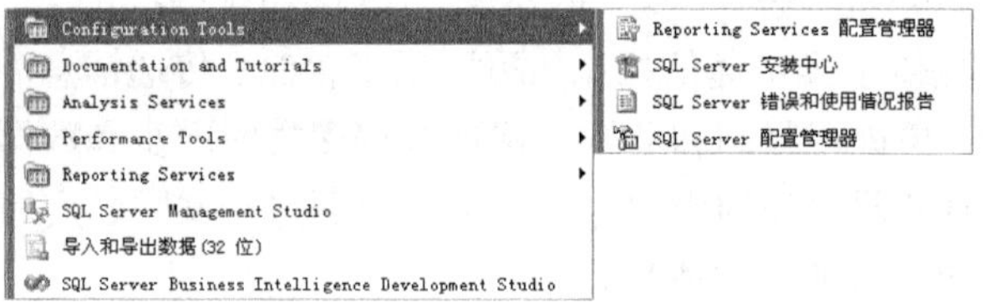

图 2.20 SQL Server 2008 程序组

在图 2.20 所示的程序组中主要包括 8 项：Configuration Tools、Documentation and Tutorials、Analysis Services、Performance Tools、Reporting Services、SQL Server Management Studio、导入和导出数据（32 位）以及 SQL Server Business Intelligence Development Studio。

SQL Server 2008 还包含多个服务，可以通过图 2.20 所示的菜单中选择【SQL Server 配置管理器】命令，从弹出窗口的左侧单击【SQL Server 服务】选项来查看 SQL Server 2008 的各种服务，如图 2.21 所示。

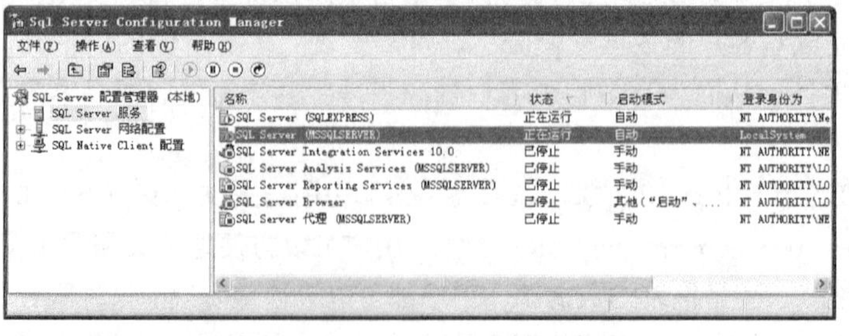

图 2.21 SQL Server 服务

2. 注册服务器

注册服务器就是为 SQL Server 客户机/服务器系统确定一台数据库所在的机器，该机器作为服务器可以为客户端的各种请求提供服务。

（1）选择【开始】→【程序】→【SQL Server 2008】→【SQL Server Management Studio】命令，打开【SQL Server Management Studio】窗口，并单击【取消】按钮。

（2）在【查看】→【已注册的服务器】窗格中展开【数据库引擎】节点，选择【本地服务器组】→【新建服务器注册】命令，如图 2.22 所示。

（3）弹出图 2.23 所示的【新建服务器注册】对话框。在该对话框中输入或选择要注册的服务器名称；在【身份验证】下拉列表中选择【Windows 身份验证】选项，单击【连接属性】标签，切换到【连接属性】选项卡，如图 2.24 所示，可以设置连接到的数据库、网络以及其他连接属性。

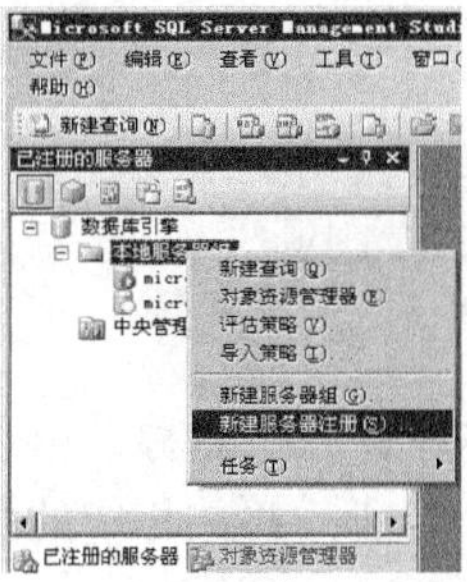

图 2.22　选择【新建服务器注册】命令

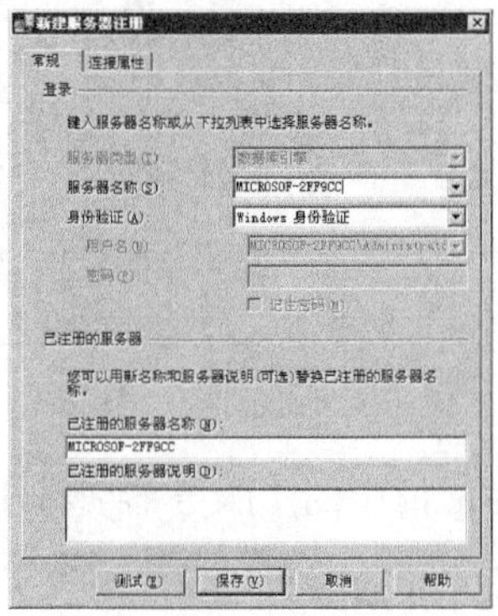

图 2.23　【新建服务器注册】对话框

（4）从【连接到数据库】下拉列表中指定当前用户将要连接到的数据库名称。其中，【默认值】选项表示连接到 SQL Server 系统中当前用户默认使用的数据库。【浏览服务器】选项表示可以从当前服务器中选择一个数据库。当选择【浏览服务器】选项时，弹出【查找服务器上的数据库】对话框，如图 2.25 所示。从该对话框中可以指定当前用户连接服务器时默认的数据库。

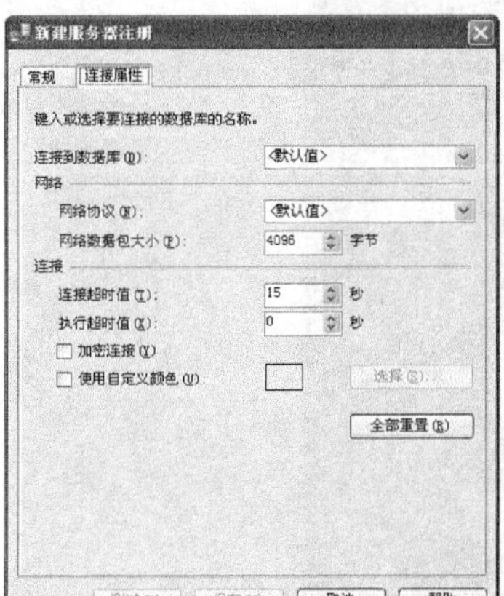

图 2.24　【连接属性】选项卡

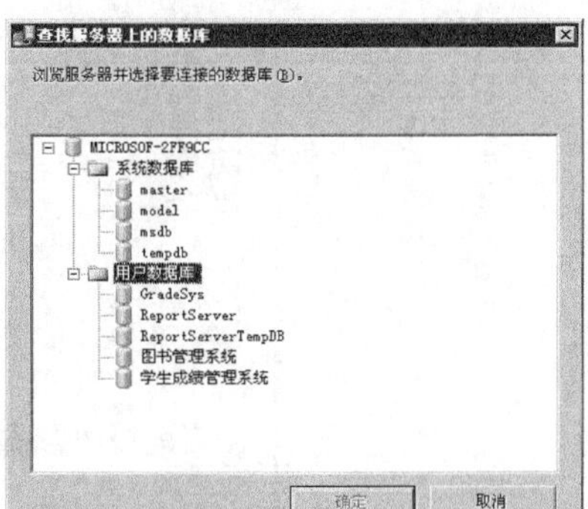

图 2.25　【查找服务器上的数据库】对话框

（5）设定完成后，单击【确定】按钮返回【连接属性】选项卡，单击【测试】按钮可以验证连接是否成功，如果成功会弹出提示对话框表示连接属性的设置是正确的。

（6）最后，单击【确定】按钮返回【连接属性】选项卡，单击【保存】按钮完成注册服务器操作。

3. 配置服务器

配置服务器主要是针对安装后的 SQL Server 2008 实例进行的。在 SQL Server 2008 系统中，可以使用多种方式设置服务器选项。其中，使用 SQL Server Management Studio 在图形界面中配置是最简单也是最常用的，下面介绍时以这种方法为例。

（1）选择【开始】→【程序】→【SQL Server 2008】→【SQL Server Management Studio】命令，打开【连接到服务器】对话框，如图 2.26 所示。

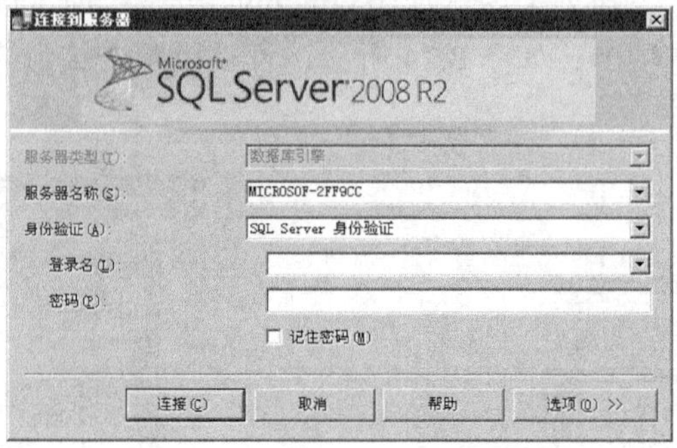

图 2.26 【连接到服务器】对话框

（2）在此对话框中的【服务器名称】下拉列表框中输入本地计算机名称，再设置【服务器类型】为“数据库引擎”，选择使用 SQL Server 或 Windows 身份验证，并在相应的文本框中输入登录名和密码。

（3）输入完成后，单击图 2.26 所示的【连接】按钮，即可成功连接服务器。服务器连接成功后，右键单击【对象资源管理器】中要设置的服务器名称，在弹出的快捷菜单中选择【属性】菜单项，如图 2.27 所示。

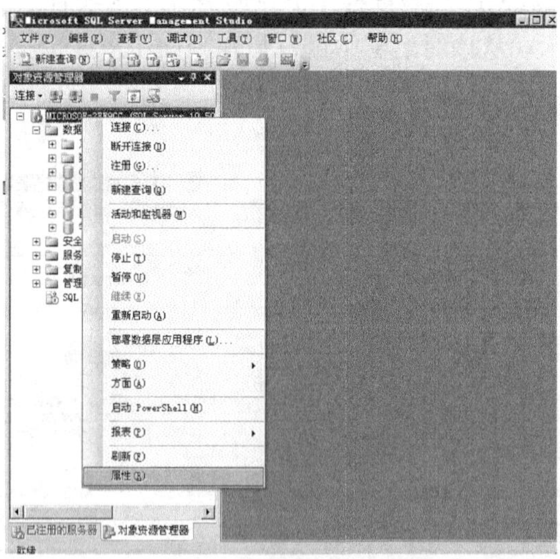

图 2.27 【属性】菜单项

（4）连接服务器成功后，右键单击【对象资源管理器】中要设置的服务器名称，在弹出的菜单中选择【属性】命令。从弹出的【服务器属性】对话框可以看出共包含了 8 个选项。其中【常规】选项窗口列出了当前服务产品名称、操作系统名称、平台名称、版本号、使用的语言、当前服务器的内存大小、处理器数量、SQL Server 安装的目录、服务器的排序规则以及是否群集化等信息，如图 2.28 所示。

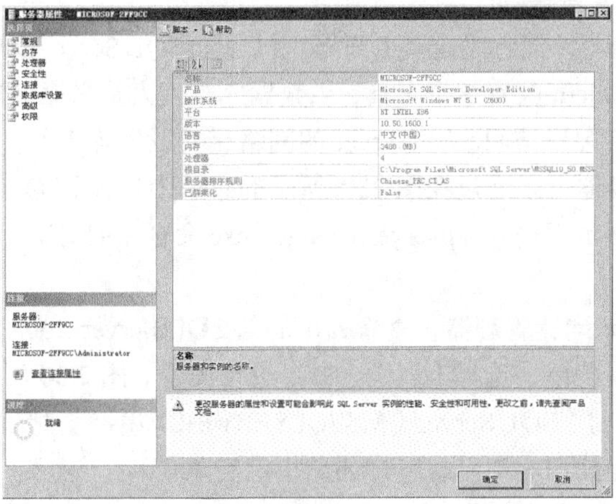

图 2.28 【服务器属性】对话框

2.4.2　SQL Server 管理工具

在安装了 SQL Server 2008 并配置好服务器之后，就可以使用了。本节将介绍随安装程序一起安装的附带管理工具和程序，了解并掌握它们的使用将有助于读者更好地学习后面的知识。

1. SQL Server Management Studio

SQL Server Management Studio 是一个集成环境，用于访问、配置、管理和开发 SQL Server 的所有组件。SQL Server Management Studio 组合了大量图形工具和丰富的脚本编辑器，使各种技术水平的开发人员和管理员都能访问 SQL Server，如图 2.29 所示。

图 2.29 【SQL Server Management Studio】窗口

SQL Server Management Studio 将早期版本的 SQL Server 中所包含的企业管理器、查询分析器和 Analysis Manager 功能整合到单一的环境中。此外，SQL Server Management Studio 还可以

和 SQL Server 的所有组件协同工作，例如 Reporting Services、Integration Services 和 SQL Server Compact 3.5 SP1。开发人员可以获得熟悉的体验，而数据库管理员可获得功能齐全的单一实用工具，其中包含易于使用的图形工具和丰富的脚本撰写功能。

2. SQL Server 配置管理器

SQL Server 配置管理器（简称为配置管理器）包含了 SQL Server 2008 服务、SQL Server 2008 网络配置和 SQL Native Client 配置 3 个工具，供数据库管理人员做服务启动/停止与监控、服务器端支持的网络协议配置、用户访问 SQL Server 的网络相关设置等工作。

SQL Server 配置管理器可以通过在图 2.20 所示的菜单中选择【SQL Server 配置管理器】命令打开，或者通过在命令提示下输入 sqlservermanager.msc 命令来打开。

（1）配置服务

首先打开 SQL Server 配置管理器，查看列出的与 SQL Server 2008 相关的服务，选择服务名并右键单击在弹出的快捷菜单中选择【属性】命令进行配置。图 2.30 所示为右键单击 SQL Server（MSSQLSERVER）弹出的【SQL Server（MSSQLSERVER）属性】对话框。在【登录】选项卡中设置服务的登录身份，是使用本地系统账户还是指定的账户。

切换到【服务】选项卡可以设置 SQL Server（MSSQLSERVER）服务的启动模式，可用选项有“自动”、“手动”和“禁用”，用户可以根据需要进行更改。

（2）网络配置

SQL Server 2008 能使用多种协议，包括 Shared Memory、Named Pipes、TCP/IP 和 VIA。所有这些协议都有独立的服务器和客户端配置。通过 SQL Server 网络配置可以为每一个服务器实例独立地设置网络配置。

在图 2.21 所示的【SQL Server 配置管理器】窗口中，单击左侧的【SQL Server 网络配置】节点，在窗口右侧显示出所有 SQL Server 服务器中所使用的协议，右键单击协议名称，在弹出的快捷菜单中选择【属性】菜单项，在弹出的对话框中进行设置启用或者禁用操作，如图 2.31 所示为设置 Shared Memory 协议的对话框。窗口右侧所列各协议的作用如下：

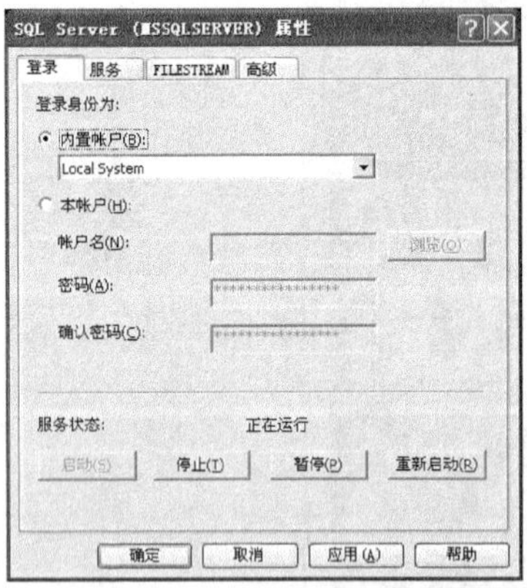

图 2.30 【SQL Server（MSSQLSERVER）属性】对话框

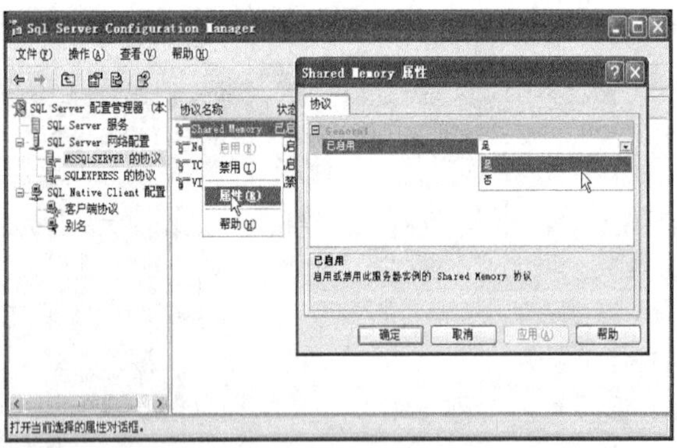

图 2.31 设置 Shared Memory 协议

- Shared Memory 协议：Shared Memory 协议仅用于本地连接，如果该协议被启用，任何本地客户都可以使用此协议连接服务器。如果不希望本地客户使用 Shared Memory 协议，则可以禁用。
- Named Pipes 协议：Named Pipes 协议主要用于 Windows 2000 以前版本的操作系统的本地

连接以及远程连接。

- TCP/IP 协议：TCP/IP 协议是通过本地或远程连接到 SQL Server 的首选协议。使用 TCP/IP 协议时，SQL Server 在指定的 TCP 端口和 IP 地址侦听以响应它的请求。

- VIA 协议：如果同一计算机上安装有两个或多个 SQL Server 实例，则 VIA 连接可能会不明确。VIA 协议启用后，将尝试使用 TCP/IP 设置，并侦听端口 0:1433。对于不允许配置端口的 VIA 驱动程序，两个 SQL Server 实例均将侦听同一端口。

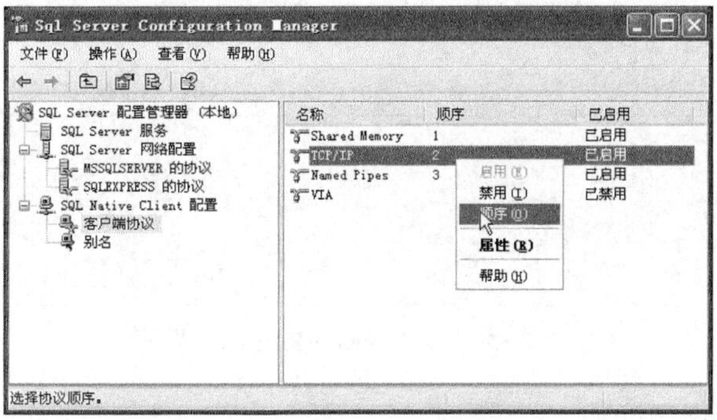

图 2.32　查看本地客户端协议

（3）本地客户端协议配置

通过 SQL Native Client（本地客户端协议）配置可以启用或禁用客户端应用程序使用的协议。查看客户端协议配置情况的方法是：在图 2.32 所示的对话框中展开【SQL Native Client 配置】节点，在进入的信息窗格中显示了协议的名称以及客户端尝试连接到服务器时尝试使用的协议的顺序，如图 2.33 所示。用户还可以查看协议是否已启用或已禁用并获得有关协议文件的详细信息。

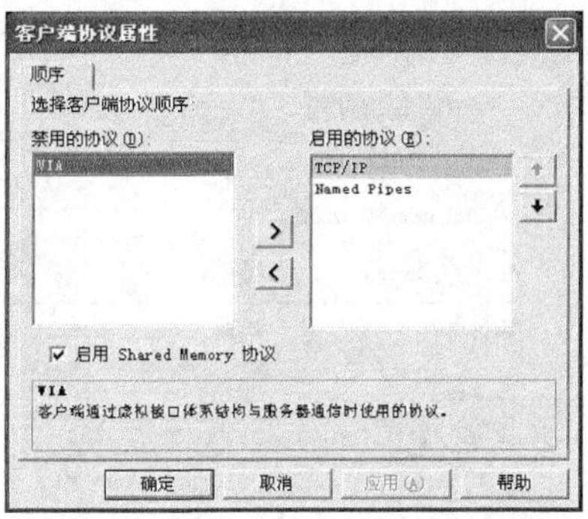

图 2.33 【客户端协议属性】对话框

如图 2.32 所示，在默认的情况下 Shared Memory 协议总是首选的本地连接协议。要改变协议顺序可右键单击协议，在弹出的快捷菜单中选择【顺序】命令，在弹出的【客户端协议属性】对话框中进行设置，如图 2.33 所示。从【启用的协议】列表中单击选择一个协议，然后通过右侧的两个按钮来调整协议向上或向下移动。

3. SQL Server Profiler

SQL Server Profiler 是用于 SQL 跟踪的图形化实时监视工具，用来监视数据库引擎或分析服务的实例，如图 2.34 所示。SQL Server Profiler 可以捕获关于每个数据库事件的数据，并将其保存到文件或表供以后分析。例如，死锁的数量、致命的错误、跟踪 T-SQL 语句和存储过程，SQL

Server Profiler 可以把这些监视数据存入表或文件中，并在以后某一时间重新显示这些事件来一步一步地进行分析。

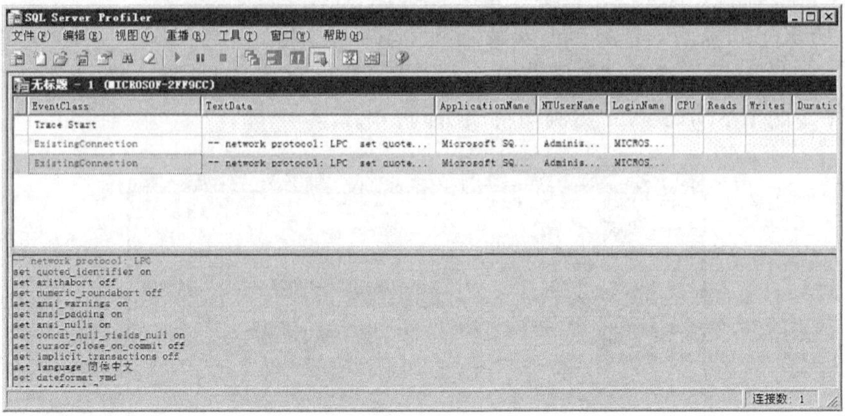

图 2.34 【SQL Server Profiler】界面

4. 数据库引擎优化顾问

数据库引擎优化顾问（Database Engine Tuning Advisor）工具可以完成帮助用户分析工作负荷、提出创建高效率索引的建议等功能。使用数据库引擎顾问，用户不必详细了解数据库的结构就可以选择和创建最佳的索引、索引视图、分区等。

工作负荷是对将要优化的一个或多个数据库执行的一组 T-SQL 语句，用户既可以在 SQL Server Management Studio 中的查询编辑器中创建 T-SQL 脚本工作负荷，也可以使用 SQL Server Profiler 中的优化模板来创建跟踪文件和跟踪表工作负荷。图 2.35 所示是其工作窗口。

图 2.35 【数据库引擎优化顾问】窗口

5. Reporting Services 配置管理器

SQL Server 2008 Reporting Services 配置工具程序提供了报表服务器配置统一的查看、设置与管理方式。使用此页面可查看目前所连接的报表服务器实例之相关信息。报表服务器数据库存储了报表定义、报表模型、共用数据来源、资源以及服务器管理的元数据，报表服务器实例通过 XML 格式的设置文件存储对该数据库的连接方式。这些设置在报表服务器安装过程中创建，事后可使用【报表服务器配置管理器】工具程序修改报表服务器安装之后的相关设置。图 2.36 所示为打开的【Reporting Services 配置管理器】窗口。

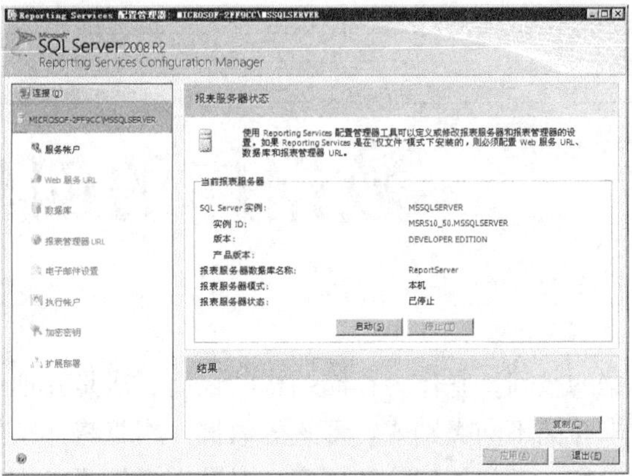

图 2.36 【Reporting Services 配置管理器】窗口

练　习　题

1. 尝试独立安装 SQL Server 2008。
2. 在安装好的数据库服务器中启动 SQL Server 服务。
3. 使用 SQL Server Management Studio 注册服务器。
4. SQL Server Management Studio 的功能特点是什么？
5. SQL Server Profiler 工具的主要作用是什么？

第 3 章 数据库的创建与管理

数据库是用来存储数据的空间，它作为存储结构的最高层次是其他一切数据库操作的基础。用户可以通过创建数据库来存储不同类别或者形式的数据。本章将详细的介绍针对数据库的基本操作和数据库的日常管理操作，即如何创建数据库、对数据文件或日志文件进行操作、生成数据库快照等。

学习目标

1. 了解数据库对象及构成
2. 掌握创建数据库的方法
3. 掌握管理数据库的方法

3.1 SQL Server 数据库

在 SQL Server 2008 中有两类数据库：系统数据库和用户数据库。系统数据库存储有关 SQL Server 的系统信息，它们是 SQL Server 2008 管理数据库的依据。如果系统数据库遭到破坏，那么 SQL Server 将不能正常启动。在安装了 SQL Server 2008 的系统中将创建 4 个可见系统数据库：master、model、msdb 和 tempdb。

3.1.1 系统数据库

SQL Server 的任何一个版本都存在一组系统数据库。系统数据库中保存的系统表用于系统的总体控制，包括系统运行及对用户数据的操作等基本信息。系统数据库分别是 master、model、msdb 和 tempdb。这些系统数据库的文件存储在 SQL Server 的默认安装目录的 MSSQL 子目录 Data 文件夹中。

1. master 数据库

master 数据库是 SQL Server 中最重要的数据库，它是 SQL Server 的核心数据库，如果该数据库被损坏，SQL Server 将无法正常工作。master 数据库中包含所有的登录名或用户 ID 所属的角色、服务器中的数据库的名称及相关信息、数据库的位置、SQL Server 如何初始化四个方面的重要信息。

2. model 数据库

用户创建数据库时总是以一套预定义的标准为模型。例如，若希望所有的数据库都有确定的初始大小，或者都有特定的信息集，那么可以把这些信息放在 model 数据库中，以 model 数据库作为其他数据库的模板数据库。如果想要使所有的数据库都有一个特定的表，可以把该表放在 model 数据库里。

model 数据库是 tempdb 数据库的基础。对 model 数据库的任何改动都将反映在 tempdb 数据库中，所以，在决定对 model 数据库有所改变时，必须预先考虑好。

3. msdb 数据库

msdb 数据库给 SQL Server 代理提供必要的信息来运行作业，因而它是 SQL Server 中另一个十分重要的数据库。

SQL Server 代理是 SQL Server 中的一个 Windows 服务，用以运行任何已创建的计划作业（例如包含备份处理的作业）。作业是 SQL Server 中定义的自动运行的一系列操作，不需要任何手工干预来启动。

4. tempdb 数据库

tempdb 数据库用作系统的临时存储空间，其主要作用是存储用户建立的临时表和临时存储过程，存储用户说明的全局变量值，为数据排序创建临时表，存储用户利用游标说明所筛选出来的数据。

使用系统数据库的时候要记住一点，SQL Server 2008 的设计是可以在必要时自动扩展数据库的，这意味着 master、model、msdb、tempdb 和其他关键的数据库将不会在正常的情况下缺少空间。表 3.1 列出了这些系统数据库在 SQL Server 2008 系统中的主文件、逻辑名称、物理名称和文件增长比例。

表 3.1　　系统数据库

系统数据库	主文件	逻辑名称	物理名称	文件增长比例
master	主数据	master	master.mdf	按 10%自动增长，直到磁盘已满
	日志	mastlog	mastlog.ldf	按 10%自动增长，直到磁盘已满
model	主数据	modeldev	model.mdf	按 1MB 自动增长，直到磁盘已满
	日志	modellog	modellog.ldf	按 10%自动增长，直到磁盘已满
msdb	主数据	MSDBData	MSDBData.mdf	按 10%自动增长，直到磁盘已满
	日志	MSDBLog	MSDBLog.ldf	按 10%自动增长，直到磁盘已满
tempdb	主数据	tempdev	tempdb.mdf	按 10%自动增长，直到磁盘已满
	日志	templog	templog.ldf	按 10%自动增长，直到磁盘已满

3.1.2　用户数据库

用户数据库是由用户创建的数据库。用户数据库与系统数据库的结构相同，文件的扩展名也相同。每个数据库都包含主数据文件和主日志文件，扩展名分别为.mdf 和.ldf。本书中创建的都是用户数据库。

3.2　创建数据库

创建数据库就是为数据库确定名称、大小、存放位置、文件名和所在文件组的过程。在一个 SQL Server 2008 实例中，最多可以创建 32 767 个数据库，数据库的名称必须满足系统的标识符规则。在命名数据库时，一定要使数据库名称简短并有一定的含义。

在 SQL Server 2008 中创建数据库的方法主要有两种：一是在 SQL Server Management Studio 窗口中使用现有命令和功能，通过方便的图形化向导创建；二是通过编写 T-SQL 语句创建。

3.2.1 使用图形界面方式创建数据库

SQL Server Management Studio 是 SQL Server 系统运行的核心窗口，它提供了用于数据库管理的图形工具和功能丰富的开发环境，方便数据库管理员及用户进行操作。在 SQL Server 2008 中，通过 SQL Server Management Studio 创建数据库是最容易的方法，对初学者来说简单易用。

下面将介绍如何使用 SQL Server Management Studio 来创建用户数据库。

【例 3.1】 使用图形界面方式创建“学生成绩管理系统”数据库。

具体的操作步骤如下所示。

1. 选择【开始】→【程序】→【Microsoft SQL Server 2008】→【SQL Server Management Studio】命令，打开【SQL Server Management Studio】窗口，并使用 Windows 或 SQL Server 身份验证建立连接，如图 3.1 所示。

图 3.1 连接服务器身份验证

2. 在【对象资源管理器】窗口中展开服务器，然后选择【数据库】节点。
3. 右键单击【数据库】节点，从弹出的快捷菜单中选择【新建数据库】命令，如图 3.2 所示。
4. 执行上述操作后，会弹出【新建数据库】对话框，如图 3.3 所示。

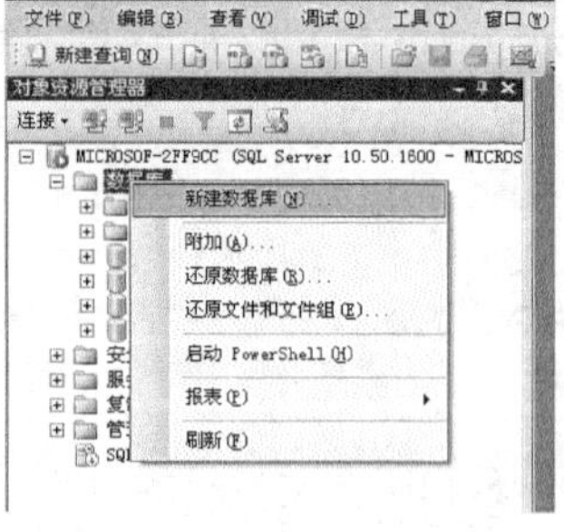

图 3.2 【新建数据库】命令

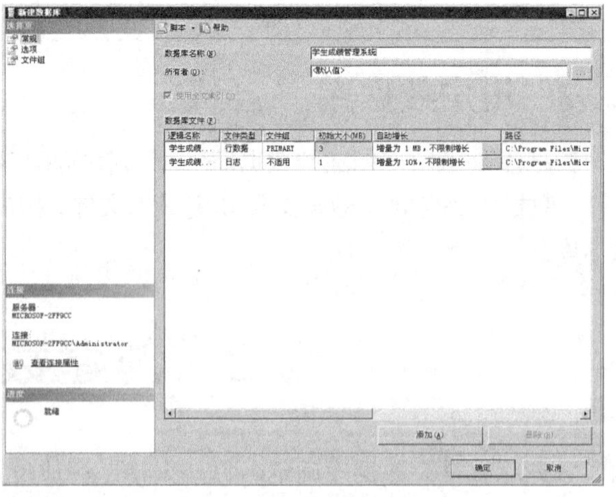

图 3.3 【新建数据库】对话框

在对话框左侧中有 3 个选项，分别是【常规】、【选项】和【文件组】。完成这三个选项中的设置之后，就完成了数据库的创建工作。

5. 在【数据库名称】文本框中输入要新建数据库的名称，例如这里输入“学生成绩管理系统”。

6. 在【所有者】文本框中输入新建数据库的所有者，如 sa。根据数据库的使用情况，选择启用或者禁用【使用全文索引】复选框。

7. 在【数据库文件】列表中包括两行：一行是数据文件，而另一行是日志文件。通过单击下面的【添加】、【删除】按钮添加或删除数据文件。该列表中各属性的含义如下。

- 【逻辑名称】指定该文件的文件名。
- 【文件类型】用于区别当前文件是数据文件还是日志文件。
- 【文件组】显示当前数据库文件所属的文件组。一个数据库文件只能存在于一个文件组里，文件组可由用户自行指定。
- 【初始大小】指定该文件的初始容量，在 SQL Server 2008 中数据文件的默认值为 3MB，日志文件的默认值为 1 MB。
- 【自动增长】用于设置在文件的容量不够用时，文件根据何种增长方式自动增长。通过单击【自动增长】列中的省略号按钮，在弹出更改相应的文件的自动增长设置对话框中进行设置。图 3.4 和图 3.5 所示分别为数据文件、日志文件的自动增长设置对话框。

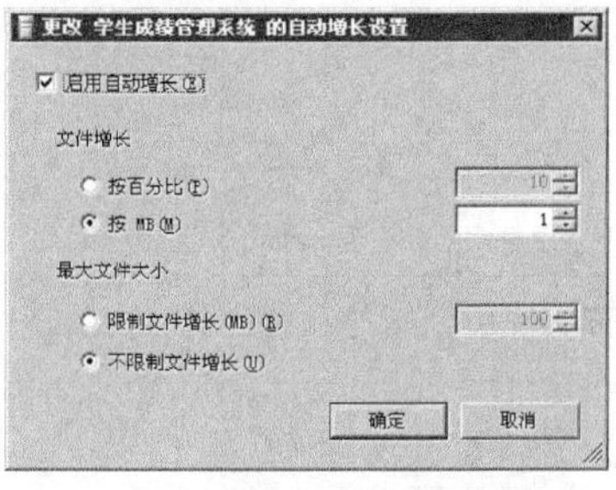

图 3.4　数据文件自动增长的设置

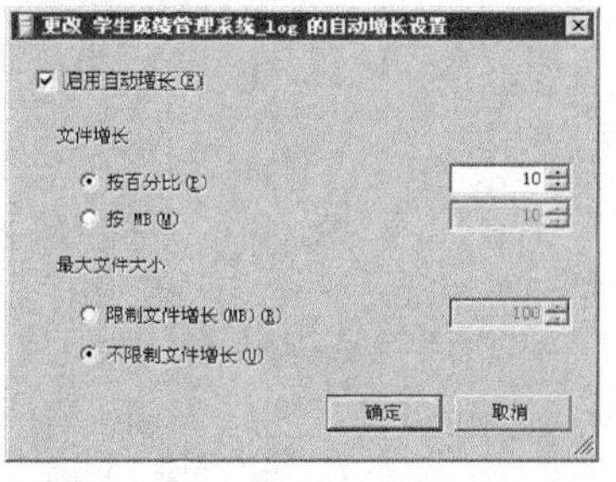

图 3.5　日志文件自动增长的设置

- 【路径】指定存放该文件的目录。在默认情况下，SQL Server 2008 将存放路径设置为 SQL Server 2008 安装目录下的 data 子目录。单击该列中的按钮可以在弹出的【定位文件夹】对话框中更改数据库文件的存放路径。

在创建数据库时，系统自动将 model 数据库中的所有用户自定义的对象都复制到新建的数据库中。用户可以在 model 系统数据库中创建希望自动添加到所有新建数据库中的对象，例如表、视图、数据类型、存储过程等。

8. 切换到【选项】页，如图 3.6 所示，在这里可设置数据库的排序规则、恢复模式、兼容级别和其他属性。

9. 切换到【文件组】页，如图 3.7 所示，在这里可添加或删除文件组。

10. 完成以上操作后，单击【确定】按钮关闭【新建数据库】对话框。至此，“学生成绩管理系统”数据库创建成功。可在【对象资源管理器】窗口看到新建的数据库。

说明　在 SQL Server 2008 中创建新的对象时，可能不会立即出现在【对象资源管理器】窗口中，可右键单击对象所在位置的上一层，并选择【刷新】命令，即可强制 SQL Server 2008 重新读取系统表并显示数据中的所有新对象。

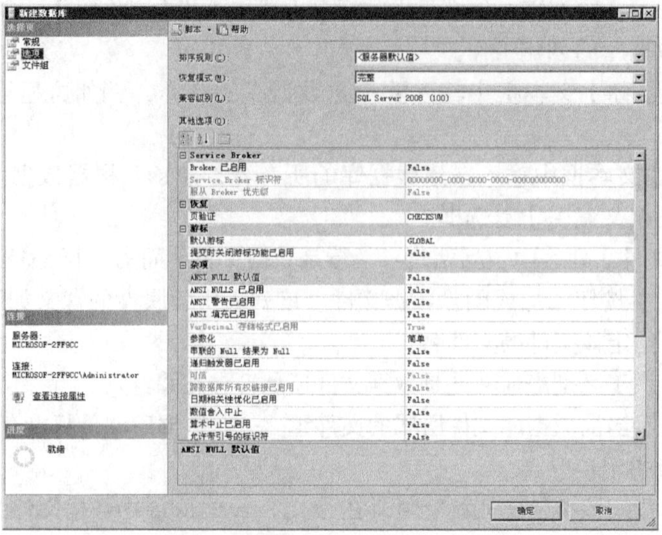

图 3.6　新建数据库的【选项】页

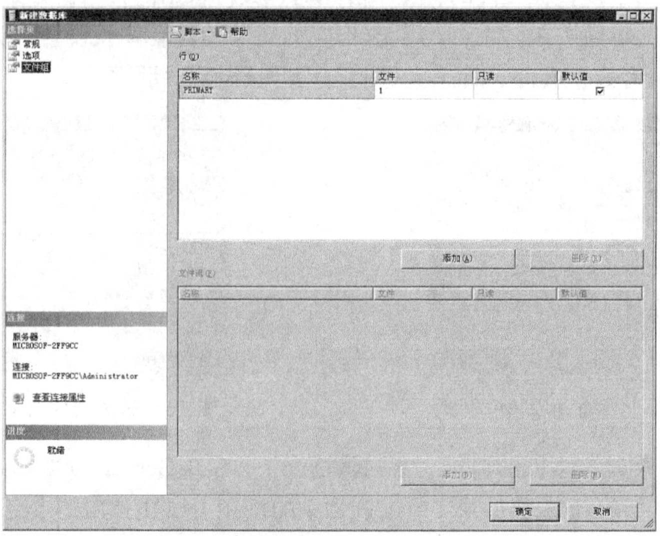

图 3.7　新建数据库的【文件组】页

3.2.2　运用 T-SQL 语句创建数据库

使用 SQL Server Management Studio 创建数据库可以方便应用程序对数据的直接调用。但是，有些情况下，不能使用图形化方式创建数据库。比如，在设计一个应用程序时，开发人员会直接使用 T-SQL 语句在程序代码中创建数据库及其他数据库对象，而不用在制作应用程序安装包时再放置数据库或让用户自行创建。

SQL Server 2008 使用的 T-SQL 是标准 SQL（结构化查询语言）的增强版本，使用它提供的 CREATE DATABASE 语句同样可以完成新建数据库操作。下面同样以创建“学生成绩管理系统”数据库为例来介绍如何使用 T-SQL 语句创建数据库。

使用 CREATE DATABASE 语句创建数据库最简单的方式如下所示：

```
CREATE DATABASE database_name
```

该方式只需指定 database_name 参数即可，该参数表示要创建的数据库的名称，其他与数据库有关的选项都采用系统的默认值。例如，创建“学生成绩管理系统”数据库，则语句为：

```
CREATE DATABASE 学生成绩管理系统
```

1. CREATE DATABASE 语法格式

如果希望在创建数据库时明确指定数据库的文件和这些文件的大小以及增长的方式，就需要了解 CREATE DATABASE 语句的语法，其完整的格式如下：

```
CREATE DATABASE database_name
[ON [PRIMARY]
[<filespec> [1,…n]]
[,<filegroup> [1,…n]]
]
[
[LOGON {<filespec> [1,…n]}]
[COLLATE collation_name]
[FOR {ATTACH [WITH <service_broker_option>]|ATTACH_REBUILD_LOG}]
[WITH <external_access_option>]
]
[;]
<filespec>::=
{
[PRIMARY]
(
[NAME=logical_file_name,]
FILENAME='os_file_name'
[,SIZE=size[KB|MB|GB|TB]]
[,MAXSIZE={max_size[KB|MB|GB|TB]|UNLIMITED}]
[,FILEGROWTH=growth_increment[KB|MB|%]]
)[1,…n]
}
<filegroup>::=
{
FILEGROUP filegroup_name
<filespec> [1,…n]
}
<external_access_option>::=
{
DB_CHAINING {ON|OFF}|TRUSTWORTHY{ON|OFF}
}
<service_broke_option>::=
{
ENABLE_BROKE|NEW_BROKE|ERROR_BROKER_CONVERSATIONS
}
```

说明如下：

在语法格式中，每一种特定的符号都表示特殊的含义，其中：

方括号（[]）中的内容表示可以省略的选项或参数，[1,…n]表示同样的选项可以重复 1 到 n 遍。

如果某项的内容太多需要额外的说明，可以用<>括起来，如语法中的<filespec>和<filegroup>，而该项的真正语法在::=后面加以定义。

大括号（{}）通常会与符号|连用，表示{}中的选项或参数必选其中之一，不可省略。

例如，MAXSIZE={max_size[KB|MB|GB|TB]|UNLIMITED}表示定义数据库文件的最大容量，

或者指定一个具体的容量 max_size[KB|MB|GB|TB]，或者指定容量没有限制 UNLIMITED，但是不能空缺。表 3.2 列出了语法中主要参数的说明。

表 3.2 语法参数说明

参数	说　明
database_name	数据库名称
Logical_file_name	逻辑文件名称
os_file_name	操作系统下的文件名和路径
size	文件初始容量
max_size	文件最大容量
growth_increment	自动增长值或比例
filegroup_name	文件组名

- database_name 用于设置数据库的名称，可长达 128 个字符，需要将 database_name 替换为需要的数据库名称，如“学生成绩管理系统”数据库。在同一个 DBMS 中，数据库名必须具有唯一性，并符合标识符命名规则。
- NAME=logical_file_name 用来定义数据库的逻辑名称，这个逻辑名称将用来在 T-SQL 代码中引用数据库。该名称在数据库中是唯一的，并符合标识符命名规则。这个选项在使用了 FORATTACH 时不是必须的。
- FILENAME=os_file_name 用于定义数据库文件在硬盘上的存放路径与文件名称。数据库文件只存放在本地目录中，不能存放到网络目录和压缩目录中。
- SIZE=size[KB|MB|GB|TB] 用来定义数据文件的初始大小，可以使用 KB、MB、GB 或 TB 为计量单位。如果没有为主数据文件指定大小，那么 SQL Server 将创建与 model 系统数据库相同大小的文件。如果没有为辅助数据库文件指定大小，那么 SQL Server 将自动为该文件指定 1MB 大小。
- MAXSIZE={max_size[KB|MB|GB|TB]|UNLIMITED}用于设置数据库允许达到的最大容量，可以使用 KB、MB、GB 或 TB 为计量单位，也可以为 UNLIMITED，或者省略整个子句，使文件可以无限制增长。
- FILEGROWTH=growth_increment[KB|MB|%] 用来定义文件增长所采用的递增量或递增方式。可以使用 KB、MB 或百分比（%）为计量单位。如果没有指定这些符号之中的任一符号，则默认 MB 为计量单位。
- FILEGROUP filegroup_name 用来为正在创建的文件所基于的文件组指定逻辑名称。

2. 使用 CREATE DATABASE 语句创建数据库

【例 3.2】 使用 CREATE DATABASE 语句创建“学生成绩管理系统”数据库。

具体的步骤如下。

（1）打开【SQL Server Management Studio】窗口，并连接到服务器。

（2）选择【文件】→【新建】→【数据库引擎查询】命令或者单击标准工具栏上的【新建查询】按钮，创建一个查询输入窗口。

说明　通过选择【文件】→【新建】→【数据库引擎查询】命令创建查询输入窗口会弹出【连接到数据库引擎】对话框，此时需要身份验证连接到服务器，而通过单击【新建查询】按钮不会出现该对话框。

（3）在窗口内输入如下语句，创建“学生成绩管理系统”数据库，保存位置为“C:\”。

```
CREATE DATABASE 学生成绩管理系统
ON
(
NAME=学生成绩管理系统,
FILENAME='C:\学生成绩管理系统.mdf',
SIZE=3MB,
MAXSIZE=50MB,
FILEGROWTH=10%
)
LOG ON
(
NAME=学生成绩管理系统_LOG,
FILENAME='C:\学生成绩管理系统_LOG.ldf',
SIZE=1MB,
MAXSIZE=10MB,
FILEGROWTH=10%
)
GO
```

（4）单击【执行】按钮执行语句。如果执行成功，在查询窗口内的【查询】窗口中可以看到“命令已成功完成。”的提示信息。在【对象资源管理器】窗口中刷新，展开数据库节点就能看到刚创建的“学生成绩管理系统”数据库，如图 3.8 所示。

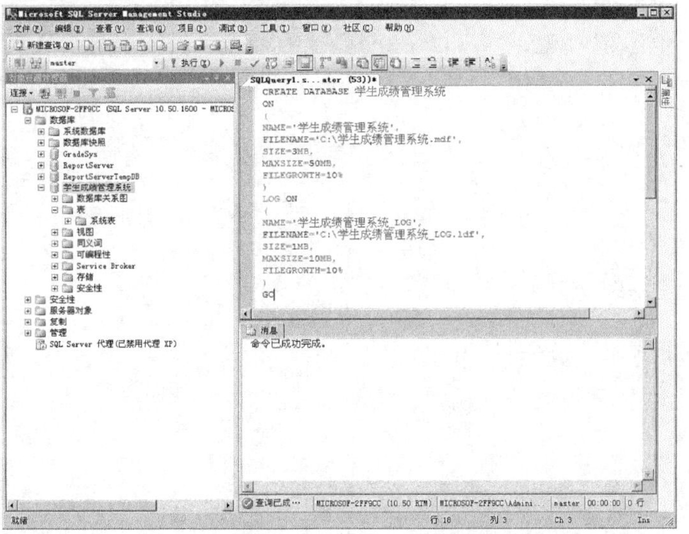

图 3.8　使用 CREATE DATABASE 语句创建数据库

在上面的代码中，NAME 关键字指定了数据文件的逻辑名称是“学生成绩管理系统”，日志文件的逻辑名称是“学生成绩管理系统_LOG”，而数据文件的物理名称是通过 FILENAME 关键字指定的。在“学生成绩管理系统”数据库中，通过 SIZE 关键字把数据文件的大小设置为 3 MB，最大值为 50 MB，按 10%的比例增长，日志文件的大小设置为 1 MB，最大值为 10 MB，按 10%的比例增长。整个数据库的初始大小为：数据文件大小（3 MB）+日志文件大小（1 MB）=4 MB。

如果以后数据库会不断增长，那么就指定其自动增长方式；反之，最好不要指定其自动增长，以提高数据的使用效率。

3. 使用 CREATE DATABASE 语句创建文件组数据库

如果数据库中的数据文件或日志文件多于 1 个，则文件之间使用逗号隔开。当数据库有 2 个或 2 个以上的数据文件时，需要指定哪一个数据文件是主数据文件。默认情况下，第一个数据文件就是主数据文件，也可以使用 PRIMARY 关键字来指定主数据文件。

【例 3.3】 使用 CREATE DATABASE 语句重新创建“学生成绩管理系统”数据库，让该数据库包含 3 个数据文件和 2 个日志文件，将后两个数据文件存储在名称为 group1 的文件组中。

代码如下：

```
CREATE DATABASE 学生成绩管理系统
ON PRIMARY
(
NAME=学生成绩管理系统,
FILENAME='C:\学生成绩管理系统.mdf',
SIZE=3MB,
MAXSIZE=50MB,
FILEGROWTH=10%
),
FILEGROUP group1
(
NAME=学生成绩管理系统 1,
FILENAME='C:\学生成绩管理系统 1.ndf',
SIZE=2MB,
MAXSIZE=10MB,
FILEGROWTH=5%
),
(
NAME=学生成绩管理系统 2,
FILENAME='C:\学生成绩管理系统 2.ndf',
SIZE=2MB,
MAXSIZE=20MB,
FILEGROWTH=15%
)
LOG ON
(
NAME=学生成绩管理系统_LOG,
FILENAME='C:\学生成绩管理系统_LOG.ldf',
SIZE=1MB,
MAXSIZE=10MB,
FILEGROWTH=10%
),
(
NAME=学生成绩管理系统_LOG1,
FILENAME='C:\学生成绩管理系统_LOG1.ldf',
SIZE=1MB,
MAXSIZE=5MB,
```

```
FILEGROWTH=5%
)
```

重新创建“学生成绩管理系统”数据库时必须先删除之前创建的 “学生成绩管理系统”数据库。右键单击要删除的数据库，在弹出的快捷菜单中选择【删除】命令，在弹出的对话框中单击【确定】按钮即可。

上述代码中，创建了 3 个数据文件和 2 个日志文件，分别为：学生成绩管理系统、学生成绩管理系统 1、学生成绩管理系统 2、学生成绩管理系统_LOG、学生成绩管理系统_LOG1，将数据文件“学生成绩管理系统”设为了主数据文件。创建成功之后，可以在“C:\”目录下看到所创建的 5 个文件。

3.3　管理数据库

在创建完成数据库之后，就可以对数据库进行管理操作，主要包括查看、修改和删除。查看是指可以浏览数据库的各种属性和状态；修改是指可以修改数据库的名称、大小、自动增长等属性；删除是对不需要的数据库进行删除，以释放所占用的磁盘空间。

3.3.1　使用图形界面方式管理数据库

1. 查看数据库信息

在 SQL Server 2008 系统中查看数据库信息有很多种方法，例如，可以使用系统视图、【SQL Server Management Studio】窗口、函数和存储过程等查看有关数据库的基本信息。下面将分别介绍其中的两种查看数据库信息的基本方式。

（1）使用系统视图

常见的查看数据库基本信息的操作有：

- 使用 sys.databases 数据库和文件目录视图查看有关数据库的基本信息；
- 使用 sys.database_files 查看有关数据库文件的信息；
- 使用 sys.filegroups 查看有关数据库组的信息；
- 使用 sys.maste_files 查看数据库文件的基本信息和状态信息。

（2）使用【SQL Server Management Studio】窗口

利用【SQL Server Management Studio】窗口来查看数据库信息。在【对象资源管理器】窗口中右键单击要查看信息的数据库，在弹出的快捷菜单中选择【属性】命令，在弹出的【数据库属性】对话框中就可以查看到数据库的常规信息、文件信息、文件组信息、选项信息等，如图 3.9 所示。

2. 修改数据库的大小

修改数据库的大小其实就是修改数据文件和日志文件的长度，或者增加/删除文件。修改数据库最常用的两种方法为：通过 ALTER DATABASE 语句和图形界面方式。

【例 3.4】 使用图形界面方式修改“学生成绩管理系统”数据库的大小。

具体的步骤如下。

（1）在【对象资源管理器】窗口中，右键单击“学生成绩管理系统”数据库，在弹出的快捷菜单中选择【属性】命令。

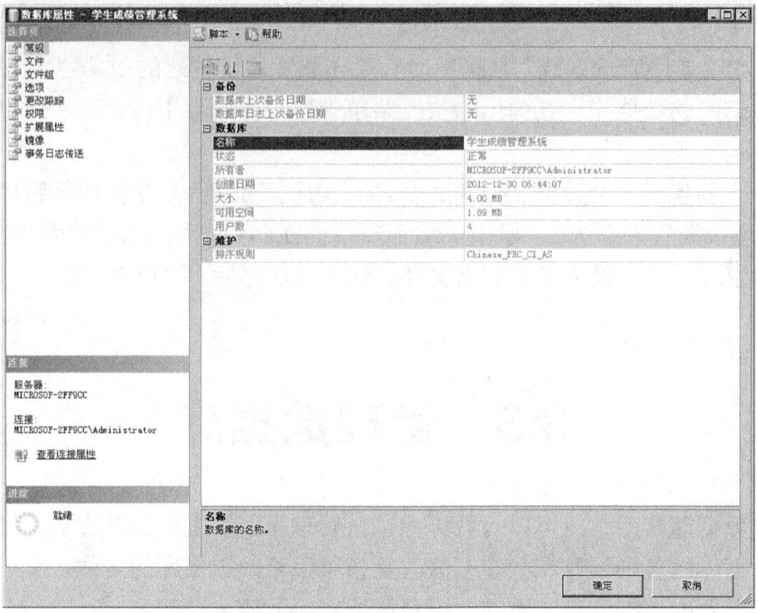

图 3.9 【数据库属性】对话框

（2）在【数据库属性】对话框中切换到【文件】页。

（3）在数据文件行的【初始大小】列中输入要修改的值，同样在日志文件行的【初始大小】列中输入要修改的值。

（4）单击【自动增长】列中的...按钮，弹出【更改 Database 的自动增长设置】对话框，可设置自动增长的方式及大小，如图 3.10 所示。

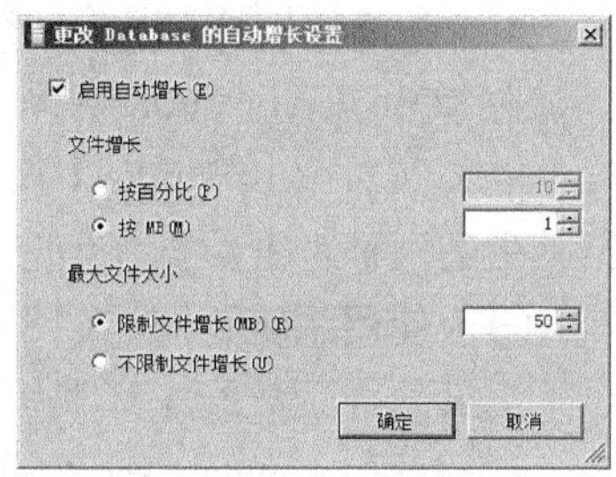

图 3.10 【更改 Database 的自动增长设置】对话框

（5）如果要添加文件，可以直接在【文件】页中单击【添加】按钮，然后进行相应大小设置即可。

（6）完成修改后，单击底部的【确定】按钮即可。

3. 删除数据库

日常的管理工作中将不再需要的数据库删除，以释放被其占用的磁盘空间和其他系统资源。

【例 3.5】 使用图形界面方式删除“学生成绩管理系统”数据库。

具体的步骤如下。

（1）在【对象资源管理器】窗口中右键单击要删除的数据库，在弹出的快捷菜单中选择【删除】命令。

（2）在弹出的【删除对象】对话框中单击【确定】按钮确认删除，如图 3.11 所示。删除操作完成后会自动返回【SQL Server Management Studio】窗口。

4. 分离数据库

分离数据库是指将数据库从 SQL Server 2008 的当前实例中分离出去，但是不会删除该数据库的数据文件和事务日志文件，该数据库可以再附加到其他的 SQL Server 2008 实例中。

【例 3.6】 使用图形界面方式实现分离“学生成绩管理系统”数据库。

具体的步骤如下。

（1）在【对象资源管理器】窗口中右键单击“学生成绩管理系统”数据库，在弹出的快捷菜

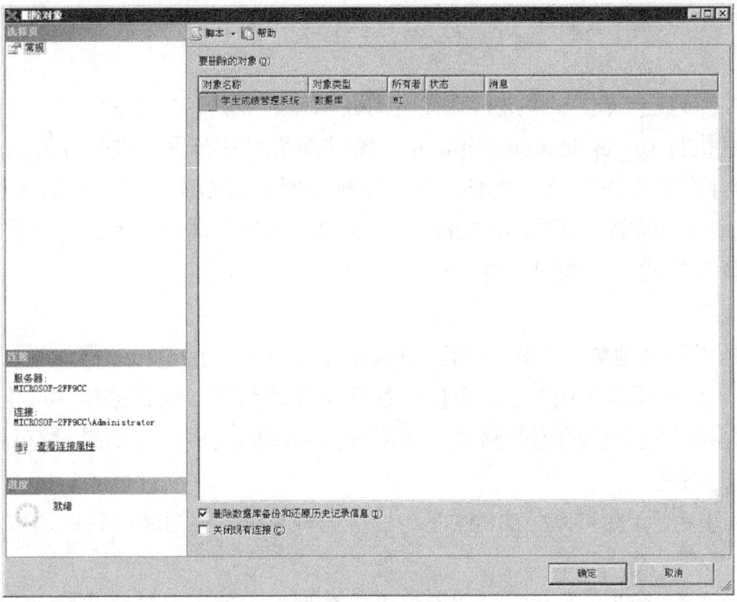

图 3.11 【删除对象】对话框

单中选择【任务】→【分离】命令。

（2）在弹出的【分离数据库】对话框中查看在【数据库名称】列中的数据库名称，验证这是否为要分离的数据库，如图 3.12 所示。

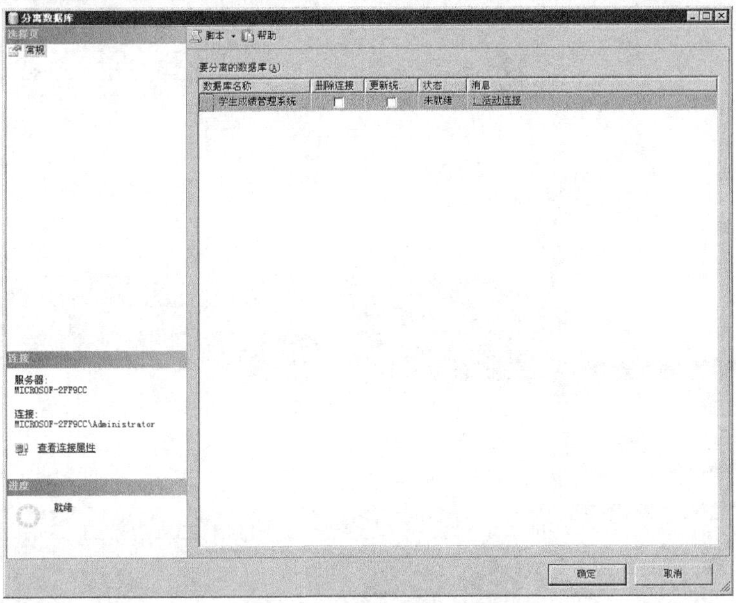

图 3.12 【分离数据库】对话框

（3）在【状态】列中如果显示的是“未就绪”，则【消息】列将显示有关数据库的连接信息。当数据库涉及复制时，【消息】列将显示“Database replicated”。

（4）数据库有一个或多个活动连接时，【消息】列将显示“<活动连接数>活动连接”。在分离数据库之前，必须启用【删除连接】复选框来断开所有活动连接。

（5）分离数据库准备就绪后，单击【确定】按钮。

事实上，并不是所有的数据库都是可以分离的，如果要分离的数据库出现下列任何一种情况都将无法分离。

- 已复制并发布数据库。如果进行复制，则数据库必须是未发布的。如果要分离已发布的数据库，必须先通过执行 sp_replicationdboption 存储过程禁用发布后再进行分离。
- 数据库中存在数据库快照。此时，必须先删除所有数据库快照，然后才能分离数据库。
- 数据库处于未知状态。在 SQL Server 2008 中，无法分离可疑和未知状态的数据库，必须将数据库设置为紧急模式，才能对其进行分离操作。

5. 附加数据库

附加数据库是指将其他数据库附加到当前数据库实例中。在附加数据库时，所有数据库文件（.mdf 和.ndf 文件）都必须是可用的。如果任何数据文件的路径与创建数据库或上次附加数据库时的路径不同，则必须指定文件的当前路径。在附加数据库的过程中，如果没有日志文件，系统将创建一个新的日志文件。

【例 3.7】 使用图形界面将刚分离的“学生成绩管理系统”数据库再附加到当前数据库实例中。

具体的步骤如下。

（1）在【对象资源管理器】窗口中右键单击【数据库】节点并选择【附加】命令。

（2）在弹出的【附加数据库】对话框中单击【添加】按钮，从弹出的【定位数据库文件】对话框中选择要附加的数据库所在的位置，再依次单击【确定】按钮返回，如图 3.13 所示。如果数据文件和日志文件的存放路径发生了变化，则需要重新定位文件的位置。

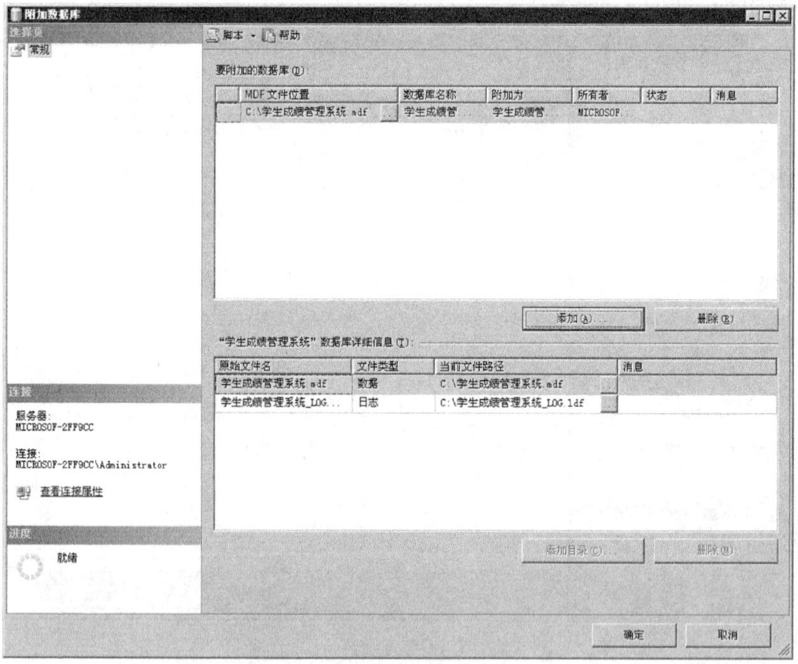

图 3.13 【附加数据库】对话框

（3）回到【对象资源管理器】窗口中，展开【数据库】节点，可看到“学生成绩管理系统”数据库已经成功附加到当前的数据库实例中。

6. 收缩数据库

如果数据库的设计容量过大，当删除了数据库中的大量数据时数据库依然会占用很多的磁盘资源，为减少系统资源的浪费，可以对数据库进行收缩。

【例 3.8】 使用图形界面方式将“学生成绩管理系统”数据库收缩。

具体的步骤如下。

（1）在【对象资源管理器】窗口中右键单击【数据库】节点下的【学生成绩管理系统】，在弹出的快捷菜单中选择【任务】→【收缩】→【数据库】命令，如图 3.14 所示。

（2）在弹出的【收缩数据库】对话框中单击【确定】按钮。

图 3.14　收缩数据库操作

3.3.2　运用 T-SQL 语句管理数据库

1. 查看数据库信息

（1）使用函数

可以使用 DATABASEPROPERTYEX 函数来查看指定数据库中的指定选项的信息，该函数一次只能返回一个选项的设置。例如，要查看“学生成绩管理系统”数据库中的版本信息，可以使用如下语句：

```
SELECT DATABASEPROPERTYEX('学生成绩管理系统', 'Version')
```

代码的执行结果如图 3.15 所示。

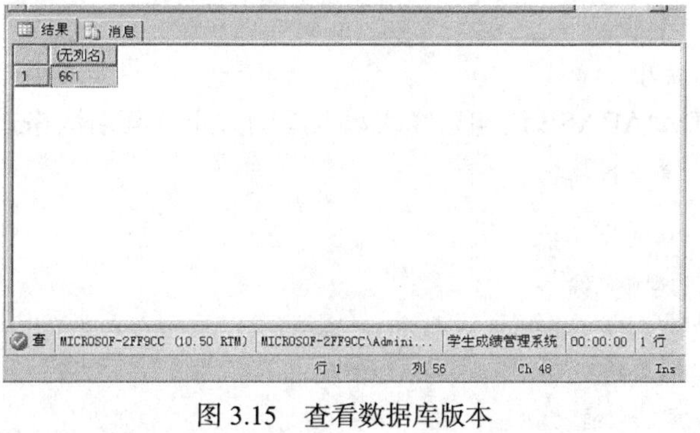

图 3.15　查看数据库版本

（2）使用存储过程

使用 sp_spaceused 存储过程可以显示数据库使用和保留的空间。下面来查看“学生成绩管理系统”数据库的空间大小和已经使用的空间等信息，如图 3.16 所示。

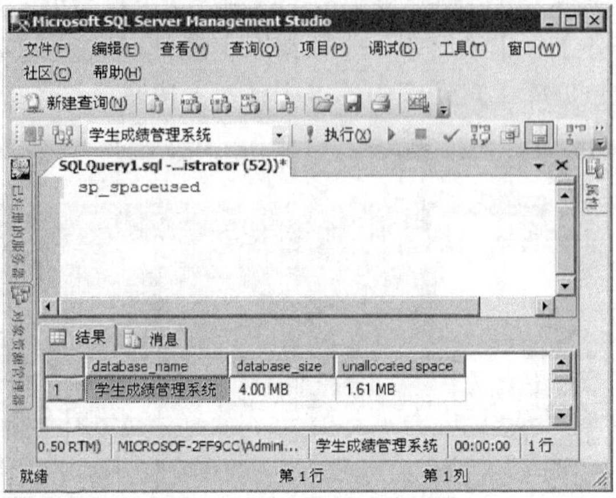

图 3.16　使用 sp_spaceused 存储过程

可使用 sp_helpdb 存储过程查看所有数据库的基本信息，以当前数据库“学生成绩管理系统”为例，如图 3.17 所示。

图 3.17　使用 sp_helpdb 存储过程

2. 修改数据库的大小

可以使用 ALTER DATABASE 语句来修改数据库的大小，其语法格式如下：

```
ALTER DATABASE 数据库名
ADD FILE
 (
  NAME = 数据文件的逻辑名称
 [,FILENAME ='数据文件的物理名称']
 [,SIZE = 数据文件的初始大小 [ MB | KB|GB ] ]
 [,MAXSIZE ={ 数据文件的最大容量[ MB | KB|GB ] | UNLIMITED } ]
```

```
  [,FILEGROWTH =数据文件的增长量 [ MB | KB | GB|% ] ]
  )
  [TO FILEGROUP 文件组]
```

【例 3.9】 使用 ALTER DATABASE 语句将“学生成绩管理系统”数据库扩大 5 MB，可以通过为该数据库添加一个大小为 5 MB 的数据文件来实现。

代码如下所示：

```
ALTER DATABASE 学生成绩管理系统
ADD FILE
(
NAME=学生成绩管理系统 3,
FILENAME='C:\学生成绩管理系统 3.mdf',
SIZE=5MB,
MAXSIZE=30MB,
FILEGROWTH=20%
)
```

上述语句代码将添加一个名称为学生成绩管理系统 3、大小为 5 MB 的数据文件，最大容量为 30 MB，并可按 20%自动增长。

如果要增加日志文件，可以使用 ADD LOG FILE 子句，在一个 ALTER DATABASE 语句中一次可以增加多个数据文件或日志文件，多个文件之间需要使用逗号（，）分开。

3. 删除数据库

可使用 DROP DATABASE 语句删除数据库，其语法格式如下：

```
DROP DATABASE database_name [,…n]
```

其中，database_name 为要删除的数据库名，[,…n]表示可以有多数据库名。

【例 3.10】 使用 DROP DATABASE 语句删除“学生成绩管理系统”数据库。

```
DROP DATABASE 学生成绩管理系统
```

使用 DROP DATABASE 删除数据库不会出现确认信息，所以使用这种方法时要小心谨慎。此外，千万不能删除系统数据库，否则会导致 SQL Server 2008 服务器无法使用。

4. 分离数据库

可以使用 sp_detach_db 存储过程来执行分离数据库的操作。

【例 3.11】 使用 sp_detach_db 存储过程分离“学生成绩管理系统”数据库。

执行代码如下所示：

```
EXEC sp_detach_db 学生成绩管理系统
```

5. 附加数据库

【例 3.12】 下面将刚分离后的“学生成绩管理系统”数据库使用语句再附加到当前数据库实例中。

执行代码如下所示：

```
CREATE DATABASE 学生成绩管理系统
ON
(
  NAME='学生成绩管理系统',
  FILENAME = 'C:\学生成绩管理系统.mdf'
)
LOG ON
```

```
(
  NAME=学生成绩管理系统_LOG,
  FILENAME='C:\学生成绩管理系统_LOG.ldf'
)
FOR ATTACH
```

6. 收缩数据库

在 SQL Server 2008 系统中，使用 T-SQL 语句收缩数据库有以下 3 种方式。

（1）使用 AUTO_SHRINK 数据库选项设置自动收缩数据库

将 AUTO_SHRINK 选项设置为 ON 后，数据库引擎将自动收缩具有可用空间的数据库。此选项可以使用 ALTER DATABASE 语句来进行设置。默认情况下，此选项设置为 OFF。数据库引擎会定期检查每个数据库的空间使用情况。设置 AUTO_SHRINK 选项的语法格式如下所示：

```
ALTER DATABASE database_name SET AUTO_SHRINK ON
```

【例 3.13】 将“学生成绩管理系统”数据库设置为自动收缩。

代码如下：

```
ALTER DATABASE '学生成绩管理系统' SET AUTO_SHRINK ON
```

（2）使用 DBCC SHRINKDATABASE 命令收缩数据库

使用该命令可手动收缩数据库的大小，这是一种比自动收缩数据库更加灵活的收缩数据库的方式，可以对整个数据库进行收缩。DBCC SHRINKDATABASE 命令的基本语法格式如下所示：

```
DBCC SHRINKDATABASE
( database_name | database_id | 0
    [,target_percent ]
    [,{ NOTRUNCATE | TRUNCATEONLY } ]
)
[ WITH NO_INFOMSGS ]
```

说明如下。

- database_name|database_id|0：要收缩的数据库的名称或 ID。如果指定 0，则使用当前数据库。
- target_percent：数据库收缩后的数据库文件中所需的剩余可用空间百分比。
- NOTRUNCATE：通过将已分配的页从文件末尾移动到文件前面的未分配页来压缩数据文件中的数据。target_percent 是可选的。文件末尾的可用空间不会返回给操作系统，文件的物理大小也不会更改，因此，指定 NOTRUNCATE 时，数据库看起来未收缩。NOTRUNCATE 只适用于数据文件，日志文件不受影响。
- TRUNCATEONLY：将文件末尾的所有可用空间释放给操作系统，但不在文件内部执行任何页移动。数据文件只收缩到最后分配的区。如果随 TRUNCATEONLY 指定了 target_percent，则会忽略该参数。TRUNCATEONLY 将影响日志文件。若要仅截断数据文件，请使用 DBCC SHRINKFILE。
- WITH NO_INFOMSGS：取消严重级别从 0 到 10 的所有信息性消息。

【例 3.14】 使用 DBCC SHRINKDATABASE 命令收缩“学生成绩管理系统”数据库，使数据库中留出 10%的可用空间。

代码如下：

```
DBCC SHRINKDATABASE('学生成绩管理系统',10)
```

（3）使用 DBCC SHRINKFILE 命令收缩数据库文件

此命令可以收缩指定的数据库文件，还可以将文件收缩至小于其初始创建的大小，并且重新设置当前的大小为其初始创建的大小。DBCC SHRINKFILE 命令的基本语法形式如下所示：

```
DBCC SHRINKFILE
(
  { file_name | file_id }
  { [,EMPTYFILE ]
  | [ [,target_size ] [,{ NOTRUNCATE | TRUNCATEONLY } ] ]
  }
)
[ WITH NO_INFOMSGS ]
```

说明如下。

- file_name：要收缩的文件的逻辑名称。
- file_id：要收缩的文件的标识 (ID) 号。若要获得文件 ID，请使用 FILE_IDEX 系统函数，或查询当前数据库中的 sys.database_files 目录视图。
- target_size：表示的文件大小（用整数表示），单位为 MB。如果未指定，则 DBCC SHRINKFILE 将文件大小减少到默认文件大小。默认大小为创建文件时指定的大小。
- EMPTYFILE：将指定文件中的所有数据迁移到同一文件组中的其他文件。由于数据库引擎不再允许将数据放在空文件内，因此可以使用 ALTER DATABASE 语句来删除该文件。
- NOTRUNCATE：在指定或不指定 target_percent 的情况下，将已分配的页从数据文件的末尾移动到该文件前面的未分配页。文件末尾的可用空间不会返回给操作系统，文件的物理大小也不会更改，因此，指定 NOTRUNCATE 时，文件看起来未收缩。NOTRUNCATE 只适用于数据文件，日志文件不受影响。
- TRUNCATEONLY：将文件末尾的所有可用空间释放给操作系统，但不在文件内部执行任何页移动。数据文件只收缩到最后分配的区。如果随 TRUNCATEONLY 指定了 target_size，则会忽略该参数。TRUNCATEONLY 只适用于数据文件。
- WITH NO_INFOMSGS：取消显示所有信息性消息。

【例 3.15】 使用 DBCC SHRINKDFILE 命令收缩“学生成绩管理系统”数据库，使数据库文件收缩到创建数据库时指定的文件大小。

代码如下：

```
DBCC SHRINKDFILE ('学生成绩管理系统')
```

练　习　题

1. 查看 SQL Server 2008 系统数据库。系统数据库是随安装程序一起安装的，用于协助 SQL Server 2008 系统共同完成管理操作的数据库，它们是 SQL Server 2008 运行的基础。随 SQL Server 2008 一起安装的有 4 个系统数据库：master、model、msdb、tempdb。请查看并了解系统数据库包含的表及内容。

2. 使用图形界面和 T-SQL 语句两种方式来创建“图书管理系统”数据库，与数据库有关的选项都采用系统的默认值。

3. 使用图形界面和 T-SQL 语句两种方式来创建“图书管理系统 2”数据库，让该数据库包含 3 个数据文件和 2 个日志文件，将后两个数据文件存储在名称为 group1 的文件组中。

4. 使用图形界面和 T-SQL 语句两种方式创建 1 个 test 数据库，其主数据文件逻辑名为 test_data，物理文件名为 test_data.mdf，初始大小为 10 MB，最大容量为无限大，增长速度为 1 MB；数据库日志文件逻辑名称为 test_log，物理文件名为 test_log.ldf，初始大小为 1 MB，最大容量为 5 MB，增长速度为 10%。

5. 使用图形界面和 T-SQL 语句两种方式修改“图书管理系统”数据库的大小，主数据文件最大容量为无限大，增长速度为 2MB；数据库日志文件最大容量为 50 MB，增长速度为 15%。

6. 使用图形界面和 T-SQL 语句两种方式来将分离的“图书管理系统”数据库附加。

7. 使用 DBCC SHRINKDATABASE 命令收缩“图书管理系统”数据库，使数据库中留出 20% 的可用空间。

第 4 章 表的设计

表是 SQL Server 数据库中非常重要的对象，用于存放数据库中的各种数据，表的设计直接影响到用户的使用。另外，很多其他对象都是依附于表对象而存在的，如索引、视图、约束、触发器等。本章将详细介绍关于表的各种操作，包括创建、修改、删除、建立约束等。

学习目标

1. 理解表的特点和作用
2. 熟悉各种数据类型
3. 掌握表的创建方法
4. 掌握表的维护操作

4.1 表的概述

在关系数据库中，表是表示实体的方式，是一种用来组织和存储数据的数据库对象。表具有行列结构，通常也称为二维表，与 Excel 电子表格相似。表中的列主要描述实体的属性，而行是组织数据的单位，每行代表唯一的一个实体对象。

图 4.1 所示是 SQL Server 数据库中用于存储学生基本信息的一个学生表，该表包括“学号”、“姓名”、“出生年月”、“班级编号”、“年级”、“备注”等多个列，每列代表学生的一种属性，每行代表唯一的一个学生。

学号	姓名	性别	出生年月	政治面貌	班级编号	年级	备注
1101010101	徐丽敏	女	1992-04-24	团员	11010101	2011	NULL
1101010102	马建敏	女	1993-08-13	团员	11010101	2011	NULL
1101010103	宋硕	女	1992-05-18	团员	11010101	2011	NULL
1101010104	张亚彩	女	1992-08-05	团员	11010101	2011	NULL
1101010105	王梦影	女	1992-06-22	团员	11010101	2011	NULL
1101010106	王二欢	女	1991-09-18	团员	11010101	2011	NULL
1101010107	陈立叶	女	1991-07-16	团员	11010101	2011	NULL
1101010108	张雪薇	女	1992-10-28	团员	11010101	2011	NULL
1101010109	申金秀	女	1991-01-16	团员	11010101	2011	NULL
1101010110	张亚辉	女	1992-11-27	团员	11010101	2011	NULL
1101010111	徐伟贤	女	1992-12-08	团员	11010101	2011	NULL
1101010112	侯宁宁	女	1991-09-04	党员	11010101	2011	NULL
1101010113	李高鹏	男	1992-07-12	团员	11010101	2011	NULL
1101010114	李叶飞	男	1992-02-23	团员	11010101	2011	NULL
1101010115	李世泽	男	1991-08-18	团员	11010101	2011	NULL
1101010116	顾正伟	男	1992-06-19	团员	11010101	2011	NULL
1101010117	李磊	男	1993-09-01	团员	11010101	2011	NULL
1101010118	李高高	男	1991-10-04	党员	11010101	2011	NULL

图 4.1　学生表

每个表都有一个名称，用来标识该表，也用于确定所存放的实体信息。如学生表的名字是“学生”，同时表示该表中存放的是学生实体的信息，而非其他实体的信息。

4.1.1 基本概念

下面介绍几个与表有关的基本概念。

1. 表结构

每个表中包含有若干列，表中各列的名称、数据类型、属性统称为表结构。

2. 记录

每个表中都存储有若干行数据，每一行称为一条记录，每条记录代表一个实体。表可以看作是记录的集合体。

表中记录的顺序可以是任意的，一般情况下是按照记录插入的先后顺序存储的。不过，在使用的过程中也经常需要进行排序，但是，无论按哪种方式进行排序都不会影响到实际的数据。在实际情况下，一个数据表不允许出现两行完全相同的记录。

3. 字段

表中包含的每一列称为一个字段，每条记录中每个字段的值称为一个数据项。表中的字段名必须是唯一的，每个字段都应该有相应的数据类型、属性。

表中各字段的顺序也是任意的,用户在实际使用时可以自行指定各字段的顺序进行数据检索。

4. 主键

表中能唯一标识所有记录的某一个字段或字段组合称为该表的主关键字，也称主键。也就是说，主键所对应的数据项在所有行中都是唯一的，不允许出现重复。另外，主键所对应的数据项也不能为空值。

例如，在学生表中有学号、姓名、性别、出生年月、政治面貌、年级、备注等字段，其中只有“学号”字段的值在所有记录中都不可能出现重复，也就是说通过“学号”字段可以将表中的不同记录区分开来，“学号”字段可以作为学生表的主键。

在设计表时可指定表的主键，以保证该表中不会出现重复行。

4.1.2 表的类型

在 SQL Server 2008 系统中，表分为 4 种类型，包括标准表、分区表、临时表、系统表。

1. 标准表

标准表是指数据库中存储数据的表，通常简称为表，是最基本的表对象。

2. 分区表

分区表是指将数据划分为若干个不同的单元，并将这些单元分散存储到数据库中的多个文件组中。当表中的数据量非常庞大且表中的数据会以不同的方式来访问时，往往需要建立分区表。

分区表的特点在于可以方便地管理大型表中的数据，提高表中数据的使用效率。

3. 临时表

临时表是临时创建的、不能永久存在的表，可分为本地临时表和全局临时表。本地临时表仅对当前用户可见，表名是以“#”开头，当用户断开 SQL Server 数据库连接时会被自动删除；全局临时表对任何用户都是可见的，表名是以“##”开头，当所有引用该表的用户都断开连接 SQL Server 数据库时会被删除。

4. 系统表

系统表中存储了 SQL Server 服务器的相关信息、数据库设置信息、用户和各种对象的描述等系统信息。

系统表的特点在于不需要用户进行创建和维护，而是由 SQL Server 数据库系统自动创建和维护的。

4.2　数据类型

在设计表时，需要给每个字段指定相应的数据类型。列的数据类型决定了该列数据的取值范围、存储格式、显示格式等。

字段的数据类型可以是 SQL Server 数据库系统提供的数据类型，也可以是用户自定义的数据类型。

4.2.1　系统数据类型

SQL Server 2008 提供了丰富的数据类型，如表 4.1 所示。

表 4.1　系统数据类型

数据类型	符号标识
整数类型	bigint，int，smallint，tinyint
位数据类型	bit
精确数值类型	decimal，numeric
浮点类型	float，real
货币类型	money，smallmoney
字符类型	char，varchar，varchar(max)，text
Unicode 字符类型	nchar，nvarchar，nvarchar(max)，ntext
二进制类型	binary，varbinary，varbinary(max)，image
日期时间类型	datetime，smalldatetime，date，time，datetime2，datetimeoffset
时间戳类型	timestamp
其他数据类型	cursor，sql_variant，table，uniqueidentifier，xml，hierarchyid

下面将对系统中的常用数据类型进行一一说明。

1. 整数类型

整数类型是最常用的数据类型之一，主要用于存储整数数值，在 SQL Server 2008 系统中，主要有 bigint、int、smallint 和 tinyint 4 种，这 4 种数据类型的最大区别在于取值范围和精度。

（1）bigint：大整数，取值范围-2^{63}到$2^{63}-1$，其精度为 19，长度为 8 字节。

（2）int：整数，数范围为-2^{31}到$2^{31}-1$，其精度为 10，长度为 4 字节。

（3）smallint：短整数，数字范围-32 768 到 32 767，其精度为 5，长度为 2 字节。

（4）tinyint：微短整数，数字范围 0 到 255，长度为 1 字节，其精度为 3，小数位数为 0，长度为 1 字节。

在选择整数类型时，一般情况下应考虑使用 int 数据类型，特殊情况下可根据字段实际可能出现的取值范围确定相应的数据类型。

2. 位数据类型

SQL Server 2008 中的位数据类型（bit）相当于其他语言中的逻辑数据类型，它只存储 0 和 1。字符串值 TRUE 和 FALSE 可以转换为位数据类型值：TRUE 转换为 1，FALSE 转换为 0。

3. 精确数值类型

精确数值类型包括 decimal 和 numeric 两类。在 SQL Server 2008 中这两种数据类型功能上完全相同，可当作是一种数据类型来使用。

decimal 和 numeric 可存储$-10^{38}+1$ 到 $10^{38}-1$ 之间的固定精度和小数位的数值，存储长度随精度的变化而变化，为 5 到 17 字节。

其声明格式是 numeric|decimal(p[,s])，其中，p 为精度，s 为小数位数，要求 p 必须大于 s，s 可省略，省略时取 s 的默认值 0，此时可作为整数类型对待。

例如，decimal(8,2)表示可以存储精度为 8、小数位数为 2 的数据，当向该字段某记录赋值 23 456.342 时，实际存储的值将是 23 456.34。

4. 浮点类型

浮点类型通常也称近似数值类型，包括 float 和 real 两种类型，都使用科学计数法表示数据，即形为尾数 E 阶数形式，如 7.321E20、2.123 456E-9 等。其特点是能够存储范围非常大的数字，容易产生舍入误差，不能提供精确的数据，适用于处理取值范围非常大且对精确度要求不太高的数值量。

（1）real：取值范围为-3.40E+38 到 3.40E+38，数据精度为最大 7 位有效数字，4 字节存储数据。

（2）float：取值范围为-1.79E+308 到 1.79E+308。其声明格式是 float(n)，其中，n 取值范围是 1 到 53，用于指示其精度和存储大小。当 n 在 1 到 24 之间时，存储长度为 4 字节，精度为 7 位有效数字，与 real 数据类型相同；当 n 在 25 到 53 之间时，存储长度为 8 字节，精度为 15 位有效数字。n 可以省略，当省略 n 时，代表 n 在 25 到 53 之间。

5. 货币类型

SQL Server 2008 提供了 money 和 smallmoney 两种货币数据类型，其差别在于取值范围和存储字节的不同。

（1）money：取值范围为-2^{63} 到 $2^{63}-1$，其精度为 19，小数位为 4，长度为 8 字节。

（2）smallmoney：取值范围为-2^{31} 到 $2^{31}-1$，其精度为 10，小数位数为 4，长度为 4 字节。

当向表中插入货币类型的值时，必须在数据前面加上货币表示符号（＄），如＄3 166.12、＄250、＄-1 200.888 8 都是正确的货币数据表示形式。

6. 字符类型

字符类型用于存储各种字母、数字和特殊符号组成的字符串，也是 SQL Server 中最常用的数据类型之一。字符串需用单引号括起来，如'abc'。

SQL Server 2008 字符类型包括三类：char、varchar 和 text，使用 ASCII 字符集，每个字符占用一个字节。

（1）char：定长字符数据类型，其声明格式为 char(n)，其中 n 代表字符的长度，n 的取值在 1 到 8 000 之间。若输入的字符串长度不足 n 个，则在字符串的尾部添加空格以达到长度 n；若输入的字符个数超出了 n 个，则超出的部分将被截断。例如，数据类型定义为 char(10)，若输入的字符串为“zhangxz”，则存储的是字符 zhangxz 和 3 个空格；若输入的字符串为“zhangxz1981”，则存储的是字符串“zhangxz198”。

（2）varchar：变长字符数据类型，其声明格式为 varchar(n)，其中，n 表示字符串的最大长度，字符串的长度可以小于 n，超过 n 时则超出的部分将被截断。例如，数据类型定义为 varchar(10)，若输入的字符串为“zhangxz”，存储的仍然是字符串“zhangxz”；若输入的字符串为“zhangxz1981”，则存储的是字符串“zhangxz198”。

在 SQL Server 2008 中，varchar 还可以定义为 varchar(max)，可存储多达 $2^{31}-1$ 个字符，并且可以兼容系统内置字符串函数。

（3）text：文本类型，当需要存储的字符数据超过 8 000 个字符时应选择 text 数据类型。text 数据类型可存储多达 $2^{31}-1$ 个字符，可替代 varchar(max)数据类型。

当某列存储的字符数据值长度相近或一致时，应使用 char；当列中的数据值长度差别较大时，应使用 varchar，可以节省存储空间；当列中的数据很多时应使用 text 或 varchar(max)数据类型。

7. Unicode 字符类型

Unicode 是一种跨平台、跨语言的二进制字符编码，可支持国际上非英语语种的字符数据的存储和处理。

SQL Server 2008 提供的 Unicode 字符类型包括三类：nchar、nvarchar 和 ntext 字符数据类型，均采用 Unicode 标准字符集，每个字符占用两个字节。

（1）nchar：定长字符数据类型，其声明格式为 nchar(n)，其中，n 代表字符的长度，n 的取值在 1～4 000 之间。

（2）nvarchar：变长数据类型，其声明格式为 nvarchar(n)，其中，n 表示字符串的最大长度，n 的取值在 1～4 000 之间。

在 SQL Server 2008 中，varchar 还可以定义为 nvarchar(max)，可存储多达 $2^{30}-1$ 个字符，并且可以兼容系统内置字符串函数，可替代 ntext 数据类型。

（3）ntext：文本类型，当需要存储的字符数据超过 4 000 个字符时应选择 ntext 数据类型，ntext 数据类型可存储多达 $2^{30}-1$ 个字符。

8. 二进制类型

二进制类型存储的是位数据流，SQL Server 2008 提供的二进制类型包括 binary、varbinary、image 三种。

（1）binary：固定长度的二进制数据，其声明格式为 binary (n)，其中，n 代表数据长度，n 的取值范围为 1 到 8 000，默认为 1。binary 数据的存储长度为 n+4 字节。若输入的数据长度小于 n，则不足部分用 0 填充；若输入的数据长度大于 n，则多余部分被截断。

（2）varbinary：可变长度的二进制数据，其声明格式为 varbinary (n)，其中，n 代表数据长度，n 的取值范围为 1～8 000，默认为 1。varbinary 数据的存储长度为 n+4 字节。

（3）image：图像数据类型，用于存储图片信息，所存储的数据长度是可变的，最大可存储的数据的长度为 $2^{30}-1$ 个字节，可用 varbinary(max)替代。

9. 日期时间类型

日期时间类型数据用于存储日期和时间信息，SQL Server 2008 提供了 6 种日期时间数据类型，分别为 datetime、smalldatetime、date、time、datetime2 和 datetimeoffset。

（1）datetime：所存储的数据范围为从 1753 年 1 月 1 日到 9999 年 12 月 31 日的日期和时间，时间精确度为 0.03 s（3.33 ms 或 0.003 33 s），其数据长度为 8 字节，日期和时间分别使用 4 字节存储。

（2）smalldatetime：所存储的数据范围为从 1900 年 1 月 1 日到 2079 年 6 月 6 日的日期和时

间，时间精确度为分钟，其数据长度为 4 字节。

（3）date：所存储的数据范围为从公元元年 1 月 1 日到 9999 年 12 月 31 日的日期，date 类型只存储日期数据，不存储时间数据，存储长度为 3 字节。

（4）time：只存储时间数据，取值范围为 00:00:00.000 000 0 到 23:59:59.999 999 9。

（5）datetime2：可存储日期和时间信息，日期部分取值范围从公元元年 1 月 1 日到 9999 年 12 月 31 日，时间部分的取值范围为 00:00:00.000 000 0～23:59:59.999 999。

（6）datetimeoffset：也可存储日期和时间信息，取值范围与 datetime2 类型相同。但 datetimeoffset 类型具有时区偏移量，此偏移量指定时间相对于协调世界时（UTC）偏移的小时和分钟数。datetimeoffset 的格式为"YYYY-MM-DD hh:mm:ss[.nnnnnnn][{+|-}hh:mm]"，其中：hh 为时区偏移量中的小时数，范围为 00～14；mm 为时区偏移量中的额外分钟数，范围为 00～59。时区偏移量中必须包含"+"（加）或"-"（减）号，这两个符号表示是在 UTC 时间的基础上加上或从中减去时区偏移量以得出本地时间。时区偏移量的有效范围为-14:00 到+14:00。

10. 时间戳类型

时间戳类型（timestamp）值是二进制数据，其长度为 8 字节，与日期和时间无关，表示数据库中数据编辑发生的相对顺序。若创建表时定义一个列的数据类型为时间戳类型，那么每当对该表加入新行或修改已有行时，都由系统自动将一个计数器值加到该列，即将原来的时间戳值加上一个增量。每个表只能有一个 timestamp 列。

11. 其他数据类型

除了前面介绍的数据类型外，SQL Server 2008 还提供了其他几种数据类型：cursor、sql_variant、table、uniqueidentifier、xml 和 hierarchyid。

（1）cursor：游标数据类型，用于创建游标变量或定义存储过程的 output 参数。

（2）sql_variant：是一种特殊的数据类型，可存储 SQL Server 支持的各种数据类型（除 text、ntext、image、timestamp 和 sql_variant 外）值的数据类型。sql_variant 的最大长度可达 8 016 字节。在使用时必须先将它转换成相应的数据类型才可以参与运算。

（3）table：类似于临时表，是用于存储结果集的数据类型，用于创建表变量或作为函数的返回值。

（4）uniqueidentifier：唯一标识符类型。系统将为这种类型的数据自动产生唯一标识值，是一个 16 字节长的二进制数据，需将该列设为标识列。

（5）xml：是用于保存 xml 文档和片段的数据类型，用户可以创建 xml 类型的列和变量，所保存的文件大小不能超过 2 GB。

（6）hierarchyid：是 SQL Server 2008 中新增加的一种长度可变的数据类型，可用于表示层次结构中的位置。

4.2.2 用户自定义数据类型

用户自定义数据类型严格来说并不是真正的数据类型，它只是提供了简化对字段数据类型、是否可为空、默认值、规则等进行管理的一种机制。

假设要创建一个 Email 自定义数据类型，要求存储字符型数据、长度不超过 40 个字符、允许为空，其创建步骤如下。

1. 打开【SQL Server Management Studio】窗口，在【对象资源管理器】窗口中依次展开【数据库】→【学生成绩管理系统】→【可编程性】→【类型】节点，右键单击【用户定义数据类型】节点，在弹出的快捷菜单中选择【新建用户定义数据类型】命令，打开图 4.2 所示的窗口。

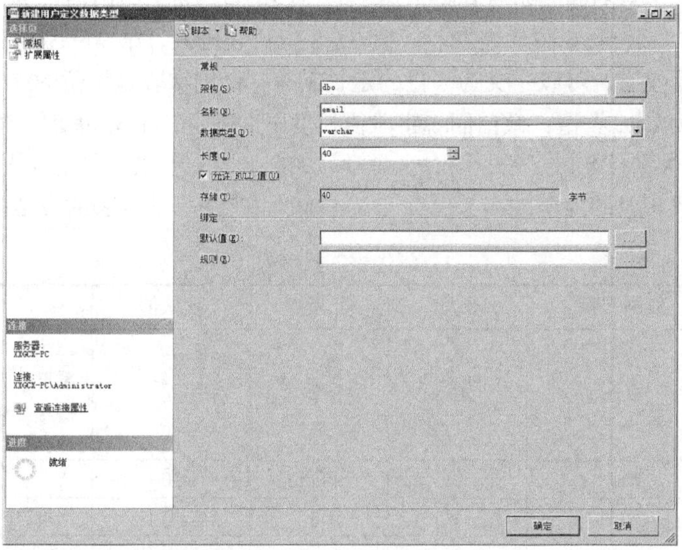

图 4.2 【新建用户定义数据类型】窗口

2. 在【名称】文本框中输入“email”、在【数据类型】下拉列表框中选择“varchar”数据类型、在【长度】文本框中输入“40”、选中【允许 NULL 值】复选框，单击【确定】按钮即可完成创建操作。

3. 单击【用户定义数据类型】节点，即可看到刚才创建的数据类型，如图 4.3 所示。

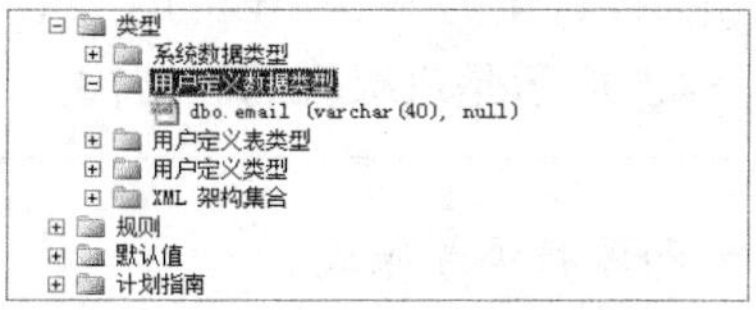

图 4.3　自定义的数据类型

4.3　表的创建

在创建表之前需确定表名、表的属性、字段名、字段数据类型、是否为空、默认值、约束条件、主键、外键等内容，即确定表的结构。表结构确定之后再运用表设计器或 T-SQL 语句在数据库中完成表的创建。

4.3.1　表结构的设计

以学生成绩管理系统中的 4 个表（学生、课程、成绩和班级）为例介绍如何对表的结构进行设计。

注意　本书为了方便学生阅读，将数据库、表、字段的名字均以中文命名，在实际的系统开发过程中，以英文命名较为恰当。

其中，学生表包含的字段有学号、姓名、性别、出生日期、政治面貌、班级编号、年级、备注。学号字段中记录的是学生的学号，其值是唯一的，可以唯一标识每一个学生，可将学号字段设为学生表的主键，同时，学号的编码是有其特定意义的，如学号“1101010101”的第1～2位代表年级、第3～4位代表系部、第5～6位代表专业、第7～8位代表班级、第9～10位代表班内序号；姓名字段一般不超过4个汉字，可以定义为8位的定长字符；性别字段是1位的汉字、默认值是“男”；出生日期字段定义为date类型；政治面貌字段值长度不太确定，定义为变长50位，默认值为“团员”；班级编号字段为定长8位字符，同时也是学号的前8位；年级字段记录入学的年份，为定长4位的字符；备注字段记录的内容较多，设为变长1 000个字符。学生表的表结构如表4.2所示。

表4.2　　学生表的表结构

字段名	数据类型	长度	可为空	默认值	说明
学号	char	10	否	无	主键，1～2位年级，3～4位系部，5～6位专业，7～8位班级，9～10位班内序号，如1101010101
姓名	char	8	否	无	
性别	nchar	1	否	男	男或女
出生日期	date		否	无	1990-01-01
政治面貌	varchar	50	否	团员	
班级编号	char	8	否	无	依赖于班级表的班级编号字段
年级	char	4	否	无	2011
备注	varchar	1 000	是	无	

参照学生表表结构的设计思路，设计出另外3个表的表结构。表4.3所示是课程表的表结构，表4.4所示是成绩表的表结构，表4.5所示是班级表的表结构。

注意　成绩表的主键由学号和课程编号组成。

表4.3　　课程表的表结构

字段名	数据类型	长度	可为空	默认值	说明
课程编号	char	6	否	无	主键
课程名称	varchar	100	否	无	
课程性质	varchar	20	否	无	基础课、专业课、选修课
学分	int		否	无	
备注	varchar	500	是	无	

表4.4　　成绩表的表结构

字段名	数据类型	长度	可为空	默认值	说明
学号	char	10	否	无	主键，依赖于学生表学号字段
课程编号	char	6	否	无	主键，依赖于课程表课程编号字段
成绩	int		否	无	

表 4.5　　班级表的表结构

字段名	数据类型	长度	可为空	默认值	说明
班级编号	char	8	否	无	主键，例如 11010101
所属专业	varchar	30	否	无	例如计算机应用
所属系部	varchar	30	否	无	例如信息工程系

表结构设计完成之后就可以在数据库中创建表了。在数据库中创建表的方法有两种：一是使用表设计器创建表，二是使用 T-SQL 语句创建表，下面分别予以介绍。

4.3.2　使用表设计器创建表

本节以学生表的创建为例介绍使用 SQL Server 表设计器创建表的一般步骤。

1. 打开【SQL Server Management Studio】窗口，在【对象资源管理器】窗口中依次展开【数据库】→【学生成绩管理系统】节点，右键单击【表】节点，在弹出的快捷菜单中选择【新建表】命令，打开如图 4.4 所示的【表设计器】窗口。

2. 根据前面设计好的表结构，在【表设计器】窗口中依次添加字段，分别输入列名，设置数据类型，选择是否为空。在【列属性】选项卡中设置字段的默认值，填写相应的说明。关于【表设计器】窗口的说明如下。

• 【列名】应符合 SQL Server 的命名规则，在同一个表中字段名必须是唯一的，每个表中最多只能有 1 024 个字段。

• 【数据类型】可以从下拉列表框中选择，既可以是系统数据类型，也可以是用户自定义数据类型。数据类型的长度或精度可在数据类型后面的括号中直接进行修改，也可以在【列属性】选项卡中进行修改。

• 【允许 NULL 值】可指定字段是否允许为空值，如果不允许为空，则应取消复选标记。在录入数据时该字段的值必须输入。

• 【列属性】选项卡可直接对字段名、长度（或精度、小数位数）、默认值或绑定、数据类型、允许空、标识规范等进行编辑。当数据类型为 bigint、int 或 smallint 时，【标识规范】可设置字段的自动编号属性，【标识种子】设置自动编号的起始值、【标识增量】设置自动编号的增量值，设置后的字段值不允许输入，由系统自动生成。

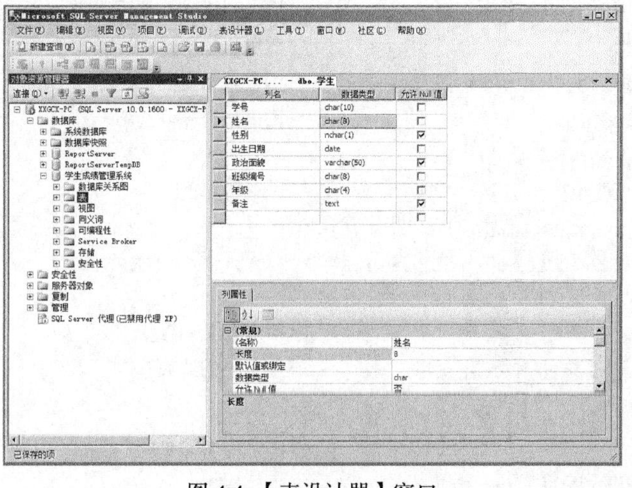

图 4.4 【表设计器】窗口

3. 在学号字段上右键单击，弹出如图 4.5 所示的快捷菜单，选择【设置主键】命令，即可将学号字段设为主键。如需将多个字段设置为主键，则应按住【Ctrl】键，同时选中多个字段后再行设置。

4. 所有列的属性都设置完成后，单击工具栏中的【保存】按钮，弹出【选择名称】对话框，如图 4.6 所示，在【输入表名称】文本框中输入表名“学生”即可完成学生表的创建操作。

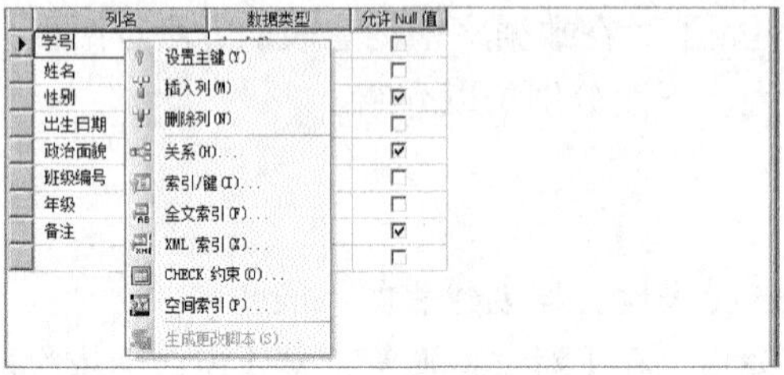

图 4.5　设置主键

图 4.6　【选择名称】对话框

4.3.3　运用 T-SQL 语句创建表

除了使用表设计器创建表以外，还可以运用 T-SQL 语言中的 CREATE TABLE 语句来创建表。CREATE TABLE 语句的语法格式如下：

```
CREATE TABLE [database_name.[schema_name].|schema_name.]table_name
  (
{<column_definition>|<computed_column_definition>}  /*列、计算列的定义*/
[<table_constraint>][,…n]                /*表约束的定义*/
)
[ON {partition_scheme_name(partition_column_name)|filegroup|"default"}]
                                         /*指定分区方案和存储表的文件组*/
[{TEXTIMAGE_ON {filegroup|"default"}]   /*指定存储 text、ntext、image 等类型数据的文件组*/
[FILESTREAM_ON {partition_scheme_name|filegroup|"default"}]
                                         /*指定存储 FILESTEAM 数据的文件组*/
[WITH (<table_option> [,…n])]           /*指定表选项*/
[;]
<column_definition> ::=                  /*字段的定义格式*/
column_name data_type                    /*指定字段名、数据类型*/
     [FILESTREAM]                        /*指定 FILESTEAM 属性*/
     [COLLATE collation_name]            /*指定排序规则*/
     [NULL|NOT NULL]                     /*指定是否允许为空*/
     [
         [ CONSTRAINT constraint_name ] /*设置约束*/
DEFAULT constant_expression ] /*指定默认值*/
     | [IDENTITY [ ( seed ,increment ) ] [ NOT FOR REPLICATION ] /*设置为标识列*/
   ]
    [ ROWGUIDCOL ]                       /*指定为全局标识符列*/
[ <column_constraint> […n ] ]           /*定义列的约束*/
     [ SPARSE ]
<column_constraint> ::=                  /*字段约束的定义*/
[ CONSTRAINT constraint_name ]           /*指定约束名*/
```

```
{     { PRIMARY KEY | UNIQUE }            /*主键、唯一值约束*/
      [ CLUSTERED | NONCLUSTERED ]        /*聚集索引、非聚集索引*/
      [
        WITH FILLFACTOR = fillfactor
       | WITH ( < index_option > [ ,…n ] )
      ]
      [ ON { partition_scheme_name ( partition_column_name )
        | filegroup | "default" } ]
  | [ FOREIGN KEY ]                       /*指定外键约束*/
        REFERENCES [ schema_name . ] referenced_table_name [ ( ref_column ) ]
        [ ON DELETE { NO ACTION | CASCADE | SET NULL | SET DEFAULT } ]
        [ ON UPDATE { NO ACTION | CASCADE | SET NULL | SET DEFAULT } ]
        [ NOT FOR REPLICATION ]
  | CHECK [ NOT FOR REPLICATION ] ( logical_expression )      /*指定检查约束*/
}


<computed_column_definition> ::=                /*计算字段的定义格式*/
column_name AS computed_column_expression      /*指定计算字段名、计算表达式*/
[ PERSISTED [ NOT NULL ] ]
[
  [ CONSTRAINT constraint_name ]                /*指定计算字段的约束*/
  { PRIMARY KEY | UNIQUE }
      [ CLUSTERED | NONCLUSTERED ]
      [
        WITH FILLFACTOR = fillfactor
       | WITH ( <index_option> [ ,…n ] )
      ]
  | [ FOREIGN KEY ]
        REFERENCES referenced_table_name [ ( ref_column ) ]
        [ ON DELETE { NO ACTION | CASCADE } ]
        [ ON UPDATE { NO ACTION } ]
        [ NOT FOR REPLICATION ]
  | CHECK [ NOT FOR REPLICATION ] ( logical_expression )
  [ ON { partition_scheme_name ( partition_column_name )
    | filegroup | "default" } ]
]
```

以上语句中的主要参数说明如下。

- database_name：数据库名。数据库名若省略，则默认将表建在当前数据库中。
- schema_name：架构名称。架构名称若省略则默认为“dbo”。
- table_name：表名。表名的定义必须符合 SQL Server 2008 的命名规则。
- computed_column_definition：定义计算列的值的表达式。计算列并不是物理存储在表中的虚拟列，该列由同一表中的其他列通过表达式计算得到。表达式可以是非计算列的列名、常量、函数、变量，也可以是用一个或多个运算符连接的上述元素的任意组合。表达式不能是子查询，也不能包含别名数据类型。计算列可用于选择列表、WHERE 子句、ORDER BY 子句或任何可使用正则表达式的其他位置。如果需要将该列数据物理化，则需要使用 PERSISTED 关键字。
- TEXTIMAGE_ON {filegroup|"default"}：指示 text、ntext、image、xml、varchar(max)、nvarchar(max)、varbinary(max) 和 CLR 用户定义类型的列存储在指定文件组的关键字。如果表中没有较大值的列，则不允许使用 TEXTIMAGE_ON。如果指定了<partition_scheme>，则不能指定

TEXTIMAGE_ON。如果指定了"default"，或者根本未指定 TEXTIMAGE_ON，则较大值的列存储在默认文件组中。CREATE TABLE 中指定的任何较大值列的数据存储以后都不能进行更改。

- FILESTREAM_ON {partition_scheme_name|filegroup|"default"}：指定 FILESTREAM 数据的文件组，允许以独立文件的形式存放大对象数据。
- DEFAULT：指定默认值，只有常量值（例如字符串）、标量函数（系统函数、用户定义函数或 CLR 函数）或 NULL 可用作默认值。
- IDENTITY：指示新列是标识列。在表中添加新行时，数据库引擎将为该列提供一个唯一的增量值。标识列通常与 PRIMARY KEY 约束一起用作表的唯一行标识符。可以将 IDENTITY 属性分配给 tinyint、smallint、int、bigint、decimal(p,0) 或 numeric(p,0) 列。每个表只能创建一个标识列。不能对标识列使用绑定默认值和 DEFAULT 约束。必须同时指定种子（seed）和增量（increment），或者两者都不指定，如果二者都未指定，则取默认值（1,1）。
- CONSTRAINT：用于定义约束。
- NULL|NOT NULL：设置是否允许为空值。
- PRIMARY KEY：设置主键约束。每个表只能创建一个 PRIMARY KEY 约束。
- UNIQUE：设置唯一值约束。每个表可以有多个 UNIQUE 约束。
- CLUSTERED | NONCLUSTERED：确定 PRIMARY KEY 或 UNIQUE 约束创建聚集索引还是非聚集索引。PRIMARY KEY 约束默认为 CLUSTERED，UNIQUE 约束默认为 NONCLUSTERED。每个表中只能指定为一个约束为 CLUSTERED。
- FOREIGN KEY REFERENCES：设置外键约束。外键约束要求列中的每个值在所引用的表中对应的被引用列中都存在。
- CHECK：设置检查约束，可用于限制列可能的取值。logical_expression 是返回 TRUE 或 FALSE 的逻辑表达式。

以上给出的说明并不是很完整，用户可查阅 SQL Server 主题帮助获取完整的说明。

下面通过几个实例来介绍 CREATE TABLE 语句的使用方法。

【例 4.1】 按照前面给出的表结构说明，在“学生成绩管理系统”数据库中创建学生表。

用户可以打开【SQL Server Management Studio】窗口，单击工具栏上的【新建查询】按钮 新建查询(N)，打开【查询编辑器】窗口，在其中输入如下语句：

```
USE 学生成绩管理系统
GO
CREATE TABLE 学生
(
    学号 char(10)          NOT NULL PRIMARY KEY,
    姓名 char(8)           NOT NULL,
    性别 nchar(1)          NOT NULL DEFAULT '男',
    出生日期  date          NOT NULL,
    政治面貌  varchar(50)   NOT NULL DEFAULT '团员',
    班级编号  char(8)       NOT NULL,
    年级 char(4)           NOT NULL,
    备注 varchar(1000)     NULL
)
```

输入完成后，单击工具栏上的【分析查询】按钮，检查所输入的代码是否存在语法错误。

确认代码无错误后，单击工具栏上的【执行】按钮 ! 执行(X)，代码执行完成之后，窗口下面会出现执行信息，如图 4.7 所示。

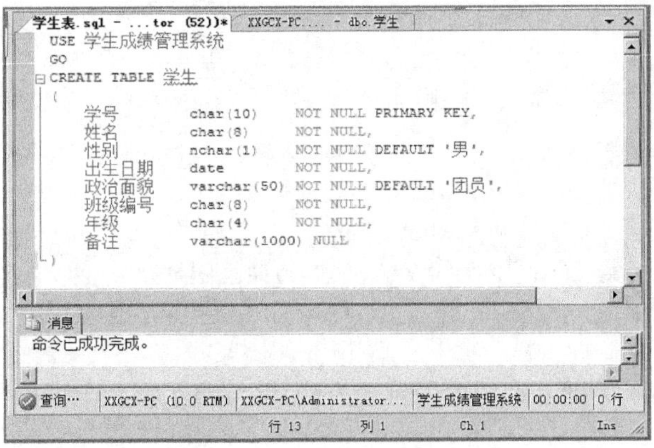

图 4.7　T-SQL 语句执行

执行完成之后，在【对象资源管理器】中窗口依次展开【数据库】→【学生成绩管理系统】→【表】节点，即可查看到刚创建成功的【学生】表。

【例 4.2】 在“学生成绩管理系统”数据库中创建课程表，并设置主键约束、唯一值约束、检查约束。

代码如下：

```
USE 学生成绩管理系统
GO
CREATE TABLE 课程
(
    课程编号    char(6)           CONSTRAINT pk_kcbh PRIMARY KEY,
    课程名称    varchar(100)      NOT NULL UNIQUE,
    课程性质    varchar(20)       NOT NULL CHECK(课程性质 in ('基础课','专业课','选修课')),
    学分        int               NOT NULL,
    备注        varchar(500)      NULL
)
```

也可以将约束的定义统一放到语句的后部，代码如下：

```
USE 学生成绩管理系统
GO
CREATE TABLE 课程
(
    课程编号    char(6)           NOT NULL,
    课程名称    varchar(100)      NOT NULL,
    课程性质    varchar(20)       NOT NULL,
    学分        int       NOT     NULL,
    备注        varchar(500)      NULL
    CONSTRAINT pk_kcbh PRIMARY KEY(课程编号),
    CONSTRAINT uq_kcmc UNIQUE(课程名称),
    CONSTRAINT ck_kcxz CHECK(课程性质 in ('基础课','专业课','选修课'))
)
```

【例 4.3】 在“学生成绩管理系统”数据库中创建成绩表，并设置主键约束、外键约束。代码如下：

```
USE 学生成绩管理系统
GO
CREATE TABLE 成绩
(
    学号      char(10)     NOT NULL CONSTRAINT fk_xh REFERENCES 学生(学号),
    课程编号  char(6)      NOT NULL,
    成绩      int          NOT NULL,
    CONSTRAINT pk_xh_kcbh PRIMARY KEY(学号,课程编号),
    CONSTRAINT fk_kcbh FOREIGN KEY(课程编号) REFERENCES 课程(课程编号)
)
```

以上的代码中给出了两种外键约束的设置方法,并给出了将多个字段的组合作为主键的方法。

4.4 表的维护

用户在使用表的过程中还可能需要对表进行各种维护操作，如更改表名、更改字段名、增加字段、修改字段、删除字段、删除表等操作。以上操作也均可以通过图形界面和 T-SQL 语句两种方式来完成，下面将对以上维护操作进行介绍。

4.4.1 修改表

1. 使用图形界面方式修改表

（1）打开【SQL Server Management Studio】窗口，在【对象资源管理器】窗口中依次展开【数据库】→【学生成绩管理系统】→【表】节点，列出当前数据库中的所有表。

（2）右键单击需要重命名或删除的表，在弹出的快捷菜单中选择【查看依赖关系】命令，打开如图 4.8 所示的【对象依赖关系】窗口。【对象依赖关系】窗口显示了当前表所依赖的对象以及

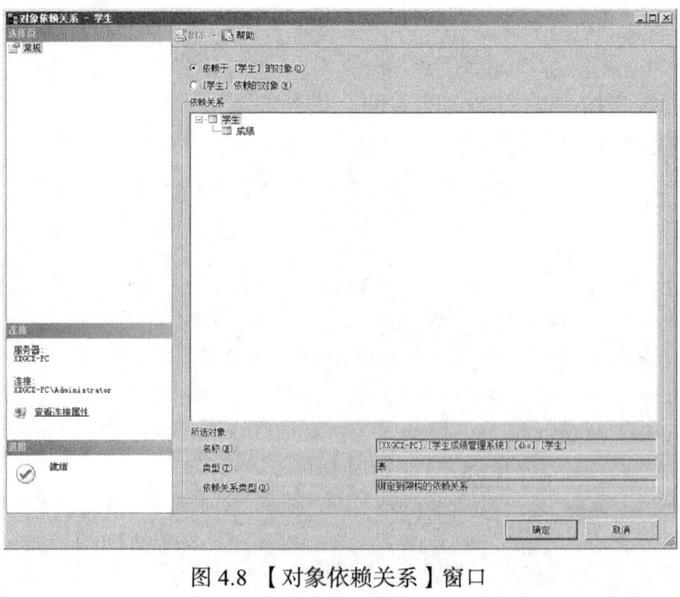

图 4.8 【对象依赖关系】窗口

依赖于当前表的对象，在对表进行重命名或删除操作之前可解除依赖关系，以保证操作的成功。

（3）重命名表：右键单击表对象，在弹出的快捷菜单中选择【重命名】命令，此时表名处于可编辑状态，输入新的表名即可完成重命名操作。

（4）删除表：右键单击表对象，在弹出的快捷菜单中选择【删除表】命令，打开【删除对象】窗口，单击【确定】按钮即可。如果此表与其他对象之间的依赖关系没有解除，在执行删除操作时会出现错误提示。

2. 运用 T-SQL 语句修改表

（1）重命名表

在 SQL Server 2008 中，用户可以使用系统存储过程 sp_rename 实现表的重命名操作。

代码如下所示：

```
USE 学生成绩管理系统
GO
EXEC sp_rename '学生','学生信息'
```

（2）删除表

删除表可以运用 DROP TABLE 命令来实现，代码如下所示：

```
DROP TABLE 学生信息
```

4.4.2　修改字段

1. 添加字段

在 SQL Server 2008 中允许在现有的表中添加新的字段。如果表中已经录入了记录，则新添加的字段应允许为空值或者有默认值，否则将不能添加该字段。

【例 4.4】 分别运用图形界面方式和 T-SQL 语句将籍贯字段添加到学生表中。

（1）使用图形界面添加

使用图形界面实现的步骤如下。

① 打开【SQL Server Management Studio】窗口，在【对象资源管理器】窗口中依次展开【数据库】→【学生成绩管理系统】→【表】节点。

② 右键单击【学生】表，在弹出的快捷菜单中选择【设计】命令，打开【表设计器】窗口。

③ 将鼠标置于最后的空行中，依次输入列名，选择数据类型，设置字段属性，如图 4.9 所示。

④ 单击工具栏中的【保存】按钮，即可完成添加字段的操作。

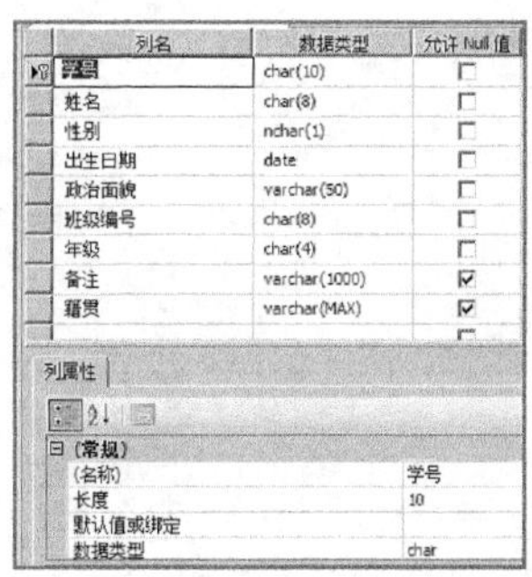

图 4.9　修改表

（2）运用 T-SQL 语句添加

可以使用 ALTER TABLE 命令来实现字段的添加操作，代码如下：

```
USE 学生成绩管理系统
GO
ALTER TABLE 学生
ADD 籍贯 varchar(50) NULL
```

2. 修改字段的属性

修改字段属性的操作也可以在表设计器中完成，创建表部分已经做过介绍，此处不再赘述。

使用 ALTER TABLE 命令中的 ALTER COLUMN 语句也可以实现字段属性的修改，代码如下：

```
USE 学生成绩管理系统
GO
ALTER TABLE 学生
ALTER COLUMN 籍贯 varchar(max)
```

3. 删除字段

在【表设计器】窗口中，右键单击需要删除的字段，在弹出的快捷菜单中选择【删除列】命令，删除完成后，单击【保存】按钮即可。

删除字段操作也可运用 ALTER TABLE 命令中的 DROP COLUMN 语句来实现，代码如下：

```
USE 学生成绩管理系统
GO
ALTER TABLE 学生
DROP COLUMN 籍贯 CASCADE
```

CASCADE 选项表示将强制删除该列，而不考虑其他对象是否引用了该列。

练 习 题

1. 设计学生档案管理系统中学生信息表、班级信息表、专业信息表、系部信息表的表结构，并参考本章表 4.2 给出以上 4 个表的表结构说明。

2. 按照第 1 题中表结构的说明，运用表设计器完成学生信息表、班级信息表、专业信息表、系部信息表的设计操作。

3. 按照第 1 题中表结构的说明，运用 CREATE TABLE 命令完成学生信息表、班级信息表、专业信息表、系部信息表的设计操作。

第 5 章 数据操作与数据查询

数据操作主要包括数据表中数据的添加、修改、删除和查询操作，用户可以通过添加、修改、删除操作来维护数据，可以通过查询来获得所需要的数据。查询是数据操作的重点，是必须掌握的数据操作技术。本章将详细介绍数据操作的各种语句，如 INSERT、UPDATE、DELETE 语句及 SELECT 查询语句。

学习目标

1. 理解数据操作与数据查询的含义
2. 掌握数据操作的方法
3. 熟练掌握各种数据查询的方法
4. 熟练掌握运用 T-SQL 语句操作数据和查询数据

5.1 数据的基本操作

数据表用来存储和管理数据，新表创建完成后，表中不包含任何数据，用户可向表中添加数据。同样，在日常的数据管理过程中，还经常需要用到修改、删除等操作。对数据的各种操作，既可以通过图形界面的方式来完成，也可以通过执行 T-SQL 语句实现，相对而言，T-SQL 语句功能更强大，对数据的操作更灵活。

5.1.1 添加记录

1. 使用图形界面方式向表中添加记录

打开【SQL Server Management Studio】窗口，在【对象资源管理器】窗口中依次展开【数据库】→【学生成绩管理系统】→【表】→【学生】节点，右键单击【学生】节点，在弹出的快捷菜单中选择【编辑前 200 行】命令，弹出如图 5.1 所示的窗口，在此处直接录入即可。

2. 使用 INSERT 语句向表中添加记录

INSERT INTO 语句用于向表中插入新的行。它有 3 种基本的语法格式。

格式一：

```
INSERT INTO table_name VALUES (值1, 值2,…), (值1,值2,…)
```

图 5.1　学生表添加记录

INSERT INTO 语句中的 INTO 可以省略，数据列表中的数据个数和数据类型必须和数据表中的字段数目与类型一致，字符型和日期型数据在输入时用单引号，数值型数据直接输入。每一条记录用一对括号括起来，多个记录之间用逗号隔开。允许为空的列也要输入 null 填充，不允许省略。

【例 5.1】 给学生表添加多条记录。

代码如下：

```
USE 学生成绩管理系统
GO
INSERT INTO 学生 VALUES('1101010131','马爽','女','1992-09-16','团员','11010101','2011',null),
('1101010132','牛玉环','女','1991-08-26','党员','11010101','2011',null)
```

也可以指定所要插入数据的列，对于允许为空的列可以暂时不插入值。

格式二：

```
INSERT INTO table_name (列1, 列2,…) VALUES (值1, 值2,…)
```

列 1、列 2 为要添加数据的字段名，各个字段名称用逗号分隔。值 1、值 2 与列 1、列 2 按顺序相对应，即值 1 将添加到列 1 字段，值 2 添加到列 2 字段，其他依次类推。

【例 5.2】 给学生表添加一条记录，只在学号、姓名、性别、出生日期、政治面貌列添加数据。

代码如下：

```
USE 学生成绩管理系统
GO
INSERT  INTO  学生（学号,姓名,性别,出生日期,政治面貌）VALUES('1101010131','马爽','女',
'1992-09-16','团员')
```

对于字段列表中没有涉及的列按照默认值或空值填充。

格式三：

```
INSERT INTO table_name SELECT 语句
```

格式三的功能是将 SELECT 语句的查询结果添加到 INSERT INTO 后指定的表中，如：INSERT INTO　学生 2　SELECT 学号，姓名 FROM 学生，该语句的功能是将学生表中的学号、姓名两列的数据插入到学生 2 表中。

在执行 INSERT 语句时，如果插入的数据与约束或规则的要求产生冲突或值的数据类型与列的数据类型不匹配，那么 INSERT 语句将执行失败。

注意　使用 INSERT 语句添加记录时，不能为计算字段、标识字段指定数据，这些字段的值由 SQL Server 自动产生。

5.1.2　修改记录

1. 使用图形界面方式修改表中记录

打开【SQL Server Management Studio】窗口，在【对象资源管理器】窗口中依次展开【数据库】→【学生成绩管理系统】→【表】→【学生】节点，右键单击【学生】节点，在弹出的快捷菜单中选择【编辑前 200 行】命令，打开表视图窗口，选中要更新的记录，输入新的字段值即可。操作界面如图 5.1 所示。

2. 使用 UPDATE 语句对表中的记录进行修改

UPDATE 语句用来修改表中的数据，每个 UPDATE 语句可以修改一行或多行数据，但每次仅能对一个表进行操作。

UPDATE 语句的基本语法格式如下：

```
UPDATE table_name  SET column_name=expression
[FROM table_source]
[WHERE search_condition]
```

以上语句中的参数说明如下。

- table_name：将要被更新的表名。
- column_name：指定要修改数据的字段名。
- expression：指定字段的新值，可以是一个常数、表达式或变量。
- FROM table_source：可选项，用来从其他表中取数据来修改某表中的数据。
- WHERE search_condition：指定搜索条件，只有满足条件的记录才会被修改。如果省略 WHERE 选项，则修改整个表中的记录。

【例 5.3】 将课程表中课程编号为“101006”的课程名称修改为“C 程序设计基础”。

代码如下：

```
USE 学生成绩管理系统
GO
UPDATE 课程 SET 课程名称='C 程序设计基础'  WHERE  课程编号='101006'
```

【例 5.4】 将课程表中所有专业课的学时上调 10%。

代码如下：

```
USE 学生成绩管理系统
GO
UPDATE 课程 SET 学时=学时+学时*0.1  WHERE  课程性质='专业课'
```

【例 5.5】 将成绩表中的性质列用课程表中的课程性质列来更新，使得课程性质一致。

代码如下：

```
USE 学生成绩管理系统
GO
```

```
UPDATE 成绩 SET 性质=课程.课程性质
FROM 成绩 JOIN 课程 ON 成绩.课程编号 =课程.课程编号
```

本例仅用于介绍 FROM 选项的用法，在执行完语句后要恢复原状。

5.1.3 删除记录

1. 使用图形界面方式删除表中记录

打开【SQL Server Management Studio】窗口，在【对象资源管理器】窗口中依次展开【数据库】→【学生成绩管理系统】→【表】→【学生】节点，右键单击【学生】节点，在弹出的快捷菜单中选择【编辑前 200 行】命令，打开表视图窗口，单击最左边的空白区域，选中要删除的记录右键单击，在弹出的快捷菜单中选择【删除】命令即可删除该记录，如图 5.2 所示。

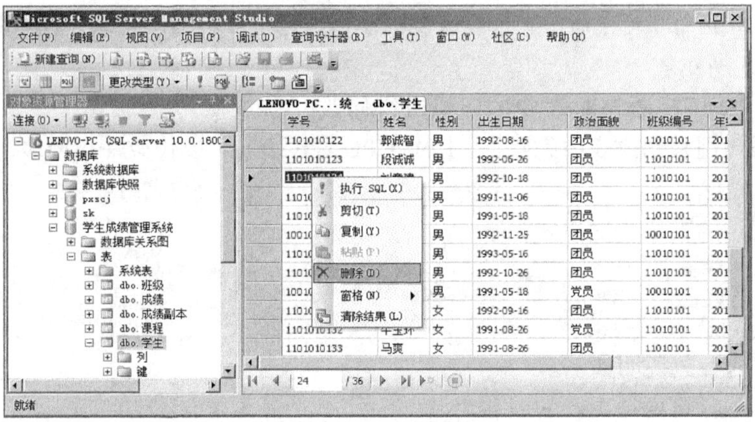

图 5.2 删除记录界面

2. 使用 DELETE 语句删除表中记录

基本的语法格式如下：

```
DELETE [FROM] table_name WHERE  search_condition
```

以上语句中的参数说明如下。

- FROM：可以省略
- table_name：将要被删除记录的表名。
- WHERE search_condition：指定搜索条件，只有满足条件的记录才会被删除。如果省略 WHERE 选项，则删除整个表中的记录。

【例 5.6】 将“学生成绩管理系统”数据库中课程表中学时小于 50 的课程删除。

代码如下：

```
USE 学生成绩管理系统
GO
DELETE  FROM 课程 WHERE 学时<50
```

【例 5.7】 创建班级副表，并将班级副表的内容清空。

代码如下：

```
INSERT INTO 班级副表 SELECT * FROM 班级
DELETE  FROM  班级副表
```

3. 使用 TRUNCATE TABLE 语句删除表中数据

语法格式：

```
TRUNCATE TABLE table_name
```

该语句将删除指定表中的所有数据，因此也称为清空表。由 TRUNCATE TABLE 语句删除的数据将无法恢复，因此使用时要十分当心。

TRUNCATE TABLE 语句在功能上与不带 WHERE 子句的 DELETE 语句相同，二者均删除表中的全部行（表的结构及其列、约束、索引等保持不变），但 TRUNCATE TABLE 语句比 DELETE 语句运行速度快，且使用的系统和事务日志资源少。

对于有外键（FOREIGN KEY）约束引用的表，不能使用 TRUNCATE TABLE 语句删除数据，应使用不带 WHERE 子句的 DELETE 语句，另外，TRUNCATE TABLE 语句也不能用于参与了索引视图的表。

5.2　数据的简单查询

使用数据库和表的主要目的是：存储数据以便在需要时进行检索、统计或组织输出，通过 T-SQL 语句中的 SELECT 查询语句即可从表或视图中方便快捷地检索数据。

5.2.1　SELECT 语句

SELECT 语句用来从数据库中检索满足特定条件的记录。一个 SELECT 语句主要包含如下几部分：

- 从哪个或哪些表或视图中提取数据。
- 选取表中的哪些列。
- 选择满足什么条件的数据。
- 查询结果以什么顺序显示。

SELECT 语句是 T-SQL 语言的核心。语法格式如下：

```
SELECT  [ ALL | DISTINCT ]  [ TOP expression [ PERCENT ] <SELECT_list>
[INTO new_table ]                                 /*INTO 子句，指定结果存入新表*/
[FROM table_source ]                              /*FROM 子句，指定表或视图*/
[WHERE search_condition ]                         /*WHERE 子句，指定查询条件*/
[GROUP BY group_by_expression]                    /*GROUP BY 子句，指定分组表达式*/
[HAVING search_condition]                         /*HAVING 子句，指定分组统计条件*/
[ORDER BY order_expression [ ASC | DESC ] ] /*ORDER 子句，指定排序表达式和顺序，ASC 为升序*/
                                                  /*DESC 为降序，在默认状态下为升序*/
```

以上语句中的部分参数说明如下。

- ALL：查询结果是数据源全部数据的记录集。
- DISTINCT：查询结果是不包含重复行的记录集。
- TOP：　显示结果中的前几条记录。例如，TOP n PERCENT 显示前百分之 n 条数据。
- SELECT_list：字段列表，即指定要查询的列，各个字段之间用逗号分隔。

所有子句必须按照语法说明中显示的顺序严格排序。如 HAVING 子句必须位于 GROUP BY 子句之后，并位于 ORDER BY 子句之前。

5.2.2 选择若干列

选择表中的全部列或部分列就是表的投影运算。字段列表中的列可以是表中现有的列，也可以是表达式列，即经过多个列运算产生的列。

1. 选择所有的列

使用“*”表示选择一个表或视图中的所有列。

【例 5.8】 查询学生表中的所有信息。

代码如下：

```
USE 学生成绩管理系统
GO
SELECT  *  FROM 学生
```

2. 选择表中的部分列

使用 SELECT 语句显示一个表中的某些列，可以将要显示的字段名在 SELECT 关键字之后依次列出，各列之间用逗号分隔。字段的顺序依据需要指定。

【例 5.9】 查询学生表中所有学生的学号、姓名信息。

代码如下：

```
USE 学生成绩管理系统
GO
SELECT 学号，姓名 FROM 学生
```

在 SQL Server 2008 中还能一次执行多个查询，执行后的结果在查询窗口中分别显示查询语句的结果集，如图 5.3 所示。

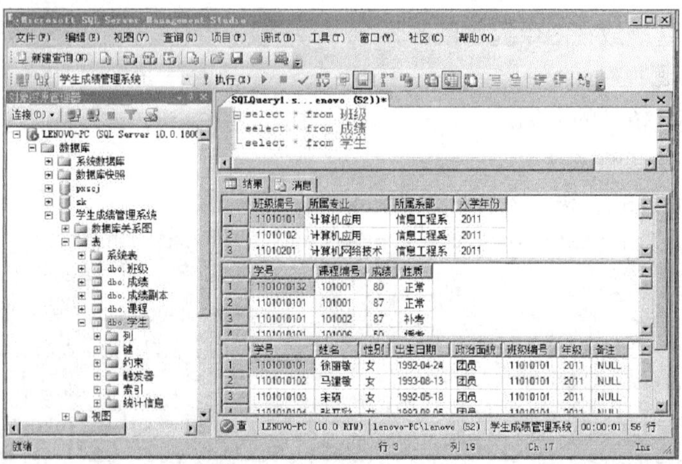

图 5.3 多个查询的执行结果

3. 输出计算列

在结果集中可以存在表中没有的列，这些列是以现有的列为基础计算得到的，称为计算列。

【例 5.10】 查询每个学生的学号、姓名和年龄。

分析：现有表中不存在年龄列，只有出生日期列，用当前日期的年份减去出生日期的年份即为每个人的年龄。计算日期年份的函数为 YEAR ( )，获取系统当前日期的函数为 GETDATE ( )。

代码如下：

```
USE 学生成绩管理系统
```

```
GO
SELECT 学号，姓名，YEAR（GETDATE（））-YEAR（出生日期） FROM 学生
```

执行结果如图 5.4 所示。

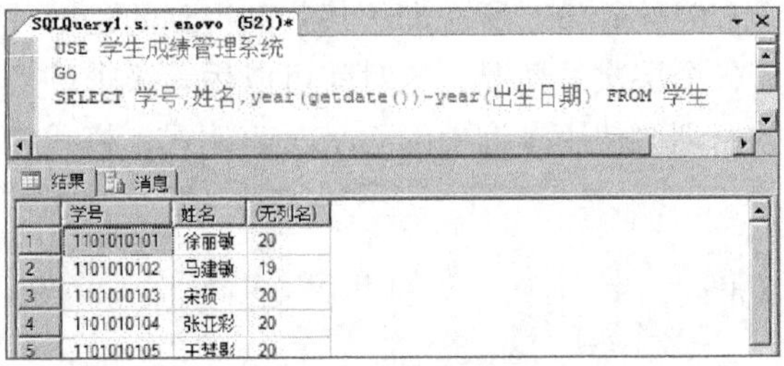

图 5.4　计算年龄执行结果

4. 为结果集内的列指定别名

从例 5.10 的结果可以看出，在默认状态下查询结果中的列名可以是表中列名或无列名。根据实际需要，可以为没有列名的列指定列名，也可对表中的列名另行指定列名。指定列名的方法有如下 3 种：

- SELECT 列名（或表达式）　　列别名　FROM 数据源
- SELECT 列名（或表达式） AS 列别名　FROM 数据源
- SELECT 列别名=列名（或表达式）　　FROM 数据源

【例 5.11】 查询每个学生的学号、姓名和年龄信息，为计算列“年龄”指定列名。

代码如下：

```
USE 学生成绩管理系统
GO
SELECT 学号，姓名，YEAR（GETDATE（））-YEAR（出生日期） AS 年龄 FROM 学生
```

执行结果与例 5.10 结果相同，区别在于将图 5.4 中的无列名显示为年龄。

【例 5.12】 查询每个学生的学号、姓名和出生日期信息，要求结果集中的列名为英文。

代码如下：

```
USE 学生成绩管理系统
GO
SELECT 学号 number，姓名 AS name，birthday=出生日期  FROM 学生
```

返回结果集如图 5.5 所示。

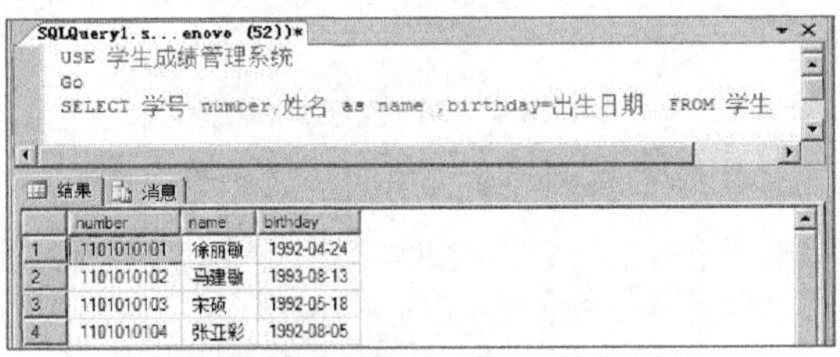

图 5.5　指定列名后的执行结果

注意

当自定义的列名中含有空格时，必须使用引号将列名括起来。如：

```
SELECT 'student number'=学号, 姓名 AS 'student name' FROM 学生
```

不允许在 WHERE 子句中使用列别名。

5. 替换查询结果中的数据

对表进行查询操作时，有时候希望对所查询的某些列得到的是一种概念而不是具体的数据。如查询成绩表时，希望知道各个层次的情况，这时就可以用等级来替换具体的数字。

要替换查询结果中的数据则要使用查询中的 CASE 表达式，格式为：

```
CASE
WHEN  条件 1  THEN  表达式 1
WHEN  条件 2  THEN 表达式 2
……
ELSE
 表达式
END
```

【例 5.13】 查询成绩表中的成绩，60 分以下的显示为不及格，60 至 80 分之间的显示为及格，80 分以上的显示为优秀。

代码如下：

```
USE 学生成绩管理系统
GO
SELECT 学号, 课程编号, 等级=
CASE
WHEN  成绩<60  THEN  '不及格'
WHEN  成绩>=60 AND 成绩 <80 THEN '及格'
WHEN  成绩>=80 THEN  '优秀'
END
FROM 成绩
```

该语句等价于：

```
SELECT 学号, 课程编号, 等级=
CASE
WHEN  成绩<60  THEN  '不及格'
WHEN  成绩>=60 AND 成绩 <80 THEN '及格'
ELSE  '优秀'
END
FROM 成绩
```

执行结果如图 5.6 所示。

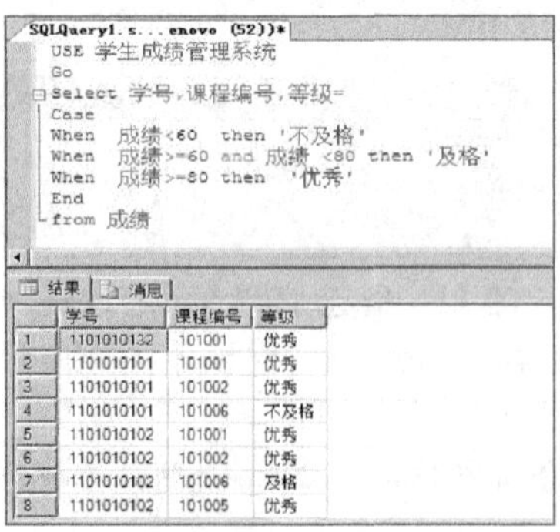

图 5.6 替换列数据后的执行结果

5.2.3　选择若干条记录

选择若干条记录就是关系运算中的选择运算，这种运算可以通过使用 WHERE 子句来实现。

1．消除结果集中的重复记录

当执行投影运算时，两个本来不相同的记录投影到指定的某些列上，此时可能变为相同的行。如果要去掉结果集中的相同记录，可以在字段列表前面加上 DISTINCT 关键字。

【例 5.14】 从成绩表中查询缓考学生的学号。

代码如下：

```
SELECT 学号 FROM 成绩 WHERE 性质='缓考'
```

执行结果如图 5.7 所示，缓考学生的学号有重复。使用 DISTINCT 关键字可以去除重复记录。代码如下：

```
SELECT  DISTINCT 学号 FROM 成绩 WHERE 性质='缓考'
```

执行结果如图 5.8 所示。

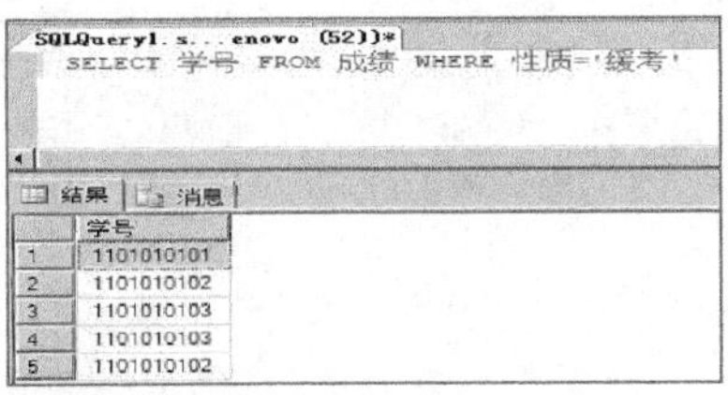

图 5.7　缓考学生学号（有重复值）

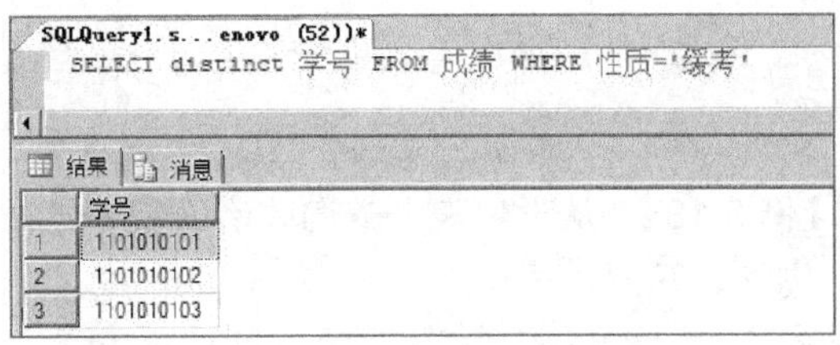

图 5.8　缓考学生学号（无重复值）

2．限制返回的行数

如果一个表中有成百上千甚至上万条记录，而用户只需要看一看记录的样式和内容，这就没有必要显示所有记录。如果要限制返回结果集的行数，就需要在字段列表前使用 TOP n 或 TOP n PERCENT 关键字，TOP n 表示显示前 n 条记录，TOP n PERCENT 表示显示前 n%条记录。

【例 5.15】 显示学生表中的前 10 条记录。

代码如下：

```
USE 学生成绩管理系统
GO
SELECT  TOP 10  * FROM 学生
```

【例 5.16】 显示成绩表中的前 10%记录。

代码如下：

```
USE 学生成绩管理系统
GO
SELECT  TOP 10  PERCENT  *  FROM 成绩
```

3．查询满足条件的记录

如果希望得到表中满足条件的记录，可以在查询语句中使用 WHERE 子句。WHERE 子句必须紧跟在 FROM 子句后面，常用的条件表达式如表 5.1 所示。

表 5.1　　　　　　　　　　　　WHERE 子句常用的查询条件

查询条件	运算符	意义
比较	=，>，<，>=，<=，!=，<>，!>，!<	比较大小
确定范围	BETWEEN…AND…，NOT　BETWEEN…AND…	判断值是否在范围之内
确定集合	IN，NOT IN	判断值是否在集合中
字符匹配	LIKE，NOT LIKE	判断值是否与指定的字符通配格式相符
空值	IS NULL，NOT IS NULL	判断是否为空
多重条件	AND，OR，NOT	用于多重条件判断

下面分别举例说明查询条件的用法。

（1）比较大小

比较运算符用于比较两个表达式的值，共有 9 个，分别是=（等于）、>（大于）、<（小于）、>=（大于等于）、<=（小于等于）、!=（不等于）、<>（不等于）、!>（不大于）、!<（不小于）。

【例 5.17】 从学生表查询年龄小于 21 的学生信息。

代码如下：

```
USE 学生成绩管理系统
GO
SELECT  * FROM 学生 WHERE YEAR(GETDATE())-YEAR(出生日期)<21
```

【例 5.18】 从学生表中查询政治面貌为党员的学生信息。

代码如下：

```
USE 学生成绩管理系统
GO
SELECT  *  FROM 学生 WHERE 政治面貌='党员'
```

【例 5.19】 从课程表中查询不是选修课的课程编号、课程名称和课程性质。

代码如下：

```
USE 学生成绩管理系统
GO
SELECT  课程编号,课程名称,课程性质  FROM 课程 WHERE 课程性质! ='选修课'
```

执行结果如图 5.9 所示。

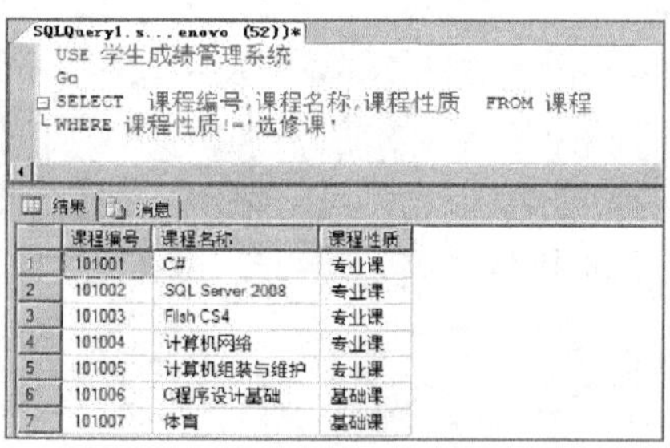

图 5.9　非选修课程

（2）确定范围

范围运算符 BETWEEN… AND… 和 NOT BETWEEN… AND… 分别可以查找字段值在指定范围内的记录。语法格式如下：

```
字段名（列表达式） BETWEEN 起始值 AND 终止值
```

【例 5.20】 从学生表查询不是 1990 年出生的学生信息。

代码如下：

```
USE 学生成绩管理系统
GO
SELECT  * FROM 学生 WHERE 出生日期 NOT BETWEEN '1990-1-1' AND '1990-12-31'
```

【例 5.21】 从课程表查询学时数介于 80 到 100 之间的课程信息。

代码如下：

```
USE 学生成绩管理系统
GO
SELECT  *  FROM 课程 WHERE 学时 BETWEEN 80 AND 100
```

该语句与下列语句等价：

```
SELECT  *  FROM 课程 WHERE 学时 >=80 AND  学时<=100
```

执行结果如图 5.10 所示。

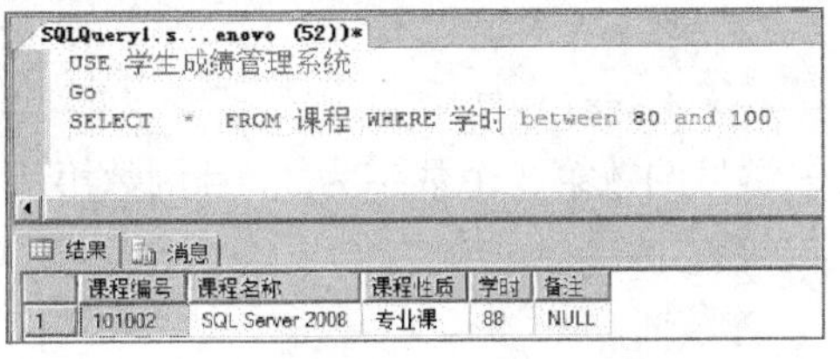

图 5.10　学时数介于 80 到 100 之间的课程

（3）确定集合

确定集合运算符 IN 和 NOT IN 用来查找字段或表达式属于（不属于）指定集合的记录。语法格式如下：

```
字段名（列表达式） [NOT] IN  （值 1，值 2，值 3，…）
```

【例 5.22】 从班级表中查找所属专业为“计算机应用”、“网络工程”和“电子商务”专业的班级编号和所属系部。

代码如下：

```
USE 学生成绩管理系统
GO
SELECT 班级编号，所属系部 FROM 班级
WHERE 所属专业 IN（'计算机应用'， '网络工程'，'电子商务'）
```

该语句与下列语句等价

```
SELECT 班级编号，所属系部 FROM 班级
WHERE 所属专业='计算机应用' OR 所属专业= '网络工程'
 OR 所属专业= '电子商务'
```

（4）字符匹配

在实际应用中，有时候不能给出精确的查询条件，因此需要根据不确定的信息来进行查询。运算符 LIKE 用于进行字符串的匹配运算，实现模糊查询。语法格式如下：

```
字段名（列表达式） [NOT] LIKE '匹配串' [ESCAPE  '换码字符']
```

匹配串可以是一个完整的字符串，也可以包含通配符，通配符如表 5.2 所示。

表 5.2　　　　　　　　　　　　　　通配符表

通配符	说　明
%	代表 0 个或多个字符
_（下划线）	代表单个字符
[ ]	指定范围（如[a-f]、[0-9]）或集合（如[abcdef]）中的任何单个字符
[^]	指定不属于范围（如 [^a-f]、[^0-9]）或集合（如[^abcdef]）的任何单个字符

【例 5.23】 查询学生表中姓“王”且单名的学生信息。

代码如下：

```
USE 学生成绩管理系统
GO
SELECT  *  FROM 学生 WHERE 姓名 LIKE '王_'
```

【例 5.24】 查询学生表中姓“马”的学生信息。

代码如下：

```
USE 学生成绩管理系统
GO
SELECT  *  FROM 学生 WHERE 姓名 LIKE '马%'
```

【例 5.25】 查询学生表中学号倒数第 3 个数字为 1，且倒数第 1 个数在 1～5 之间的学生的学号、姓名及班级编号。

代码如下：

```
USE 学生成绩管理系统
GO
SELECT  学号,姓名,班级编号  FROM  学生
WHERE 学号 LIKE '%1_[1-5]'
```

【例 5.26】 从班级表中查询所属专业带有符号“_”的班级编号、所属专业和所属系部。

代码如下：

```
USE 学生成绩管理系统
GO
SELECT 班级编号, 所属专业, 所属系部 FROM 班级
WHERE 所属专业 LIKE '%a_%' ESCAPE  'a'
```

执行结果如图 5.11 所示。

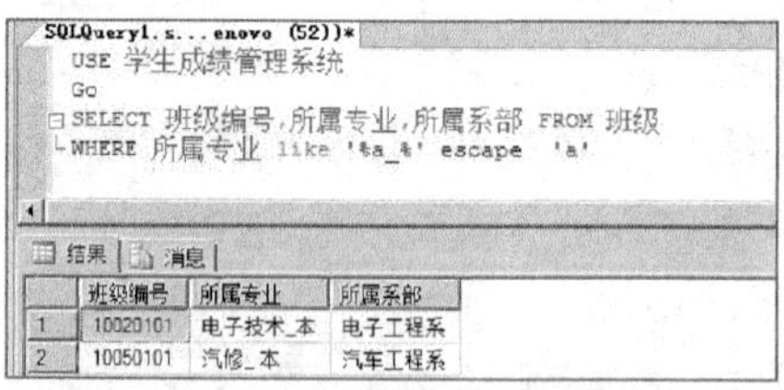

图 5.11　带有转义字符的查询

如果要查询的字符串本身含有“%”或“_”，需要使用 ESCAPE“换码字符”对通配符进行转义，本例中“a”为转义字符，“a”后面的“_”就失去了它原来的特殊意义。专业字符可以任选字母或“#”、“/”等特殊字符。转义字符不参与匹配过程。

（5）空值查询

一般情况下，表中的每一列都有存在的意义，但有时候可能暂时没有确定的值，这时可以不

输入该列的值，那么该列的值为空值（NULL）。

> **注意** NULL 与 0 或空格是不一样的。当需要判定一个表达式的值是否为空值时，使用 IS NULL 关键字。语法格式为：

```
字段名（列表达式） [NOT]  IS  NULL
```

【例 5.27】 查询学生表中备注不为空值的学生信息。

代码如下：

```
USE 学生成绩管理系统
GO
SELECT *  FROM 学生 WHERE 备注 NOT IS NULL
```

（6）多重条件查询

用户可以通过 AND（与）、OR（或）、NOT（非） 连接多个查询条件，实现多重查询。格式为：

```
 [NOT] 逻辑表达式 AND|OR   [NOT] 逻辑表达式
```

【例 5.28】 查询学生表中年龄大于 20 的男生信息。

代码如下：

```
USE 学生成绩管理系统
GO
SELECT  *  FROM 学生
WHERE YEAR（GETDATE（））-YEAR（出生日期）>20  AND  性别='男'
```

执行结果如图 5.12 所示。

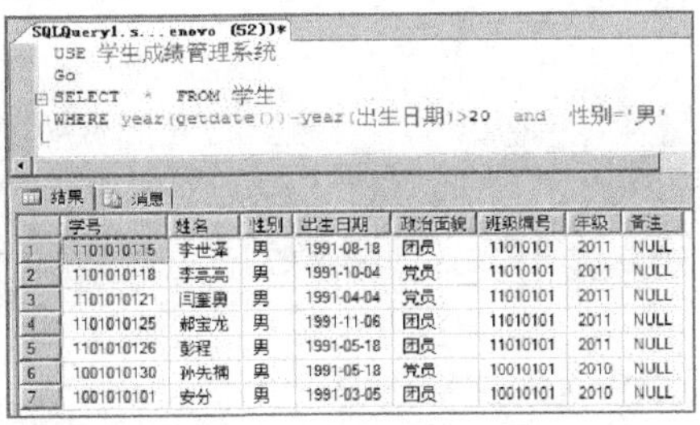

图 5.12　多重条件查询

5.2.4　对数据进行统计

用户经常需要对结果集进行统计，如求和、求平均、最大值、最小值和统计个数等。这些统计可以通过集合函数（又名聚合函数）、COMPUTE 子句和 GROUP BY 子句来实现。

1. 使用集合函数

SQL Server 提供了许多集合函数，经常用到的有：

- COUNT（DISTINCT |ALL *）　统计记录个数
- COUNT（DISTINCT |ALL　列名）统计一列中值的个数
- SUM（DISTINCT |ALL　列名）计算一列的总和（此列必须是数值类数据）
- AVG（DISTINCT |ALL　列名） 计算一列的平均值（此列必须是数值类数据）
- MAX（DISTINCT |ALL　列名） 求一列的最大值
- MIN（DISTINCT |ALL　列名） 求一列的最小值

在 SELECT 子句中集合函数用来对结果集进行统计计算。DISTINCT 是去掉指定列中的重复值，ALL 是不取消重复，默认为 ALL。

【例 5.29】 统计学生表中学生人数。

代码如下：

```
USE 学生成绩管理系统
GO
SELECT COUNT(*) AS 学生人数 FROM 学生
```

【例 5.30】 统计备注不为空的学生人数。

代码如下：

```
USE 学生成绩管理系统
GO
SELECT COUNT(备注) AS '备注不为空的学生人数' FROM 学生
```

注意　COUNT（备注）计算时备注为 NULL 的行被忽略。

【例 5.31】 统计学生表中有几个不同的班级。

代码如下：

```
USE 学生成绩管理系统
GO
SELECT COUNT(DISTINCT 班级编号) AS 班级个数 FROM 学生
```

执行结果如图 5.13 所示。

【例 5.32】 统计学生的平均年龄。

代码如下：

```
USE 学生成绩管理系统
GO
SELECT  AVG(YEAR(GETDATE())-YEAR(出生日期)) AS 平均年龄 FROM 学生
```

执行结果如图 5.14 所示。

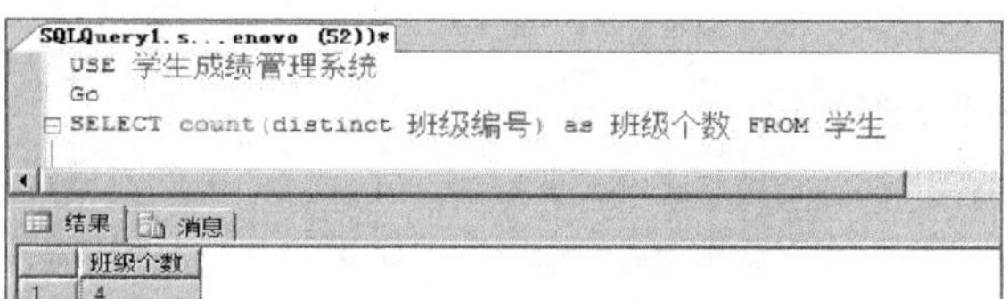

图 5.13　班级个数查询

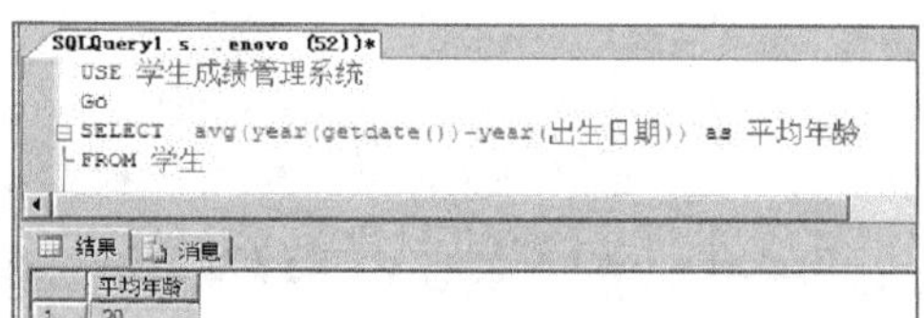

图 5.14　学生平均年龄查询

【例 5.33】 统计选修课的总学时。

代码如下：

```
USE 学生成绩管理系统
GO
SELECT  SUM(学时)AS 选修课的总学时  FROM 课程 WHERE 课程性质='选修课'
```

【例 5.34】 求课程编号为“101001“的学生的最高分和最低分。

代码如下：

```
USE 学生成绩管理系统
GO
```

```
SELECT MAX(成绩) AS '101001课程的最高分',MIN(成绩) AS '101001课程的最低分' FROM 成绩 WHERE
课程编号='101001'
```

执行结果如图 5.15 所示。

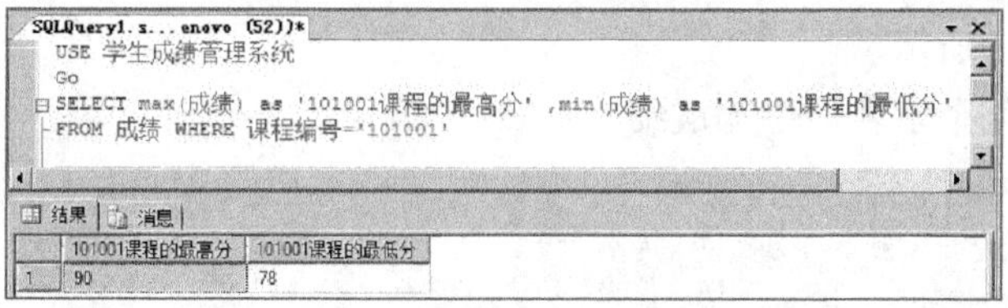

图 5.15　聚合函数的使用

2. 对结果进行分组统计

GROUP BY 子句主要用于根据字段对行分组的操作。

（1）GROUP BY 子句

GROUP BY 子句将查询结果按照某一个字段或多个字段值进行分组，值相同的为一组，对每一组的数据进行统计。语法格式为：

```
GROUP BY 列名 [HAVING 筛选条件表达式]
```

以上语句中的参数说明如下。

- BY 列名：是按照列名指定的列进行分组，若需要按照多个列来分组，只需要在列名之间用逗号分隔即可。
- HAVING 筛选条件表达式：表示对生成的组的筛选。

SELECT 子句的列名必须是 GROUP BY 子句已有的列名或是计算列。

【例 5.35】 从学生表中统计每个班级的人数。

代码如下；

```
USE 学生成绩管理系统
GO
SELECT 班级编号, COUNT(学号)AS 人数  FROM 学生 GROUP  BY 班级编号
```

执行结果如图 5.16 所示。

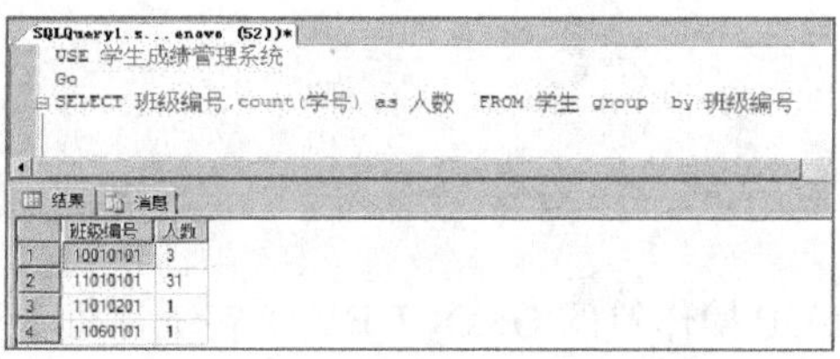

图 5.16　分组查询例题

【例 5.36】 统计每个年级每个班级的人数。

代码如下：

```
USE 学生成绩管理系统
GO
SELECT 年级, 班级编号, COUNT(学号)AS 人数  FROM 学生
GROUP  BY 班级编号, 年级
```

【例 5.37】 统计班级人数超过 20 人的班级编号和班级人数。

代码如下：

```
USE 学生成绩管理系统
GO
SELECT 班级编号, COUNT（学号）AS 人数  FROM 学生
GROUP  BY 班级编号 HAVING  COUNT（学号）>20
```

执行结果如图 5.17 所示。

【例 5.38】 统计每个学生的平均成绩。

代码如下：

```
USE 学生成绩管理系统
GO
SELECT 学号, AVG（成绩） AS 平均成绩 FROM 成绩 GROUP BY 学号
```

执行结果如图 5.18 所示。

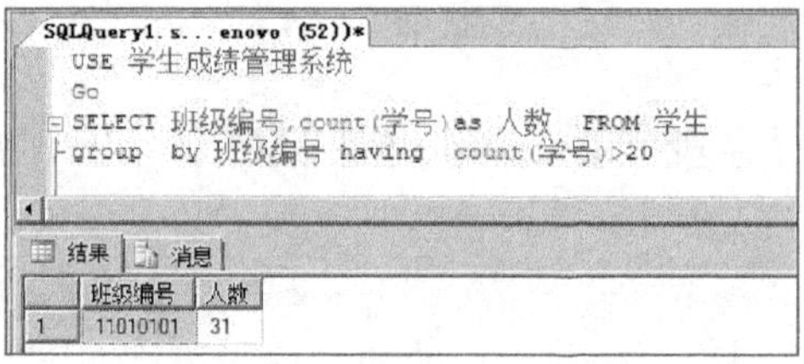

图 5.17　带有 HAVING 的查询

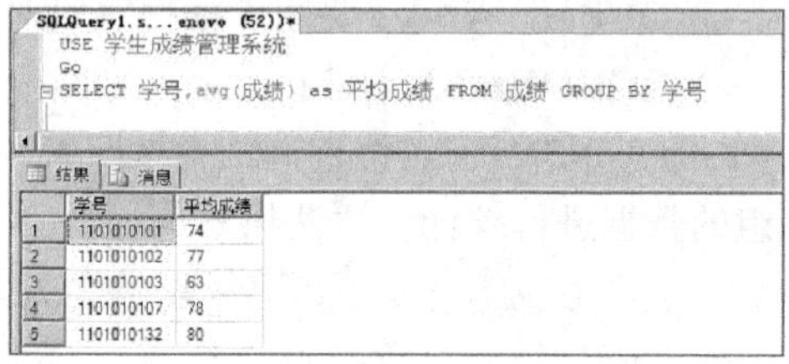

图 5.18　学生平均成绩查询

（2）非 ISO 标准的 GROUP BY 子句

语法格式如下：

```
GROUP BY 分组字段名  WITH CUBE|ROLLUP
```

非 ISO 标准的 GROUP BY 子句只是在普通的 GROUP BY 子句后面增加 WITH 语句，WITH 语句有两个操作符 CUBE 或 ROLLUP。CUBE 或 ROLLUP 与聚合函数一起使用，在查询结果中增加附加记录。使用带 ROLLUP 操作符的 GROUP BY 子句指定在结果集中不仅包含由 GROUP BY 提供的正常行，还包含汇总行。

【例 5.39】 统计每个班级的男生人数和女生人数。

代码如下；

```
USE 学生成绩管理系统
GO
SELECT 班级编号, 性别, COUNT（*）AS 人数 FROM 学生
GROUP BY 班级编号, 性别
```

【例 5.40】 使用带 ROLLUP 操作符的 GROUP BY 子句统计每个班级的男生人数和女生人数。

代码如如下：

```
USE 学生成绩管理系统
GO
SELECT 班级编号, 性别, COUNT（*） AS 人数 FROM 学生
GROUP BY  班级编号, 性别 WITH ROLLUP
```

图 5.19 和图 5.20 是例 5.39 和例 5.40 的执行结果图。

通过执行结果可以看出，使用 ROLLUP 后将对 GROUP BY 子句中指定的第一列产生汇总行。

使用带 CUBE 操作符的 GROUP BY 子句对各列的所有可能组合均产生汇总行，汇总的结果将更详细。

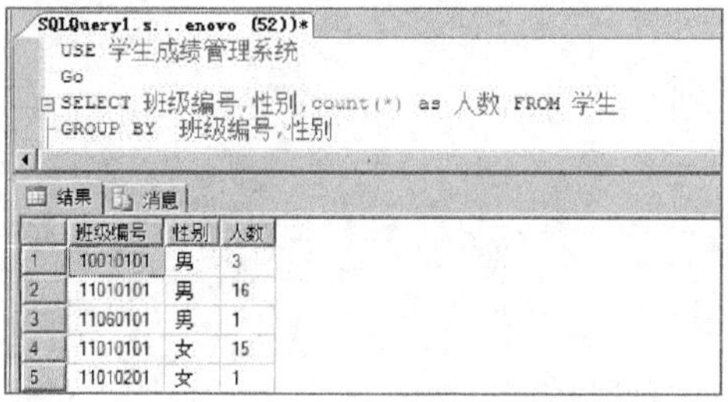

图 5.19　不带 ROLLUP 操作符的执行结果

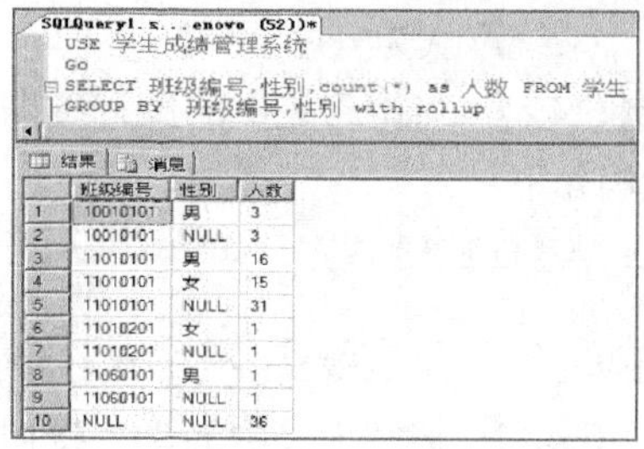

图 5.20　带 ROLLUP 操作符的运算结果

【例 5.41】 使用带 CUBE 操作符的 GROUP BY 子句统计每个班级的男生人数和女生人数。

代码如下：

```
USE 学生成绩管理系统
GO
SELECT 班级编号，性别，COUNT（*） AS 人数 FROM 学生
GROUP BY  班级编号，性别 WITH CUBE
```

执行结果如图 5.21 所示。

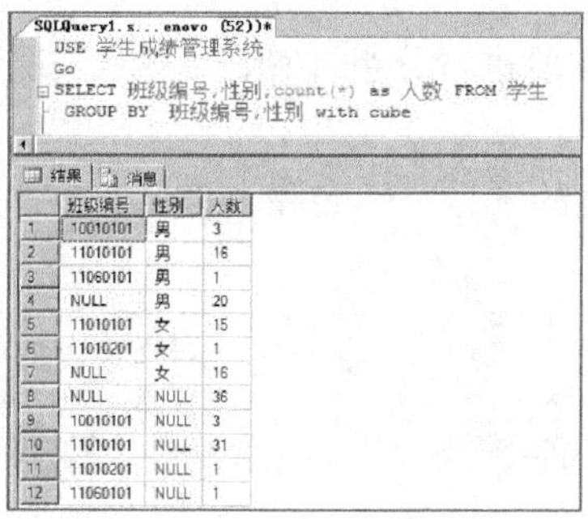

图 5.21　带 CUBE 操作符的运算结果

（3）ISO 标准的 GROUP BY 子句

ISO 标准的 GROUP BY 子句与非 ISO 标准的 GROUP BY 子句含义相同，但使用方式不同。语法格式为：

```
GROUP BY  ROLLUP（分组字段名）|CUBE（分组字段名）
```

如例 5.40 可以写成：

```
SELECT 班级编号，性别，COUNT（*） AS 人数 FROM 学生
GROUP BY  ROLLUP（班级编号，性别）
```

例 5.41 可以写成：

```
SELECT 班级编号，性别，COUNT（*） AS 人数 FROM 学生
GROUP BY  CUBE（班级编号，性别）
```

5.2.5　对数据进行排序

在实际应用中，经常需要对查询的结果进行排序输出，使用 ORDER BY 子句可对查询结果进行排序输出，语法格式为：

```
ORDER BY  order_by_expression  [ASC|DESC] [,…n]
```

order_by_expression 是排序表达式，可以是列名或表达式。关键字 ASC 为升序，关键字 DESC

为降序，系统默认为升序。

【例 5.42】 将课程表中的课程按照学时降序排列。

代码如下：

```
USE 学生成绩管理系统
GO
SELECT  *  FROM 课程 ORDER BY 学时 DESC
```

【例 5.43】 将学生表中的学生按照出生时间先后顺序排序。

代码如下：

```
USE 学生成绩管理系统
GO
SELECT  *  FROM  学生 ORDER BY 出生日期
```

ORDER BY 子句可以与 COMPUTE 子句一起使用，在对结果集排序的同时还产生附加的汇总行。COMPUTE 子句对查询结果集中的所有记录进行汇总统计，并显示所有参加汇总记录的详细信息。

语法格式为：

```
COMPUTE 集合函数 BY 列名
```

BY 列名是指按指定的列名字段进行分组计算，并显示被统计记录的详细信息。BY 选项必须与 ORDER BY 子句一起使用。

【例 5.44】 查询 2011 级学生的学号、姓名和出生日期，并产生一个学生总人数行。

代码如下：

```
USE 学生成绩管理系统
GO
SELECT 学号，姓名，出生日期 FROM 学生 WHERE 年级=2011 COMPUTE COUNT（学号）
```

执行结果如图 5.22 所示。

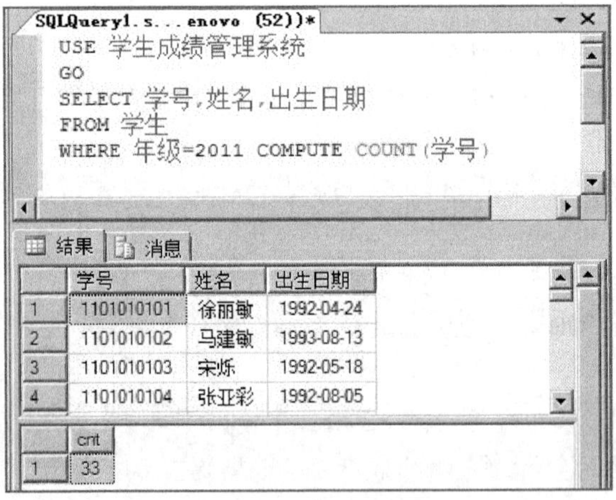

图 5.22　带有 COMPUTE 运算符的执行结果

从结果可以看出，COMPUTE 子句产生附加的汇总行，其标题是系统自定义的。对于 COUNT 函数显示为 CNT，对于 AVG 函数显示为 AVG，对于 SUM 函数显示为 SUM 等。

【例 5.45】 将学生按年级排序，并汇总各个年级的人数。

代码如下：

```
USE 学生成绩管理系统
GO
SELECT  * FROM 学生 ORDER BY 年级 COMPUTE  COUNT（学号） BY 年级
```

执行结果如图 5.23 所示。

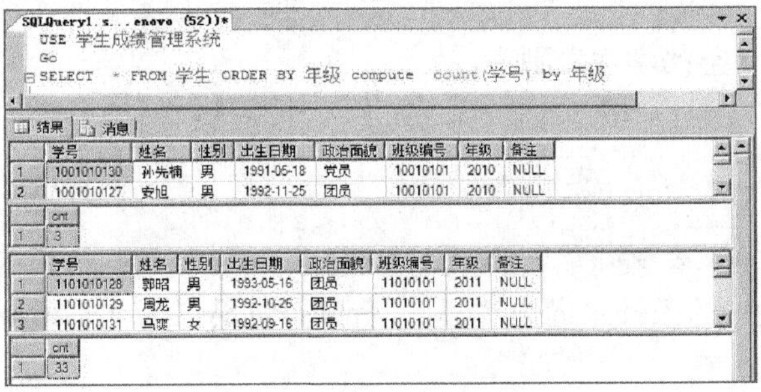

图 5.23　COMPUTE BY 的用法

COMPUTE BY 与 GROUP BY 子句区别在于，前者既显示统计记录又显示详细记录，后者仅显示分组统计的汇总记录。

5.2.6　合并结果集

使用 UNION 语句可以将多个查询的结果合并为一个结果集，也就是集合的并运算。UNION 语句的语法格式如下：

```
SELECT 语句
UNION [ALL]
SELECT 语句
```

使用 UNION 组合两个查询的结果集的基本规则是：所有查询中的列数和列的顺序必须相同，数据类型必须兼容。关键字 ALL 表示合并的结果中包含所有的行，不去除重复行，不使用 ALL 则表示在合并的结果集中去除重复行。含有 UNION 关键字的 SELECT 查询也称为联合查询。

【例 5.46】 从课程表中查找基础课和选修课的信息。

代码如下：

```
USE 学生成绩管理系统
GO
SELECT  *  FROM  课程 WHERE 课程性质='基础课'
UNION
SELECT  *  FROM  课程 WHERE 课程性质='选修课'
```

UNION 操作常用于归档数据，例如，归档月报表形成年报表，归档各部门数据等。

5.2.7 其他用法

1. INTO 子句

在实际的数据库应用系统中，有时候需要将查询的结果保存成一个新表，这个功能可以使用 SELECT 语句中的 INTO 子句实现。INTO 子句的格式为：

```
INTO 新表名
```

新表的字段由结果集中的字段列表决定。若 SELECT 语句的查询结果为空，则创建一个只有结构而没有记录的空表。

【例 5.47】 由学生表创建 2011 级学生信息表。

代码如下：

```
USE 学生成绩管理系统
GO
SELECT  * INTO  2011级学生信息 FROM 学生 WHERE 年级='2011'
```

【例 5.48】 创建一个空的学生表副表。

代码如下：

```
USE 学生成绩管理系统
GO
SELECT  *  INTO  学生副表 FROM 学生 WHERE 1=2
```

由于 WHERE 子句中的条件永远为“假”，所以查询结果为空，即创建的“学生副表”即为空记录。

2. EXCEPT 和 INTERSECT

EXCEPT 和 INTERSECT 用于比较两个查询的结果，EXCEPT 从 EXCEPT 关键字左边的查询中返回右边查询没有找到的所有非重复值，即集合的差运算。INTERSECT 返回 INTERSECT 关键字左右两边的两个查询都返回的所有非重复值，即集合的交运算。EXCEPT 和 INTERSECT 的语法规则同 UNION 类似。语法格式为：

```
SELECT 语句
EXCEPT | INTERSECT
SELECT 语句
```

【例 5.49】 查找年级为 2011 级但性别不为男的学生信息。

代码如下：

```
USE 学生成绩管理系统
GO
SELECT  *  FROM  学生 WHERE 年级='2011'
EXCEPT
SELECT  *  FROM  学生 WHERE 性别='男'
```

执行结果如图 5.24 所示。

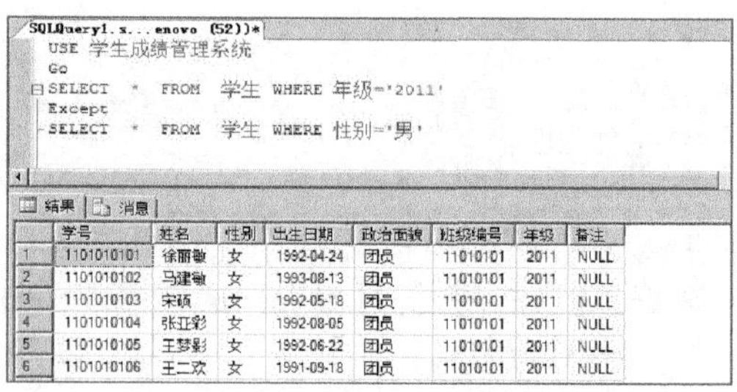

图 5.24 EXCEPT 的用法示例

【例 5.50】 查找班级编号为“11010101”且性别为男的学生信息。

代码如下：

```
USE 学生成绩管理系统
GO
SELECT  *  FROM  学生 WHERE 班级编号='11010101'
INTERSECT
SELECT  *  FROM  学生 WHERE 性别='男'
```

执行结果如图 5.25 所示。

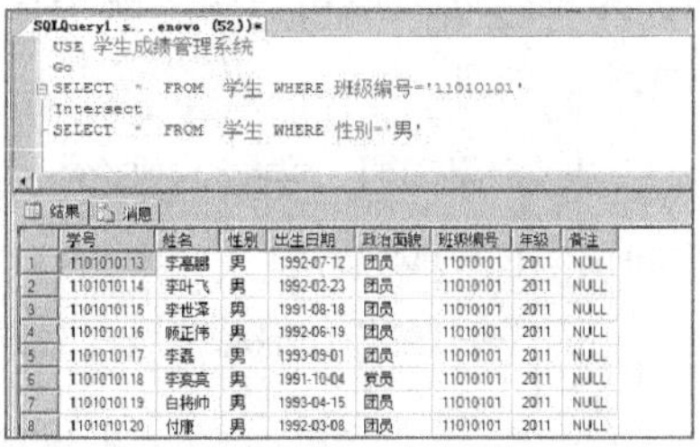

图 5.25 INTERSECT 的用法示例

3. CTE

在 SELECT 语句的最前面可以使用一条 WITH 子句来指定临时结果集。临时结果集也称为公用表值表达式（COMMON TABLE EXPRESSION，CTE）。CTE 用于存储一个临时的结果集，相当于一个临时表，只不过它的生命周期在该批处理语句执行完后就结束。CTE 下方的 SELECT 语句可以直接查询 CTE 中的数据。

> **注意** 不允许在一个 CTE 中指定多个 WITH 子句。

【例 5.51】 使用 CTE 从成绩表中查询选修了“101001”号课程的学生学号和成绩，并定义新的列名为 xuehao 和 chengji。再使用 SELECT 语句从 CTE 和学生表中查找姓名为“陈立叶”的学生学号和成绩信息。

代码如下：

```
USE 学生成绩管理系统
GO
WITH  linshi（xuehao，chengji）
AS （SELECT 学号，成绩 FROM 成绩 WHERE 课程编号='101001'）
SELECT  xuehao，chengji  FROM  linshi ，学生
WHERE linshi.xuehao=学生.学号 AND 学生.姓名='陈立叶'
```

执行结果如图 5.26 所示。

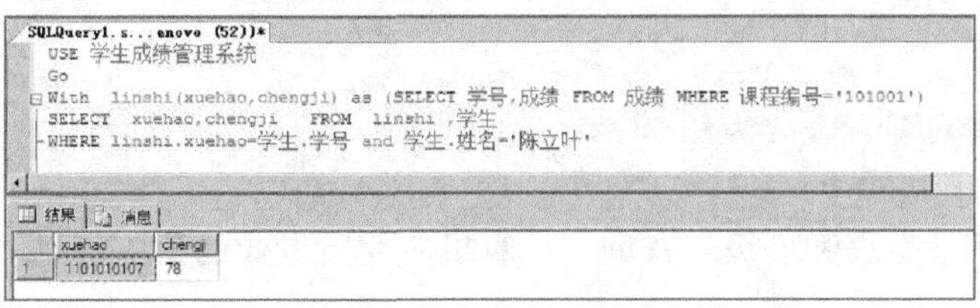

图 5.26 CTE 用法示例

5.3 数据的高级查询

5.3.1 子查询

在 T-SQL 语言中，一个 SELECT-FROM-WHERE 语句称为一个查询块，将一个查询块嵌套

到另一个查询块的 WHERE 子句或 HAVING 子句中的查询称为嵌套查询。其中，外层的查询称为父查询，WHERE 子句中的查询称为子查询。换句话说，就是将一个查询的结果作为另一个查询的条件，子查询总是用圆括号括起来。例如：

```
父查询 { SELECT 学号，姓名
         FROM 学生
         WHERE 班级编号 IN
(
子查询 { SELECT 班级编号
         FROM 学生
         WHERE 姓名='马爽'
)
```

该语句实现查询和马爽同班的学生信息，括号中的查询块是嵌套在上层的 SELECT 语句的 WHERE 条件中的，括号中的查询称为子查询或内层查询，而包含子查询的查询块称为父查询或外层查询。子查询可以嵌套在 SELECT、INSERT、UPDATE 或 DELETE 语句的 WHERE 或 HAVING 子句内，或者其他子查询中。SQL Server 对嵌套查询的求解方法是由里向外处理的，即每个子查询在上一级查询处理之前求解，子查询的结果用于建立父查询的条件。嵌套查询可以用多个简单的查询构造复杂的查询，从而提高了 T-SQL 语言的能力，嵌套最多不能超过 32 层。

嵌套查询有 4 种基本的子查询，分别是带有 IN 运算符的子查询、带有比较运算符的子查询、带有 ANY 或 ALL 运算符的子查询和带有 EXISTS 运算符的子查询。下面分别举例说明。

1. 带有 IN 运算符的子查询

在带有 IN 运算符的子查询中，子查询的结果是一个集合。父查询通过 IN 运算符将父查询中的一个表达式与子查询结果集中的每一个值进行比较，如果表达式的值与子查询结果集中的任何一个值相当，父查询的条件返回 TRUE，否则返回 FALSE。NOT IN 运算符与 IN 运算符结果相反。

【例 5.52】 使用学生表和成绩表查询学生“马爽”的各科成绩。

代码如下：

```
USE 学生成绩管理系统
GO
SELECT  *  FROM 成绩
WHERE 学号 IN (
             SELECT 学号 FROM 学生表
             WHERE 姓名='马爽')
```

【例 5.53】 使用学生表和班级表查询“计算机应用”专业的学生信息。

代码如下：

```
USE 学生成绩管理系统
GO
SELECT  *  FROM 学生
WHERE 班级编号 IN (
             SELECT 班级编号 FROM 班级
             WHERE 所属专业='计算机应用')
```

执行结果如图 5.27 所示。

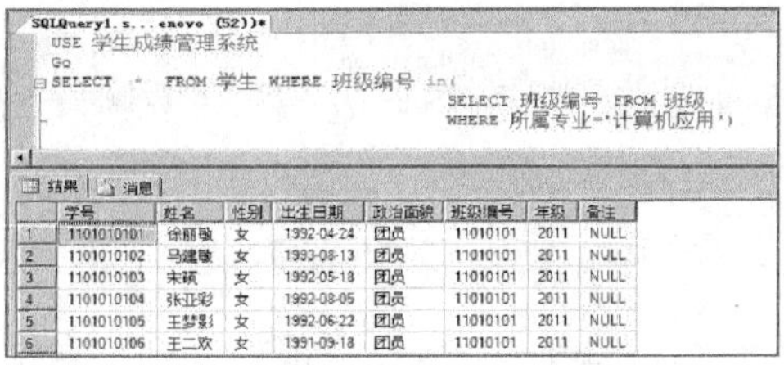

图 5.27 子查询示例

2. 带有比较运算符的子查询

在带有比较运算符的子查询中，子查询的结果是一个单值。父查询通过比较运算符将父查询中的一个表达式与子查询结果进行比较。

常用的比较运算符有：=、>、 >=、 <、 <=、 !=、 <>、 !>、!<。

【例 5.54】 列出选修了“101001”号课程，且成绩高于该课程平均分的学生信息。

代码如下：

```
USE 学生成绩管理系统
GO
SELECT  *  FROM 学生
WHERE  学号 IN(
            SELECT  学号 FROM  成绩
            WHERE 成绩>(
                        SELECT  AVG(成绩)  FROM 成绩
                        WHERE 课程编号='101001' )
                        AND 课程编号='101001')
```

执行结果如图 5.28 所示。

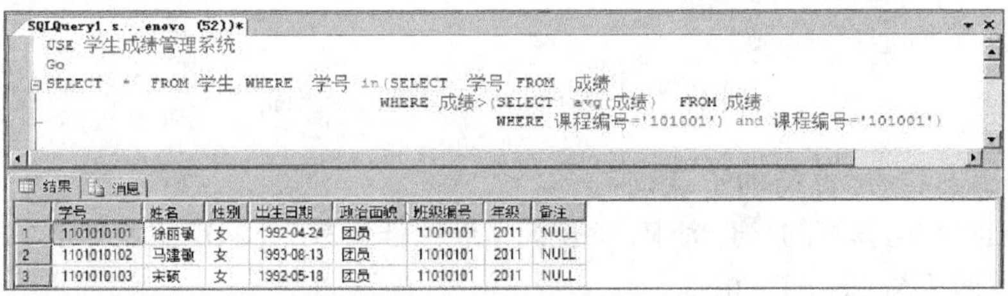

图 5.28 带比较运算符的子查询

3. 带有 ANY 或 ALL 运算符的子查询

使用 ANY 或 ALL 运算符时，必须同时使用比较运算符，如>ANY、<ANY、>ALL、<ALL、=ALL、>SOME 等。在带有 ANY 或 ALL 运算符的子查询中，子查询的结果是一个结果集。

SOME 或 ANY 表示表达式只要与子查询结果集中的某个值满足比较的关系，就返回 TRUE，否则返回 FALSE。

ALL 指定表达式要与子查询结果集中的每个值都进行比较，当表达式与每个值都满足比较的关系时，才返回 TRUE，否则返回 FALSE。

【例 5.55】 查找比所有“10010101”班学生年龄都大的学生。

代码如下：

```
USE 学生成绩管理系统
GO
```

```
SELECT  *  FROM 学生
WHERE 出生日期<ALL(SELECT  出生日期 FROM 学生 WHERE 班级编号='10010101')
```

执行结果如图 5.29 所示。

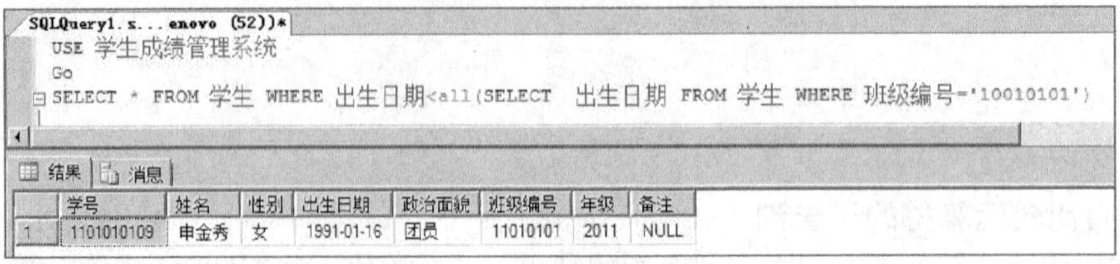

图 5.29　带有 ALL 运算符的子查询

【例 5.56】 查找课程编号为“101002”的课程成绩不低于课程编号为“101001”课程成绩的学生学号。

代码如下：

```
USE 学生成绩管理系统
GO
SELECT 学号,成绩 FROM 成绩
WHERE  课程编号 ='101002' AND 成绩!<ANY(
            SELECT 成绩 FROM 成绩 WHERE 课程编号 ='101001')
```

执行结果如图 5.30 所示。

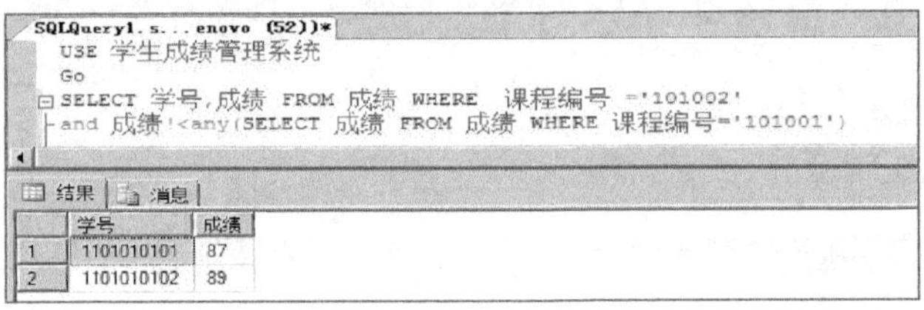

图 5.30　带有 ANY 运算符的子查询

4. 带有 EXISTS 运算符的子查询

在带有 EXISTS 运算符的子查询中，子查询不返回任何数据，只产生逻辑值 TRUE 或 FALSE。NOT EXISTS 返回值与 EXISTS 相反。

【例 5.57】 查找选修了“101002”号课程的学生姓名。

代码如下：

```
USE 学生成绩管理系统
GO
SELECT 姓名 FROM 学生 WHERE EXISTS  (
                    SELECT * FROM 成绩
                    WHERE 学号=学生.学号 AND 课程编号='101002'
                  )
```

EXISTS 引出的子查询的目标列通常为*，带有 EXISTS 的子查询只返回逻辑值，给出列名没有实际意义，这类子查询的条件依赖于父查询的某一个属性值。本例与前面子查询的不同点在于：在前面的例子中，内层查询只处理一次，得到一个结果集，再依次处理外层查询；本例的内层查询要处理多次。

SELECT 关键字后面也可以定义子查询。

【例 5.58】从学生表查询出所有女同学的学号、姓名及与所有女同学年龄与平均年龄的差距。

代码如下：

```
USE 学生成绩管理系统
GO
SELECT 学号,姓名,( YEAR(GETDATE())-YEAR(出生日期) )-( SELECT  AVG(( YEAR(GETDATE())-YEAR(出生日期) FROM 学生 WHERE 性别='女' ) ) AS 年龄差距
FROM 学生
WHERE 性别='女'
```

执行结果如图 5.31 所示。

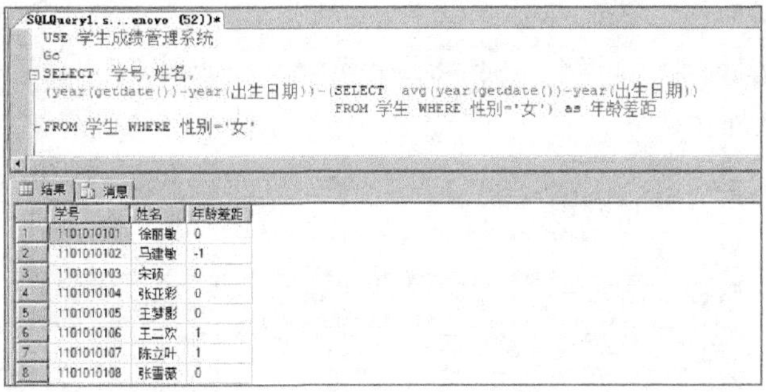

	学号	姓名	年龄差距
1	1101010101	徐丽敏	0
2	1101010102	马建敏	-1
3	1101010103	宋硕	0
4	1101010104	张亚彩	0
5	1101010105	王梦影	0
6	1101010106	王二欢	1
7	1101010107	陈立叶	1
8	1101010108	张雷薇	0

图 5.31　SELECT 子句中子查询的运用

【例 5.59】 查询每个学生的成绩与平均成绩的差，要求显示字段为：学号、课程编号、成绩和成绩差。

代码如下：

```
USE 学生成绩管理系统
GO
SELECT 学号，课程编号，成绩，成绩-（SELECT AVG（成绩） FROM 成绩） AS 成绩差
FROM  成绩
```

执行结果如图 5.32 所示。

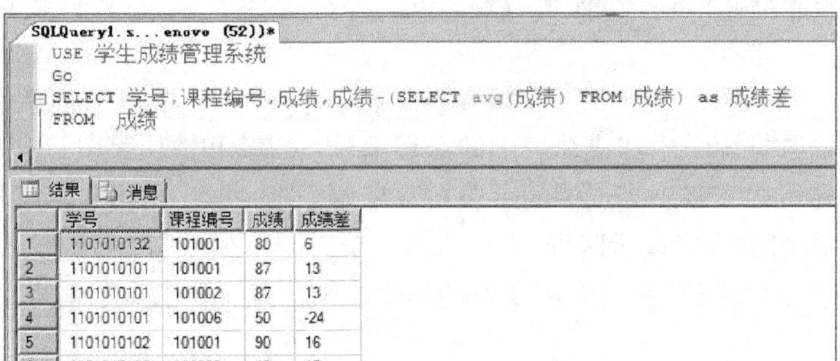

	学号	课程编号	成绩	成绩差
1	1101010132	101001	80	6
2	1101010101	101001	87	13
3	1101010101	101002	87	13
4	1101010101	101006	50	-24
5	1101010102	101001	90	16
6	1101010102	101002	89	15

图 5.32　FROM 关键字后的子查询用法示例

5.3.2　连接查询

连接查询可以对两个或多个表进行查询，它是关系数据库的重要查询。连接查询的结果通常是含有参加连接运算的两个或多个表的指定列。在实际应用中，多数情况下，用户查询的列都来

自多个表。例如，在学生成绩管理系统中查询信息工程系学生的学号、姓名、课程名称和成绩，所需要的列来自学生、课程、成绩和班级 4 个表。把涉及多个表的查询称为连接查询。连接查询有两大类表示形式：一是符合 SQL 标准的连接谓词表示形式，二是 T-SQL 扩展的使用关键字 JOIN 的表示形式。

1. 连接谓词

在 SELECT 语句的 WHERE 子句中使用比较运算符给出连接条件进行连接，将这种表示形式称为连接谓词表示形式。

【例 5.60】 查询每个学生的基本信息及成绩信息。

代码如下：

```
USE 学生成绩管理系统
GO
SELECT  学生.*，成绩.* FROM 学生，成绩 WHERE 学生.学号=成绩.学号
```

执行结果如图 5.33 所示。

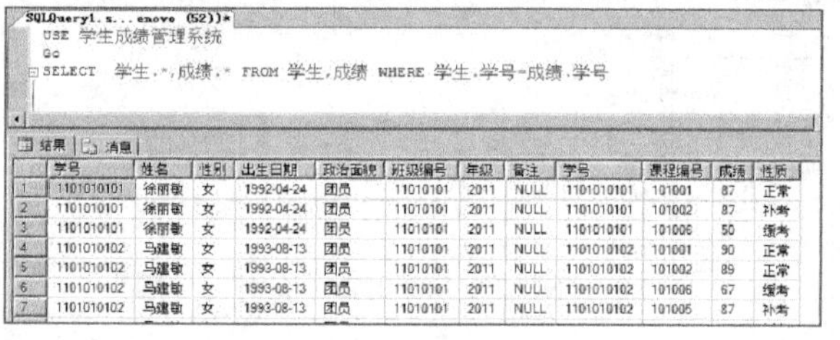

图 5.33　使用连接谓词的查询

查询结果集中包含学生和成绩表的所有列。

连接谓词中的两个字段称为连接字段，它们必须是可比的。本例中两个字段分别是学生和成绩表中的学号字段。不同表中同名的字段名需要在字段之前加上表名以示区别。当连接谓词中的比较运算符为“=”时，就是等值连接。若在目标列中去除相同的字段名，则为自然连接。例 5.60 即为等值连接。将例 5.60 改为自然连接的写法为：

```
SELECT 学生.*，成绩.课程编号，成绩.成绩，成绩.性质
FROM 学生，成绩 WHERE 学生.学号=成绩.学号
```

也可以写为：

```
SELECT 学生.*，课程编号，成绩，性质 FROM 学生，成绩 WHERE 学生.学号=成绩.学号
```

因为在本查询的数据源学生和成绩表中的课程编号、成绩和性质字段只存在于成绩表中，所以字段名前面的表名可以省略。当选择的字段在数据源中唯一时，可以省略字段名前面的表名，否则都要用表名.字段名的形式以示区别。

【例 5.61】 查找 2011 级计算机应用专业的学生成绩信息，要求显示学号、姓名和所属系部。

代码如下：

```
USE 学生成绩管理系统
GO
SELECT 学生.学号，姓名，所属系部
FROM 学生，班级
WHERE 学生.班级编号=班级.班级编号
AND 年级='2011'
```

```
AND 所属专业='计算机应用'
```

执行结果如图 5.34 所示。

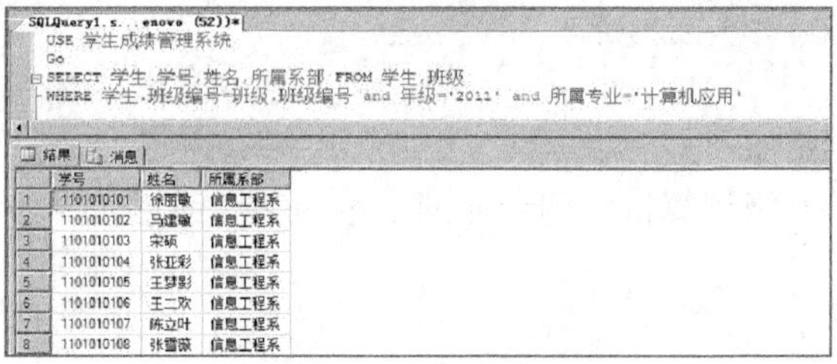

图 5.34　自然连接示例

【例 5.62】 查找 2011 级计算机应用专业的学生成绩信息，要求显示学号、姓名、所属系部、课程名称和成绩。

代码如下：

```
USE 学生成绩管理系统
GO
SELECT 学生.学号，姓名，所属系部，课程名称，成绩
FROM 学生，班级，成绩，课程
WHERE 学生.班级编号=班级.班级编号
AND 学生.学号=成绩.学号
AND 成绩.课程编号=课程.课程编号
AND 年级='2011'
AND 所属专业='计算机应用'
```

本例中所选字段来自 4 个表，所以需要对 4 个表进行连接，这种连接形式又称为多表连接。

2. 以 JOIN 关键字指定的连接

T-SQL 扩展了以 JOIN 关键字指定连接的表示方式，增强了表的连接运算能力。JOIN 关键字用在 FROM 子句中，其连接格式如下：

```
数据源表 <连接类型> 数据源表 ON 连接条件
```

其中连接类型有：INNER JOIN，LEFT OUTER JOIN，RIGHT OUTER JOIN，FULL OUTER JOIN，CROSS JOIN。依据连接类型将以 JOIN 关键字的连接分为：内连接、外连接和交叉连接三类。

（1）内连接

指定 INNER 关键字的连接为内连接，内连接按照 ON 指定的连接条件合并两个表，并返回满足条件的行。内连接是系统默认的，可以省略 INNER 关键字。连接后仍然可以使用 WHERE 子句指定其他条件。

【例 5.63】 查询每个学生的基本信息及成绩信息。

代码如下：

```
USE 学生成绩管理系统
GO
SELECT 学生.*，成绩.* FROM 学生 JOIN 成绩 ON 学生.学号=成绩.学号
```

【例 5.64】 查找 2011 级计算机应用专业的学生的学号、姓名和所属系部。

代码如下：

```
USE 学生成绩管理系统
GO
SELECT 学生.学号, 姓名, 所属系部
FROM 学生 JOIN 班级 ON 学生.班级编号=班级.班级编号
WHERE  年级='2011'
AND 所属专业='计算机应用'
```

【例 5.65】 查找 2011 级计算机应用专业的学生的学生信息，要求显示学号、姓名、所属系部、课程名称和成绩。

代码如下：

```
USE 学生成绩管理系统
GO
SELECT 学生.学号, 姓名, 所属系部, 课程名称, 成绩
FROM 学生 JOIN 班级  ON 学生.班级编号=班级.班级编号
JOIN 成绩 ON  学生.学号=成绩.学号
JOIN 课程 ON 成绩.课程编号=课程.课程编号
WHERE 年级='2011'
AND 所属专业='计算机应用'
```

作为一种特例，可以将一个表与它自身进行连接，称为自连接。若要在一个表中查找具有相同列值的行，则可以使用自连接。使用自连接时需要为表指定两个别名，且对所有列的应用均要用别名限定。

【例 5.66】 查找不同课程成绩相同的学生的学号、课程编号和成绩。

代码如下：

```
USE 学生成绩管理系统
GO
SELECT  A.学号, A.课程编号, B.课程编号, A.成绩
FROM 成绩 A JOIN 成绩 B
ON  A.成绩=B.成绩 AND  A.学号=B.学号 AND A.课程编号! =B.课程编号
```

执行结果如图 5.35 所示。

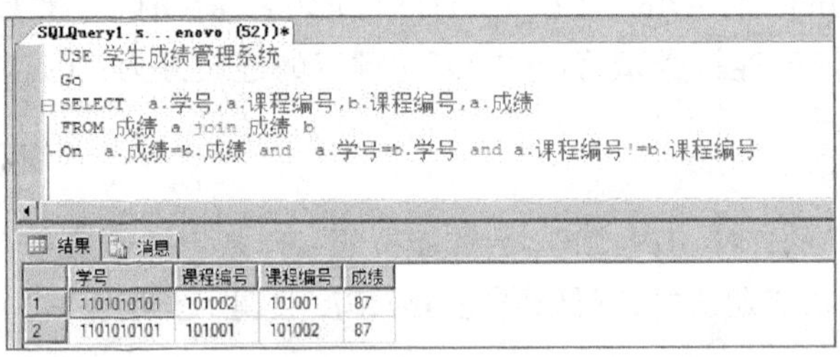

图 5.35　自连接

（2）外连接

指定了 OUTER 关键字的连接称为外连接，外连接的结果表不但包含满足连接条件的行，还包括相应表中的所有行。外连接包括以下 3 种。

- 左外连接（LEFT OUTER JOIN）：结果集中除了包括满足连接条件的行外，还包括左表的所有行。
- 右外连接（RIGHT OUTER JOIN）：结果集中除了包括满足连接条件的行外，还包括右表

的所有行。

- 完全连接（FULL OUTER JOIN）：结果表中除了包括满足连接条件的行外，还包括两个表的所有行。

上述 3 种外连接中的 OUTER 关键字均可以省略。

【例 5.67】 查找所有学生的基本信息以及他们的课程编号和成绩信息，若存在某些学生还没有成绩，也要显示其基本信息。

代码如下：

```
USE 学生成绩管理系统
GO
SELECT 学生.*, 成绩, 课程编号
FROM 学生 LEFT JOIN 成绩 ON 学生.学号=成绩.学号
```

执行结果如图 5.36 所示。

	学号	姓名	性别	出生日期	政治面貌	班级编号	年级	备注	成绩	课程编号
1	1101010101	徐丽敏	女	1992-04-24	团员	11010101	2011	NULL	87	101001
2	1101010101	徐丽敏	女	1992-04-24	团员	11010101	2011	NULL	87	101002
3	1101010101	徐丽敏	女	1992-04-24	团员	11010101	2011	NULL	50	101006
4	1101010102	马建敏	女	1993-08-13	团员	11010101	2011	NULL	90	101001
5	1101010102	马建敏	女	1993-08-13	团员	11010101	2011	NULL	89	101002
6	1101010102	马建敏	女	1993-08-13	团员	11010101	2011	NULL	67	101006
7	1101010102	马建敏	女	1993-08-13	团员	11010101	2011	NULL	87	101005
8	1101010102	马建敏	女	1993-08-13	团员	11010101	2011	NULL	56	101003
9	1101010103	宋硕	女	1992-05-18	团员	11010101	2011	NULL	87	101001

图 5.36　左外连接

本例中若存在学生没有成绩，则结果表中相应行的课程编号和成绩字段的值为 NULL 值。

【例 5.68】 查找学生的学号、课程编号、成绩以及所有要开设的课程。

代码如下：

```
USE 学生成绩管理系统
GO
SELECT 学号, 课程编号, 成绩, 课程名称, 课程性质, 学时, 备注
FROM 成绩 RIGHT JOIN 课程 ON 成绩.课程编号=课程.课程编号
```

执行结果如图 5.37 所示。

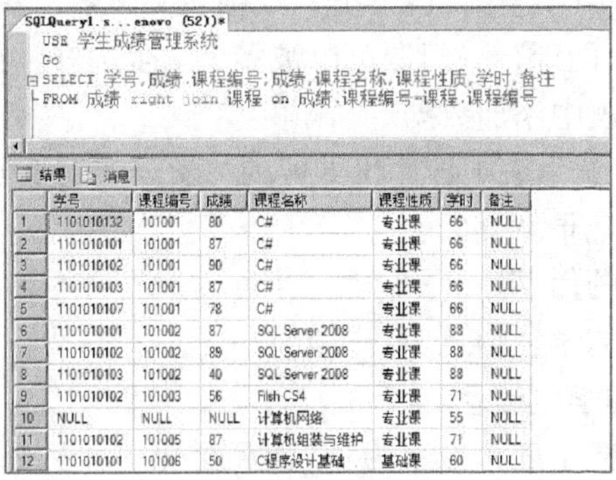

	学号	课程编号	成绩	课程名称	课程性质	学时	备注
1	1101010132	101001	80	C#	专业课	66	NULL
2	1101010101	101001	87	C#	专业课	66	NULL
3	1101010102	101001	90	C#	专业课	66	NULL
4	1101010103	101001	87	C#	专业课	66	NULL
5	1101010107	101001	78	C#	专业课	66	NULL
6	1101010101	101002	87	SQL Server 2008	专业课	88	NULL
7	1101010102	101002	89	SQL Server 2008	专业课	88	NULL
8	1101010103	101002	40	SQL Server 2008	专业课	88	NULL
9	1101010102	101003	56	Flsh CS4	专业课	71	NULL
10	NULL	NULL	NULL	计算机网络	专业课	55	NULL
11	1101010102	101005	87	计算机组装与维护	专业课	71	NULL
12	1101010101	101006	50	C程序设计基础	基础课	60	NULL

图 5.37　右外连接示例

本例中，若某个课程未被选修，则结果集中相应行的学号、课程编号和成绩字段值均为 NULL 值。

（3）交叉连接

交叉连接实际上是将两个表进行笛卡尔积运算，结果表是由第一个表的每一行与第二个表的每一行拼接后形成的表，因此结果集的行数等于两个表的行数之积。

【例 5.69】 列出所有可能的选课情况。

代码如下：

```
USE 学生成绩管理系统
GO
SELECT 学生.学号，姓名，课程编号
FROM 学生 CROSS JOIN 成绩
```

执行结果如图 5.38 所示。

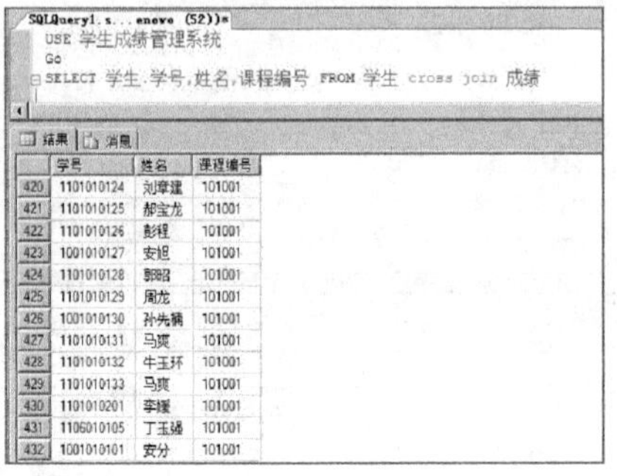

图 5.38　交叉连接

本例中交叉连接的结果共有 400 多条记录，其中很多记录是无意义的。

交叉连接也可以使用 WHERE 子句进行条件限定。

练 习 题

现有数据库“学生选课系统”，该数据库中有 3 个表：学生表（学号，姓名，性别，出生日期，专业，总学分，备注），总学分是当前的必修课所获得的总学分；课程表（课程号，课程名，开课学期，学时，学分），学分为本门选修课的学分；成绩表（学号，课程号，成绩），该数据是学生选课成绩，一个学生可以选多门课，一门课可以被多个学生选修。在该数据库中完成如下习题。

1. 使用 INSERT 语句向表中添加数据。
2. 使用 UPDATE 语句将学生表中计算机专业的总学分增加 1 分。
3. 删除出生日期为空的记录。
4. 查询通信专业的学生的信息。
5. 查询姓王且名为单字的学生信息。
6. 查询专业包含“_”的学生信息。
7. 查询学生表中学号倒数第 3 个数字为 1，且倒数第 1 个数在 1～5 之间的学生的学号、姓名及专业信息。
8. 查询成绩介于 80 到 90 之间学生的学号、姓名、性别和专业信息。
9. 查询专业名称以“计算”开头的所有学生的学号、姓名和性别信息。

10. 查询选修 101 课程的学生的平均成绩。

11. 查询学号为 081101 的学生所学课程总成绩。

12. 查询年龄大于 20 的学生的学号、姓名和年龄信息。

13. 查询每个人的选课门数。

14. 查询每门课的选课人数。

15. 检索出选修了课程的学生详细信息。

16. 查询选课人数大于 3 的课程号和课程名。

17. 查询和学号为“081102”同学同岁的其他学生信息。

18. 查询选修了“离散数学”课程的学生的学号和姓名信息。

19. 查询选课平均成绩大于 70 的学生的学号和姓名信息。

20. 查询和王林同专业的其他学生信息。

21. 统计每个专业的学生人数。

22. 查询王林选修的课程的详细信息。

23. 查找比计算机专业学生年龄都大的学生。

24. 查找 206 号课程成绩不低于 101 号课程最低成绩的学生学号。

25. 查找选修课程超过 2 门且成绩都在 80 分以上的学生的学号。

26. 查找通信工程专业平均成绩在 85 分以上的学生的学号和平均成绩。

27. 统计各专业男生、女生人数和总人数(用 ROLLUP CUBE4 种语句写出) 。

28. 查找通信工程专业平均成绩在 85 分以上的学生的学号和平均成绩。

29. 检索出学生选修获得的学分，若成绩小于 60 则获得学分为 0，否则可获得该课程的学分。检索出每个人当前的总学分（现有的总学分+获得的学分）。

30. 在学生表中查询每个人的总学分与平均总学分的差，要求显示学号、姓名、专业、总学分、与平均总学分的差。

31. 统计出每个人的成绩与通信工程专业学生平均成绩的差，要求显示学号、姓名、课程名、成绩、与通信专业学生的平均成绩之差。

32. 查询平均成绩大于 60 的学生的学号、姓名、课程名和成绩，并将查询结果按照学号降序排列。

33. 查询选修课成绩比计算机专业所有学生的选课成绩都高的学生的学号、姓名、课程名和成绩信息。

34. 查找选修课程超过 2 门且成绩都在 80 分以上的学生的学号、姓名、课程名和成绩信息。

35. 成绩在 60 分以上的学生所选课程获得的总学分（每门课的学分之和），要求显示学号、姓名和选课获得的总学分。

36. 查询和王林选课相同的其他学生的学号、姓名、课程名和成绩信息。

第6章 索引与数据完整性

数据库中的索引与书籍中的目录类似，在书籍中可根据目录快速查到所需的信息，与此类似，数据库中可利用索引快速检索数据，且无需对整个表进行扫描就可以找到所需的数据。索引提供了指向存储在表中指定列的数据值指针。

对数据库中的数据进行添加、修改和删除操作时，有可能造成数据的破坏或出现相关数据不一致现象。数据完整性就是为了保证数据的正确无误和相关数据的一致性而设置的。本章将详细介绍数据完整性的相关概念和相应的操作。

学习目标

1. 理解索引的概念
2. 熟悉索引的创建
3. 理解数据完整性的概念
4. 理解各种约束的含义
5. 熟练掌握约束的创建方法

6.1 索　引

索引是根据表中一列或若干列按照一定顺序建立的列值与记录行之间的对应关系表。索引依赖于数据表，作为表的一个组成部分，一旦创建成功后，由数据库自身进行维护。一个表的存储是由两部分组成的：一部分用来存放表中的数据页面，另一部分是存放索引的索引页面。通常，索引页相对于数据页小得多。当进行数据检索时，系统先搜索索引页面，从中找到所需数据的指针后，再通过指针从数据页面中读取数据。

在数据库系统中建立索引主要有以下几种作用：

- 快速存取数据；
- 保证数据记录的唯一性；
- 实现表与表之间的参照完整性；
- 在使用 ORDER BY、GROUP BY 子句进行数据检索时，利用索引可以减少排序和分组的时间。

6.1.1 索引的分类

SQL Server 2008 支持在表中任何列（包括计算列）上定义索引，按索引的组织方式可将 SQL

Server 2008 索引分为非聚集索引和聚集索引两种类型。

1. 非聚集索引

非聚集索引具有与表的结构完全分离的结构。使用非聚集索引不用将物理数据页中的数据按照列进行排序，而是存储索引行，每个索引行均包括非聚集索引键值和一个或多个指向包含该值的数据行的定位器。SQL Server 在搜索数据时，先对非聚集索引进行搜索，然后再通过相应的行定位器从表中找到对应的数据。

2. 聚集索引

在聚集索引中，表中各行的物理顺序与键值的逻辑（索引）顺序相同。由于非聚集索引使用索引页进行存储，因此它比聚集索引需要更多的存储空间，且检索效率低。聚集索引比非聚集索引有更快的数据访问速度。在 SQL Server 2008 中，一个表只能创建一个聚集索引，但可以有多个非聚集索引。

提示　一般情况下应先创建聚集索引，再创建非聚集索引，因为创建聚集索引会影响到表中行的顺序，从而影响非聚集索引；若设置某列为主键，则该列就默认为聚集索引。

在表中创建唯一约束后会自动创建唯一索引。设置主键约束后会自动创建主键索引。尽管唯一索引有助于找到信息，但为了获得最佳性能，建议使用主键约束。

唯一索引不允许两行具有相同的索引值。如果现有数据中存在重复的键值，则大多数数据库都不允许创建唯一索引。当新录入的数据使表中的键值重复时，数据库会拒绝接受此数据。例如，如果在学生表中学生身份证号列上创建了唯一索引，则所有学生的身份证号不能重复。无论是聚集索引还是非聚集索引，都可以是唯一索引。

在数据库中为表定义主键将自动创建主键索引，主键索引是唯一索引的特殊类型。主键索引要求主键中的每个值均是唯一的。当在查询中使用主键索引时，还允许快速访问数据。

6.1.2 索引的创建

在数据库中，为了提高查询速度和更新速度，可以考虑对表创建索引。在 SQL Server 中既可使用图形界面方式创建索引，也可运用 T-SQL 语句建立索引。

1. 使用图形界面方式创建索引

下面以学生表中按学号建立聚集索引为例，介绍聚集索引的创建方法，其操作过程如下。

打开【SQL Server Management Studio】窗口，在【对象资源管理器】窗口中依次展开【数据库】→【学生成绩管理系统】→【学生】→【索引】节点，右键单击【索引】节点，在弹出的快捷菜单中选择【新建索引】命令，打开如图 6.1 所示的【新建索引】窗口。

可以在【常规】选项卡选择索引列，指定索引类型；在【选项】选项卡中设置填充引子（指定每个索引页的填满程度，一般很少指定）；单击【添加】按钮，在弹出的对话框中选择需要创建索引的列，如图 6.2 所示。设置好索引的属性后，单击【确定】按钮即可。

索引创建成功后，可以在【对象资源管理器】窗口中查看，也可以右键单击索引，在弹出的快捷菜单中对索引进行管理，如重命名、禁用、修改和删除等。一旦成功创建索引，则执行查询时索引将由数据库管理系统自动启动。

2. 运用 T-SQL 语句创建索引

使用 CREATE INDEX 语句可以创建索引，创建索引的简洁语法格式如下：

```
CREATE [ UNIQUE ] [ CLUSTERED | NONCLUSTERED ] INDEX index_name
```

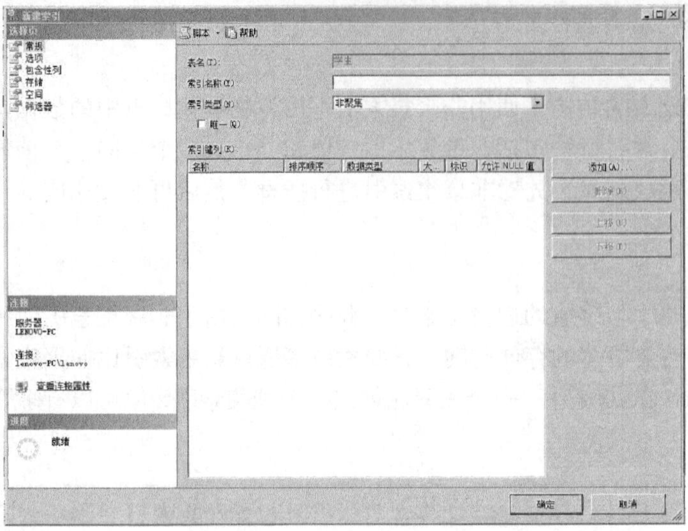

图 6.1 【新建索引】窗口

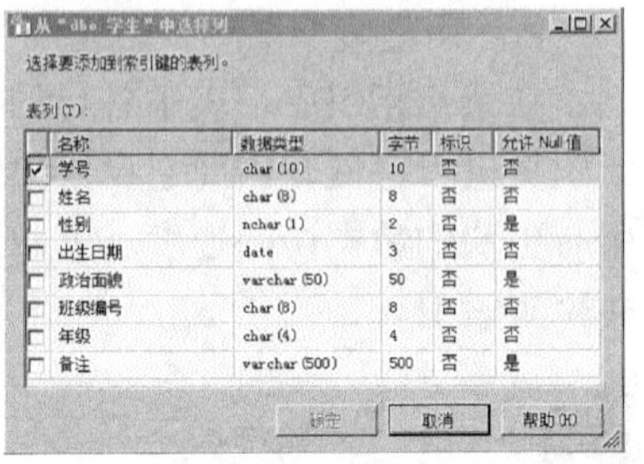

图 6.2 选择需要创建索引的列

```
ON table_ name ( column_name [ ASC | DESC ] [ ,…n ] )
WITH  FILLFACTOR = x
```

选项说明如下。

- UNIQUE：表示唯一索引，可选。
- CLUSTERED | NONCLUSTERED：表示聚集索引或非聚集索引，可选。
- ASC | DESC：指定索引列的排序方式，ASC 表示升序，DESC 表示降序，默认为升序。
- FILLFACTOR：表示填充因子，是一个 0~100 之间的值，该值表示索引页填满的空间所占的百分比。

【例 6.1】 对课程表的课程名称字段创建非聚集索引 kcbh。

代码如下：

```
USE  学生成绩管理系统
GO
IF EXISTS(SELECT name FROM SYSINDEXES WHERE name='kcbh')
   DROP INDEX kcbh
--查询是否存在名称为 kcbh 的索引，如果存在，则删除。
CREATE NONCLUSTERED INDEX kcbh
ON 课程(课程名称)
WITH FILLFACTOR=30 --对课程表的课程名称创建非聚集索引，填充因子为 30。
```

【例 6.2】 在成绩表上对学号和课程编号的组合创建非聚集索引 xh_kch，首先按学号升序排列，学号相同的再按课程编号降序排列。

代码如下：

```
USE  学生成绩管理系统
GO
IF EXISTS(SELECT name FROM SYSINDEXES WHERE name='xh_kch')
DROP INDEX xh_kch
CREATE NONCLUSTERED INDEX xh_kch
ON 成绩(学号 ASC,课程编号 DESC)
```

按照新建的组合键查询成绩表：

```
SELECT * FROM 成绩  WITH(=xh_kch)
```

使用索引可以加快查询速度，但是由于索引自身需要维护，并占用一定的资源，因此，没有必要为每个字段创建索引，可以按照以下原则来创建索引：该列用于频繁搜索，该列用于对数据进行排序。为小型表创建索引不划算，因为 SQL Server 在索引中搜索所花的时间比在表中逐行搜索所花的时间更多。尤其不要对具有以下特点的列创建索引：列中仅包含少数几个不同的值，表中仅包含几行数据。

6.1.3　索引的修改

修改索引既可以通过图形界面的方式也可以使用 T-SQL 语言中的 ALTER INDEX 语句来实现。

1．使用图形界面方式修改索引

打开【SQL Server Management Studio】窗口，在【对象资源管理器】窗口中依次展开【数据库】→【学生成绩管理系统】→【学生】→【索引】节点，如图 6.3 所示。

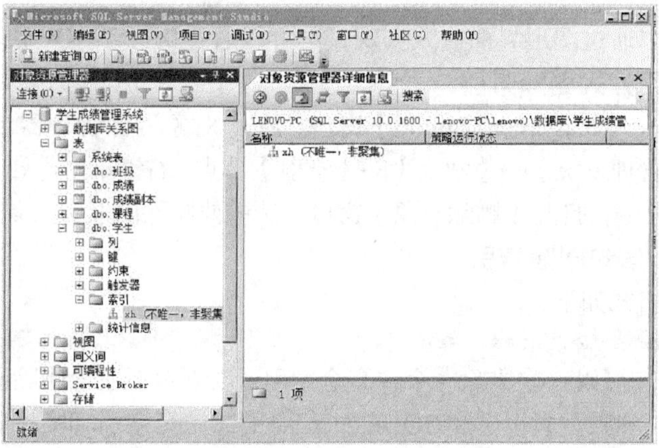

图 6.3 【索引】节点

右键单击【xh】或双击该索引，在弹出的快捷菜单中选择【属性】命令，打开【索引属性】窗口，如图 6.4 所示，该窗口与新建索引的窗口类似，在其中修改相应的参数，单击【确定】按钮即可。

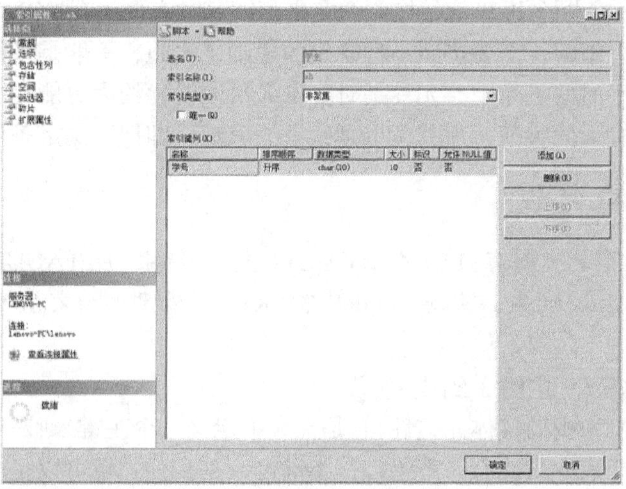

图 6.4 【索引属性】窗口

2. 使用 T-SQL 语句修改索引

使用 ALTER INDEX 语句可以修改索引，修改索引的基本语法格式如下：

```
ALTER  INDEX  {索引名|ALL} ON  <表名|视图名> {REBUILD | DISABLE |REORGANIZE}
```

选项说明如下：

- REBUILD 指定重新生成索引。
- DISABLE 指定将索引标记为已禁用。
- REORGANIZE 指定将重新组织索引的叶级。

如语句：ALTER INDEX xh_kch ON 成绩 DISABLE 表示禁用成绩表的 xh_kch 索引。ALTER INDEX ALL ON 成绩 DISABLE 表示禁用成绩表的所有索引。而语句 ALTER INDEX ALL ON 成绩 REBUILD 表示重新启用被禁用的索引。

6.1.4 索引的删除

索引的删除既可以通过图形界面方式实现，也可以通过执行 T-SQL 语句实现。

1. 使用图形界面方式删除索引

打开【SQL Server Management Studio】窗口，在【对象资源管理器】窗口中依次展开【数据库】→【学生成绩管理系统】→【学生】→【索引】节点，右键单击【xh】索引，在弹出的快捷菜单中选择【删除】命令，打开【删除对象】窗口，选中要删除的索引，单击【确定】按钮即可。

2. 使用 T-SQL 语句删除索引

删除索引的语法格式如下：

```
DROP INDEX table_name.index_name
```

DROP INDEX 语句可以一次删除一个或多个索引。该语句不适合删除通过语句定义的主键索引（PRIMARY KEY）和唯一索引（UNIQUE），若要删除主键索引和唯一索引，须通过删除约束来实现。

6.2 约　　束

约束（Constraints），顾名思义就是按照约定来束缚某种东西。在 SQL Server 数据库中，无非就是对存储的数据进行束缚，需要按照某种既定的规则来实施，一般是指语义的限制以及用来制约属性上的关系。在平时的工作中，尤其是对开发人员来说，约束可能用的不是很多，更多的时候是用代码去做一些输入的验证，这其实也是约束的思想，即把不满足条件的数据排除在外。

6.2.1 约束的类型

SQL Server 中约束的类型有：PRIMARY KEY（主键）约束、DEFAULT（默认）约束、CHECK（检查）约束、UNIQUE（唯一）约束、FOREIGN KEY（外键）约束和 NOT NULL（非空）约束等。

1. PRIMARY KEY（主键）约束

主键约束用来强制数据的实体完整性，它是在表中定义一个主键来唯一标识表中的每行记录。主键约束的特点：每个表中只能有一个主键，主键可以是一列，也可以是多列的组合；主键值必须唯一并且不能为空；对于多列组合的主键，某列值可以重复，但列的组合值必须唯一。

2. UNIQUE（唯一）约束

唯一约束用来强制数据的实体完整性，它主要用来限制表的非主键列中不允许输入重复值。唯一约束的特点：一个表中可以定义多个唯一约束；每个唯一约束可以定义到一列上，也可以定义到多列上；空值在定义唯一约束的字段中只能出现一次。

3. NOT NULL（非空）约束

非空约束用来强制数据的域完整性，它用于设定某列值不能为空。如果指定某列不能为空，则在插入记录时此列必须有数据。

4. CHECK（检查）约束

检查约束用来强制数据的域完整性，它使用逻辑表达式来限制表中的列可以接受哪些数据值。

5. DEFAULT（默认）约束

默认约束用来强制数据的域完整性，它为表中某列建立一个默认值，当用户插入记录时，如果没有为该列提供输入值，则系统会自动将默认值赋给该列。默认值可以是常量、内置函数或表达式。使用默认约束可以提高插入记录的速度。

6. FOREIGN KEY（外键）约束

外键是指一个表中的一列或列组合，它虽不是该表的主键，但却是另一个表的主键。通过外键约束可以为相关联的两个表建立联系，实现数据的引用完整性，维护两表之间数据的一致性关系。

当约束被定义于某个表的一列时称为列约束，定义于某个表的多列时称为表约束。当一个约束中必须包含一个以上的列时，必须使用表约束。

6.2.2 创建约束

1. 创建主键约束(PRIMARY KEY)

（1）使用图形界面方式创建主键约束

打开【SQL Server Management Studio】窗口，在【对象资源管理器】窗口中依次展开【数据库】→【学生成绩管理系统】→【学生】节点，右键单击该节点，在弹出的快捷菜单中选择【设计】命令，在打开的【表设计器】窗口中选中要设置主键的字段，如“学号”字段，右键单击，在弹出的快捷菜单中选择【设置主键】命令，如图 6.5 所示。操作完成后，在作为主键的字段前有一个钥匙样图标。也可以在选择好字段后，单击工具栏中的“设置主键工具”按钮 来设置主键。

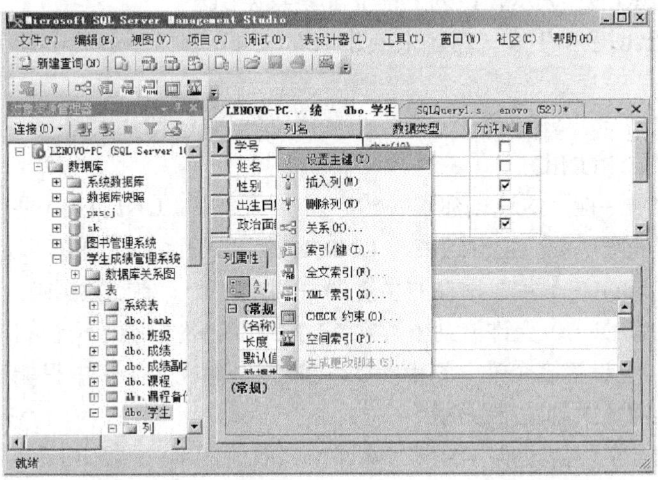

图 6.5 设置主键

（2）运用 T-SQL 语句创建主键约束

运用 T-SQL 语句创建主键约束有两种形式，第一种是使用 CREATE TABLE 语句在创建表的同时创建主键约束，语法格式如下：

```
CREATE TABLE table_name
 ( cloumn_name  datatype   [CONSTRAINT constraint_name] PRIMARY KEY]
 --创建列约束
 [,…n]
[,CONSTRAINT constraint_name  PRIMARY KEY(column_naem[,…n])]
)创建表约束
```

【例 6.3】 创建成绩表（学号，课程号，成绩），将学号和课程号的组合字段设为主键。

代码如下：

```
CREATE  TABLE  成绩 (学号   CHAR(10),
                 课程号  CHAR(6),
                 成绩  INT,
  CONSTRAINT  p_y   PRIMARY KEY  (学号, 课程号))
```

【例 6.4】 创建课程表（课程号，课程名，课程性质），其中课程号为主键。

代码如下：

```
CREATE  TABLE  课程
 (课程号   CHAR(6)  CONSTRAINT  pk_kch  PRIMARY KEY,
课程名  CHAR(6),
课程性质  CHAR(50))
```

第二种是使用 ALTER TABLE 语句创建主键约束，其语法格式如下：

```
ALTER  TABLE  table_name
ADD
CONSTRAINT constraint_name
PRIMARY KEY [CLUSTERED|NONCLUSTERED]
{(column[,…n])}
```

上述语句中的部分参数说明如下：

- constraint_name：指主键约束名称。
- CLUSTERED：表示在该列上建立聚集索引。
- NONCLUSTERED：表示在该列上建立非聚集索引。

【例 6.5】 假设已创建学生表，但还未创建主键约束。将学生表的学号字段设为主键。

代码如下：

```
ALTER TABLE 学生 ADD  CONSTRAINT  pk_xh  PRIMARY KEY(学号)
```

2. 创建唯一约束（UNIQE）

为保证字段值的唯一性，应该创建唯一约束。唯一约束（UNIQUE）主要是用来确保不受主键约束的列中的数据的唯一性。主键约束与 UNIQUE 约束的区别主要如下所述。

- 唯一约束（UNIQUE）主要用在非主键的一列或多列上要求数据唯一的情况。
- 唯一约束（UNIQUE）允许该列上存在 NULL 值，而主键决不允许出现这种情况。
- 可以在一个表上设置多个唯一约束（UNIQUE），而在一个表中只能设置一个主键约束。

（1）使用图形界面方式创建唯一约束

对课程表的课程名字段创建唯一约束，确保该列取值的唯一性，其具体操作步骤如下。

右键单击课程表，在弹出的快捷菜单中选择【设计】命令，打开【表设计器】窗口，选择课程名称列并右键单击，在弹出的快捷菜单中选择【索引/键】命令，打开【索引 /键】窗口。在窗口中单击【添加】按钮，在常规属性区域中的【列】栏选择要创建唯一约束的列。各项属性选择完成后，单击【关闭】按钮，即可创建唯一约束，如图 6.6 所示。

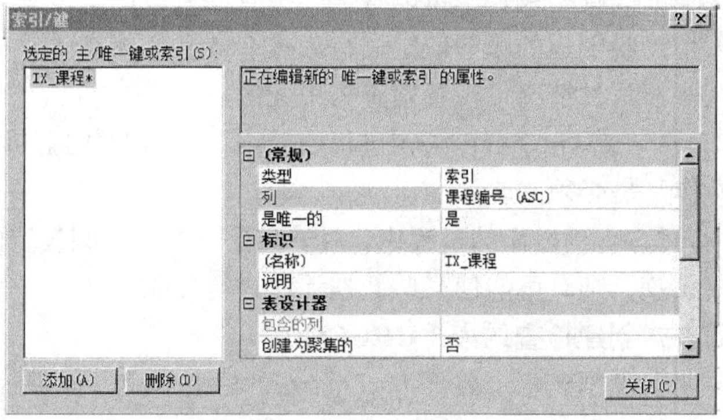

图 6.6　创建唯一约束窗口

（2）运用 T-SQL 语句创建唯一约束

为新表中的字段创建唯一约束，其语法格式如下：

```
CREATE TABLE table_name
(cloumn_name  datatype   [CONSTRAINT   unique _name]  UNIQUE
--创建列级约束
      [,…n]
 [,CONSTRAINT   unique _name  UNIQUE(column_naem[,…n])]
--创建表级约束
)
```

【例 6.6】 创建一个表级的唯一约束。

代码如下：

```
CREATE  TABLE  test
(  编号   INT  CONSTRAINT pk_bh PRIMARY KEY ,
   名称   CHAR(20),
   类型   CHAR(20),
   时间   DATETIME,
  CONSTRAINT  uniq_event  UNIQUE(类型,时间)  --表级约束
)
GO
```

为已存在的表创建唯一约束，其语法格式如下：

```
ALTER  TABLE  table_name
ADD
CONSTRAINT  unique_name
UNIQUE [CLUSTERED|NONCLUSTERED]    {(column[,…n])}
```

【例 6.7】 为课程表中的课程名称字段创建一个唯一约束。

代码如下：

```
ALTER  TABLE 课程
ADD CONSTRAINT uk_kcmc  UNIQUE   NONCLUSTERED (课程名称 )
GO
```

3. 创建检查约束（CHECK）

检查约束（CHECK）通过检查输入表列的数据值来维护值域的完整性。检查约束通过对一个逻辑表达式的结果进行判断来对数据进行检查。

可以在一列上设置多个检查约束，也可以将一个检查约束应用于多列。当一列受多个检查约束控制时，所有的约束将按照创建的顺序依次进行数据有效性的核查。

一般来说，可以在下面两种情况下设置检查约束无效。

- 在执行 INSERT 语句或 UPDATE 语句过程中，事先知道对数据的增加或修改将违反检查约束的规定，但这些操作又是必须的。
- 进行不同服务器间的复制操作的过程中，由于两个服务器之间设置的检查约束不一致，如果不事先设置检查约束无效，则有可能使某些数据无法进行复制。

（1）使用图形界面方式创建检查约束（CHECK）

为学生表的出生日期字段创建一个名称为 ck_csrq 的检查约束，以保证输入的数据大于 1983 年 1 月 1 日，小于 1999 年 12 月 31 日。其具体操作步骤如下。

右键单击学生表，在弹出的快捷菜单中选择【设计】命令，打开【表设计器】窗口，在【表设计器】窗口中右键单击任意字段，在弹出的快捷菜单中选择【CHECK 约束】命令，打开【CHECK 约束】窗口，在该窗口中单击【添加】按钮，系统会给出默认的 CHECK 约束名“CK_学生*”并显示在【选定的 CHECK 约束】列表中，如图 6.7 所示。

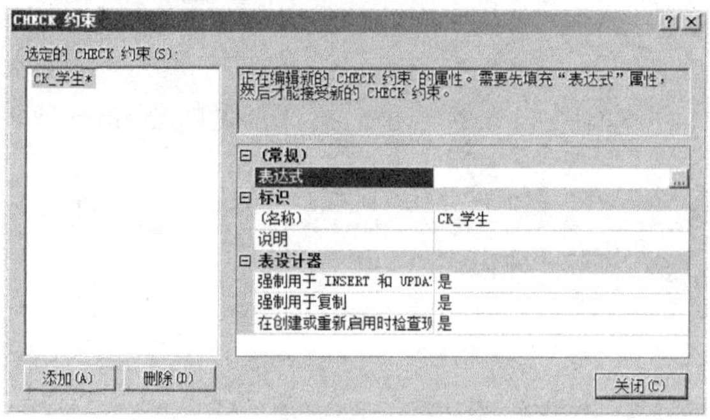

图 6.7 【CH9ECK 约束】窗口

单击【属性】窗口中【常规】属性的【表达式】，在其对应的文本框中输入表达式（根据题意输入“出生日期>=‘1983/1/1’AND 出生日期<=‘1999/12/31’”）；或者单击其右侧的“…”按钮，打开【CHECK 约束表达式】窗口，并在【表达式】文本框中输入约束条件，单击【确定】按钮即可，如图 6.8 所示。

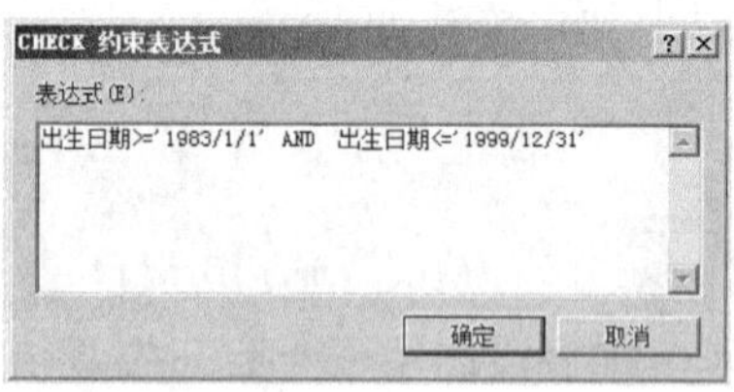

图 6.8 【CHECK 约束表达式】窗口

（2）运用 T-SQL 语句创建检查约束

为新表中的字段创建检查约束，其语法格式如下：

```
CREATE TABLE table_name
```

```
( cloumn_name  datatype  [CONSTRAINT  check _name ] CHECK (expression)
--创建列级约束
      [,…n]
[,CONSTRAINT  check _name  CHECK(expression)]
--创建表级约束
)
```

【例 6.8】 创建教师表，为教师表的性别字段添加检查约束（创建列级约束）。

代码如下：

```
USE 学生成绩管理系统
GO
CREATE TABLE  教师(教师编号 CHAR(7) PRIMARY KEY,
                   姓名 VARCHAR(20),
                   性别 CHAR(2) CONSTRAINT ck_xb CHECK(性别='男' OR 性别='女'))
```

【例 6.9】 创建教师表，为教师表的性别字段添加检查约束（创建表级约束）。

代码如下：

```
USE 学生成绩管理系统
GO
CREATE TABLE 教师(教师编号 CHAR(7) PRIMARY KEY,
                 姓名 VARCHAR(20),
                 性别 CHAR(2) ,
                 CONSTRAINT ck_xb CHECK(性别='男' OR 性别='女'))
```

为已存在的表创建检查约束，其语法格式如下：

```
ALTER  TABLE  table_name
ADD
CONSTRAINT constraint_name CHECK  (logical_expression)[,…N]--创建表级约束
```

【例 6.10】 为成绩表中的成绩字段创建一个检查约束，以保证输入的学生成绩符合百分制要求，即在 0～100 之间。

代码如下：

```
ALTER  TABLE 成绩
ADD
CONSTRAINT ck_cj CHECK(成绩>=0  AND 成绩<=100 )
```

4. 创建默认约束（DEFAULT）

用户在输入数据时，如果没有给某列赋值，该列的默认约束将自动为该列指定默认值。默认值可以是常量、内置函数或表达式。使用默认约束可以提高输入记录的速度。

（1）使用图形界面方式创建默认约束

【例 6.11】 为学生表的性别字段创建默认值，其默认值为“男”。具体操作步骤如下。

打开【SQL Server Management Studio】窗口，在【对象资源管理器】窗口中依次展开【数据库】→【表】→【学生表】节点，右键单击，在弹出的快捷菜单中选择【设计】命令打开【表设计器】窗口。单击需要设置默认的列（如：性别），在【列属性】设置栏的【默认值或绑定】选项对应的输入框中输入默认值即可（如：男），如图 6.9 所示。

（2）运用 T-SQL 语句创建默认约束

为新表中的字段创建默认约束，其语法格式如下：

```
CREATE TABLE table_name
```

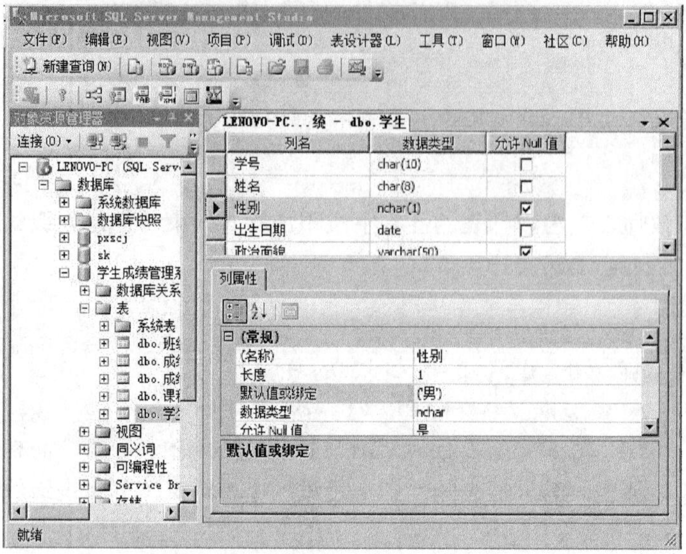

图 6.9　设置默认值窗口

```
( datatype  [CONSTRAINT  default _name] DEFAULT (value)
  --创建列级约束
      [,…n]
)
```

与前几种约束不同，默认约束没有表级约束。

【例 6.12】 创建教师表，为教师表中的民族字段设置默认值"汉族"。

代码如下：

```
USE 学生成绩管理系统
GO
CREATE TABLE 教师表(教师编号 CHAR(7) PRIMARY KEY,
                  姓名 VARCHAR(20),
                  性别 CHAR(2)  CHECK(性别='男' OR 性别='女'),
                  民族 VARCHAR(50) CONSTRAINT df_mz DEFAULT '汉族'
```

为已经存在的表创建默认约束，语法格式如下：

```
ALTER  TABLE  table_name
ADD  CONSTRAINT constraint_name
DEFAULT  constant_expression [FOR column_name]
```

以上语句中的部分参数说明如下。

- table_name：需要建立默认约束的表名。
- constraint_name：默认约束名称。
- constant_expression：默认值。

【例 6.13】 在"学生成绩管理系统"数据库的班级表上，为所属系部字段创建一个默认约束，其默认值为"信息系"。

代码如下：

```
ALTER  TABLE  班级   ADD CONSTRAINT df_xi
DEFAULT '信息系'  FOR  所属系部
GO
```

5. 创建外键约束（FOREIGN KEY）

外键约束定义了表之间的关系，主要用来维护两个表之间的一致性。当一个表中的一个列或者多个列的组合和其他表中的主关键字定义相同时，就可以将这些列或者列的组合定义为外键，并设定适合与哪个表的哪些列相关联。这样，当在定义主键约束的表中更新列值时，其他表中与之相关联的外键列也将被相应的做相同的更新。外键约束的作用还体现在：当向含有外键的表中插入数据时，如果与之相关联的表的列中无与插入的外键列值相同的值时，系统会拒绝插入数据。与主键相同，不能为一个 text 或者 image 数据类型的列创建外键。

（1）使用图形界面方式创建外键约束

【例 6.14】 在学生管理数据库中，为学生表的班级代码字段创建外键约束，从而保证在学生表中输入有效的班级代码。其具体的操作步骤如下。

① 打开【SQL Server Management Studio】窗口，在【对象资源管理器】窗口中依次展开【数据库】→【表】→【学生表】节点，右键单击该节点，在弹出的快捷菜单中选择【设计】命令，打开【表设计器】窗口。

② 在【表设计器】窗口中右键单击任意字段，在弹出的快捷菜单中选择【关系】命令，弹出【外键关系】对话框，如图 6.10 所示，单击【添加】按钮，系统给出默认的外键约束名："FK_学生_学生"，显示在【选定的关系】列表中。

③ 单击"FK_学生_学生"外键约束名，在其右侧的【属性】区域中单击【表和列规范】属性右侧的▭按钮，弹出【表和列】对话框，如图 6.11 所示。

④ 在【表和列】对话框中修改外键的名称，选择主键表及表中的主键字段，选择外键表中的外键字段，单击【确定】按钮，回到【外键关系】对话框。

⑤ 单击【关闭】按钮，完成外键的设置。

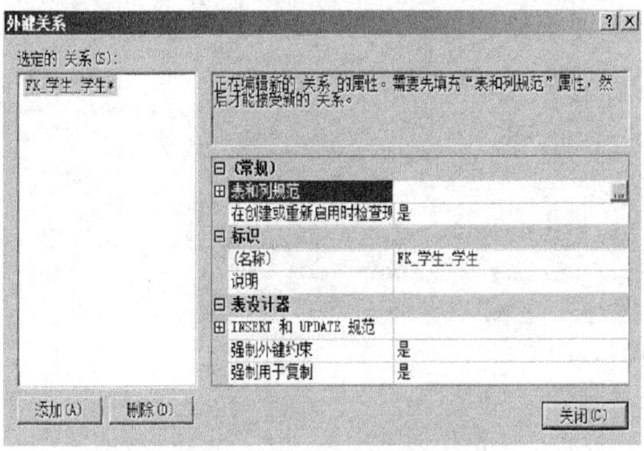

图 6.10 【外键关系】对话框

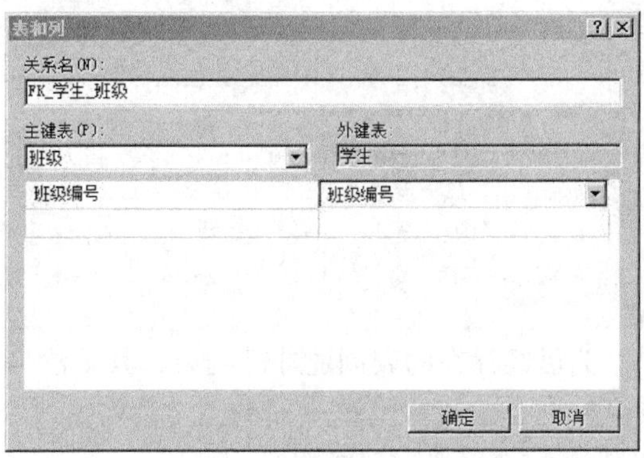

图 6.11 【表和列】对话框

（2）运用 T-SQL 语句创建外键约束

在创建表的同时创建外键约束，其语法格式如下：

```
CREATE TABLE  table_name
( column_name  column_definition
CONSTRAINT  constraint_name
FOREIGN KEY  REFERENCES  ref_table(ref column)
ON  DELETE {CASCADE|NO ACTION}
ON  UPDATE {CASCADE|NO ACTION}
[,…N]
```

```
--列级约束
CONSTRAINT  foreignkey_name
FOREIGN  KEY  (column[,…n])  REFERENCES  ref_table(ref_column)
[,…N] --表级约束
```

上述语句中的部分参数说明如下。

- ON DELETE {CASCADE|NO ACTION}：表示在删除与外键相对应的主键所在的行时，级联删除(CASCADE)外键所在的行的数据或者不做任何操作。
- ON UPDATE {CASCADE|NO ACTION}：表示在删除与外键相对应的主键所在的行时，级联修改(CASCADE)外键所在的行的数据或者不做任何操作。

【例 6.15】 创建外键约束。

代码如下：

```
 CREATE  TABLE  test1
  (pub_id  VARCHAR(20)  PRIMARY KEY,
    pub_name  VARCHAR(50),
    address  VARCHAR(20),
    city  VARCHAR(10),
    state  CHAR(2),
    country  CHAR(10)
  )
 GO
 CREATE  TABLE  test2
 (author_id VARCHAR(20)  PRIMARY KEY,
  author_name VARCHAR(50),
  phone VARCHAR(20),
  zipcode CHAR(10)
 )
CREATE  TABLE  test3
( title_id  INT  PRIMARY KEY
title_name  VARCHAR(50),
author_id  VARCHAR(20) ,
pub_id  VARCHAR(20) ,
CONSTRAINT  fk_pubid  FOREIGN KEY REFERENCES test1(pub_id),
CONSTRAINT  fk_authorid  FOREIGN KEY REFERENCES test2(author_id)
)
```

为已经存在的表创建外键约束，其语法格式如下：

```
ALTER  TABLE  table_name
ADD
CONSTRAINT  constraint_name  [ FOREIGN KEY ]  {(column_name[,…])}
REFERENCES  ref_table
[ ( ref_column_name[,…] ) ]
```

【例 6.16】 在“学生成绩管理系统”数据库的学生表上，为班级代码字段创建一个外键约束，从而保证输入有效的专业班级代码。

代码如下：

```
ALTER  TABLE  学生
ADD
CONSTRAINT  fk_bjdm  FOREIGN KEY  (班级代码)  REFERENCES 班级(班级代码)
GO
```

6.2.3　删除约束

删除定义在表上的约束可以在【SQL Server Management Studio】窗口中完成，也可以在修改表的命令中使用 T-SQL 语言中的 DROP 语句删除约束。

1．使用图形界面方式删除约束

使用图形界面方式删除各种约束十分方便，在【表设计器】窗口中可以移除主键，修改非空，去掉默认值。在【表设计器】窗口中右键单击任意字段，从弹出的快捷菜单中选择相关约束菜单，如【关系】菜单、【索引/键】菜单、【CHECK 约束】菜单等，进入相关约束对话框，选中约束，单击【删除】按钮，即可删除相应的约束。

2．运用 T-SQL 语句删除约束

使用 T-SQL 语句可以方便地删除一个或多个约束，其语法格式为：

```
ALTER  TABLE  table_name
DROP   CONSTRAINT  constraint_name[,…n]
```

【例 6.17】　删除学生表中的外键 fk_bjdm 和检查约束 ck_csrq。

代码如下：

```
ALTER TABLE 学生
DROP CONSTRAINT fk_bjdm,ck_csrq
GO
```

【例 6.18】　删除学生表中的主键约束 p_k。

代码如下：

```
ALTER  TABLE  学生
DROP
CONSTRAINT  p_k
```

【例 6.19】　在“学生成绩管理系统”数据库中，为班级表中的班级名称字段删除唯一约束。

代码如下：

```
ALTER  TABLE 班级
DROP
CONSTRAINT uk_bjmc
GO
```

【例 6.20】　删除教师表中的默认约束 df_mz。

代码如下：

```
ALTER  TABLE 教师
DROP
CONSTRAINT df_mz
GO
```

可以使用下面的语法使所有的约束或指定的约束无效：

```
ALTER  TABLE   table_name
CHECK | NOCHECK  CONSTRAINT
ALL |  constraint_name
 [,…N]
```

【例 6.21】　使 pubs 数据库中 authors 表上的所有约束无效。

代码如下：

```
ALTER  TABLE authors
NOCHECK  CONSTRAINT  ALL
GO
```

6.3 数据完整性

数据完整性是指存储在数据库中的数据正确无误，并且相关数据具有一致性。数据库中的数据是否完整关系到数据库系统能否真实地反映现实世界。例如，在学生表中学生的学号要具有唯一性，学生性别只能是男或女，其所在系部、专业和班级必须是存在的，否则就会出现数据库中的数据与现实不符的现象。

数据完整性包括 4 种：实体完整性、域完整性、参照完整性和用户自定义完整性。

6.3.1 实体完整性

实体是指表中的记录，一个实体就是表中的一条记录。实体完整性又称为行的完整性，要求在表中不能存在完全相同的记录，而且每条记录都要具有一个非空且不重复的主键值，这样就可以保证数据所代表的任何事物都不存在重复且可以区分。通过索引、UNIQUE 约束、PRIMARY KEY 约束或 IDENTITY 属性可实现数据的实体完整性。

例如，学生表中的学号必须唯一，并且不能为空，这样就可以保证学生记录的唯一性。

6.3.2 域完整性

域完整性又称为列完整性，指特定列中数据的有效性。域完整性要求向表中指定列输入的数据必须具有正确的数据类型、格式以及有效的数据范围。实现域完整性的方法有：限制类型（通过数据类型）、格式（通过 CHECK 约束和规则）或可能的取值范围（通过 CHECK 约束、DEFALUT 约束、NOT NULL 约束和规则）等。

例如，假设现实中学生的成绩为百分制，则在成绩表中对成绩列输入数据时不能出现字符，也不能输入小于 0 或大于 100 的数值。

【例 6.22】 建立表成绩 2，同时定义成绩的约束条件为 0～100。

代码如下：

```
CREATE  TABLE  成绩 2
(
     课程号 CHAR(6)  NOT NULL,
     学号 CHAR(10)  NOT NULL,
     成绩 TINYINT  CHECK (成绩>=0 AND 成绩<=100) NULL   /*定义约束条件*/
)
```

6.3.3 参照完整性

参照完整性又称为引用完整性，是指作用于有关联的两个或两个以上的表，通过使用主键和外键或主键和唯一键之间的关系，使表中的键值在所有表中保持一致。

如果定义了两个表之间的参照完整性，则应满足以下要求。

（1）从表不能引用不存在的键值。例如，成绩表中行记录出现的学号必须是学生表中已存在的学号。

（2）如果主表中的键值更改了，那么在整个数据库中对从表中该键值的所有引用要进行一致的更改。例如，如果对学生表中的某一学号修改，则成绩表中所有对应学号也要进行相应的修改。

（3）如果主表中没有关联的记录，则不能将记录添加到从表。

（4）如果要删除主表中的某一记录，则应先删除从表中与该记录匹配的相关记录。

实现引用参照完整性的方法主要有外键约束。

6.3.4　用户自定义完整性

用户自定义完整性是应用领域需要遵守的约束条件，允许用户定义不属于其他任何完整性分类的特定业务规则。

练 习 题

1. 试说明数据完整性分类，以及各完整性的实现方法。
2. 创建学生表（学号，姓名，性别，出生日期，民族，手机号码），学号为主键，手机号码为 11 位数字，民族默认值“汉族”，性别只能是男或女，默认男。
3. 修改学生表，设置姓名字段为唯一约束。
4. 使用 ALTER 语句将学生表的出生日期限制在 1985-1-1 到 1995-12-31。
5. 创建借书表（学号，图书编号，借阅时间），要求借书表中所有学生学号都必须出现在学生表中，假设学生表的学号列已经是主键。
6. 创建图书表（图书编号，图书名称，出版社，价格），其中图书编号为主键。
7. 在借书表增加期限字段，并为该字段设置检查约束，要求期限为 10~30 天。
8. 将借书表中的图书编号字段设为外键。

第7章 视图及其应用

视图和表类似，是数据库的对象之一，可通过视图同时查看数据库中多个表中数据。为了屏蔽数据的复杂性，简化用户对数据的操作，控制用户访问数据的权限，保护数据安全，常为不同的用户创建不同的视图。本章将详细介绍视图的概念、视图的操作及应用。

学习目标

1. 理解视图的概念及作用
2. 掌握视图的创建
3. 掌握视图的应用

7.1 视图概述

7.1.1 视图的基本概念

视图是一个虚拟表，从一个或多个表中导出（视图也可以从视图中导出），其内容由查询语句定义生成。表是视图的基础，数据库中只存储了视图定义，而不存放视图所对应的数据，视图所对应的数据仍存放在视图所引用的基表中，在引用视图时动态生成。

视图是数据库的用户使用数据库的观点，如对于一个学校，其学生的情况存在于数据库的一个或多个表中，而作为学校的不同职能部门，所关心的学生数据的内容是不同的。即使是同样的数据，也可能有不同的操作要求，于是就可以根据他们的不同需求，在物理的数据库上定义他们对数据库所要求的数据结构，这种根据用户观点定义的数据结构就是视图。

7.1.2 视图的作用

视图一经定义后，就可以像表一样被查询、修改、删除和更新。使用视图有下列优点。

1. 为用户集中数据，简化用户的数据查询和处理

有时用户所需要的数据分散在多个表中，定义视图可将它们集中在一起，从而方便用户进行数据查询和处理，满足不同用户对数据的不同要求。

2. 屏蔽数据库的复杂性

用户不必了解复杂的数据库中的表结构，并且数据库表的更改也不影响用户对数据库的使用。

3. 简化用户权限的管理

只需授予用户使用视图的权限，而不必指定用户只能使用表的特定列，增加了安全性。

4. 便于数据共享

各用户不必都定义和存储自己所需的数据，可共享数据库的数据，这样，同样的数据只需存储一次。

5. 可以重新组织数据以便输出到其他应用程序中

注意　在使用视图时，要注意下列事项。

- 只有在当前数据库中才能创建视图。视图的命名必须遵循标识符命名规则，不能与表同名。
- 不能把规则、默认值或触发器与视图相关联。

7.2　视图操作

对视图的操作和表类似，有创建视图、使用视图、修改视图和删除视图。另外，可以通过更新视图（包括插入、修改和删除）数据来修改基本表中的数据。

7.2.1　创建视图

视图是作为数据库的对象来存储的，在创建视图前，要保证创建视图的用户拥有创建视图的权限，并且对视图中引用的基表或视图有许可权。此外，创建视图还应该注意以下几点。

- 只能在当前数据库中创建视图。
- 在一个视图中最多引用 1 024 列，视图中记录的行数限制由基表中记录数目决定。
- 视图的名称必须遵循标识符的命名规则。
- 视图中列的名称一般继承其基表中列的名称，如果视图中某一列是算术表达式、函数、常量或者来自多个表的同列名，必须要为该列定义新的名称。
- 可以将视图创建在其他视图上，SQL Server 2008 中允许 32 层的视图嵌套。
- 不能在视图上创建全文索引，不能将规则、默认绑定在视图上。
- 不能在临时表上创建视图，也不能创建临时视图。
- 定义视图的查询语句中不能包含 ORDER BY、COMPUTE、COMPUTE BY 子句和 INTO 关键字 。

1. 使用图形界面方式创建视图

【例 7.1】 在“学生成绩管理系统”数据库中，创建一个名称为“view_cj”视图，使用此视图可以从学生表、成绩和课程表中查询出所有选课学生的学号、姓名、课程名称和成绩。其操作步骤如下。

（1）打开【SQL Server Management Studio】窗口，在【对象资源管理器】窗口中依次展开【数据库】→【学生成绩管理系统】节点。

（2）鼠标右键单击【视图】节点，在弹出的快捷菜单中选择【新建视图】命令，打开如图 7.1 所示的【视图设计器】窗口和【添加表】对话框。

（3）从【添加表】对话框中选择建立新视图的基表、视图和函数。本例选择课程、成绩和学生 3 张表，单击【添加】按钮（在这里可以选择一张表单击一次添加，也可以按住 Ctrl 键同时选择多张表），将表添加到视图设计器中。添加完毕后，关闭【添加表】对话框，回到如图 7.2 所示的【视图设计器】窗口。如果关闭【添加表】对话框后，仍需要添加表，单击【视图设计器】工具栏上的【添加表】按钮，即可弹出【添加表】对话框。

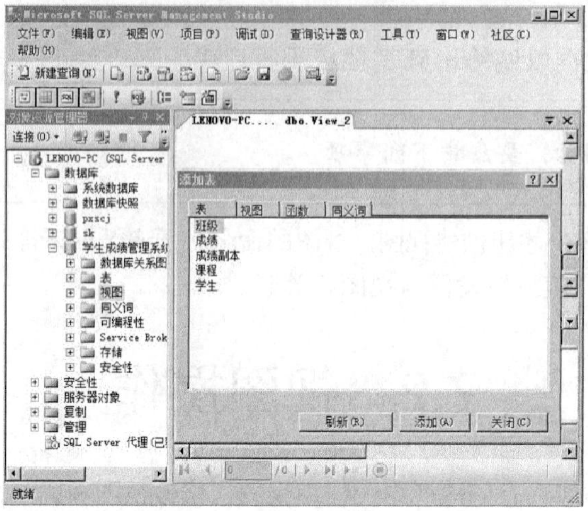

图 7.1 【视图设计器】窗口和【添加表】对话框

（4）根据新建视图的需要，从表中选择视图引用的列。将列加入视图有 3 种方式：可以在关系图窗格中选中相应表的相应列左边的复选框来完成；也可以通过选择条件窗格中的【列】栏上的列名来完成；还可以在 SQL 窗格中输入 SELECT 语句来选择视图需要的列。本例中，依次选中学生表中的学号、姓名和课程表中的课程名称，成绩中的成绩字段，其结果显示如图 7.2 所示。

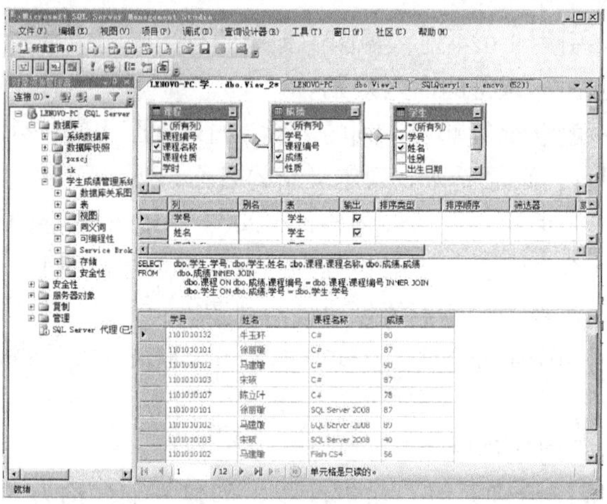

图 7.2 创建视图窗口

（5）在条件窗格中的【筛选器】栏中设置过滤记录的条件。

（6）设置完毕后，在【视图设计器】窗口中单击工具栏中的【验证 SQL 句法】按钮检查 T-SQL 语法。确认语法正确后，单击【执行 SQL】按钮预览视图返回的结果，结果如图 7.2 所示。

（7）最后，单击【保存】按钮，弹出【选择名称】对话框，在该对话框中为视图命名，本例为“view_cj”，单击【确定】按钮，将视图保存到数据库中。

2. 运用 T-SQL 语句创建视图

创建视图的语法格式为：

```
CREATE VIEW  view_name [ (column [ ,...n ] ) ]
[ WITH  ENCRYPTION]
  AS
SELECT_statement [ ; ]
[ WITH CHECK OPTION ]
```

以上语句中的参数说明如下。

- view_name：新建视图的名称。视图名称必须符合标识符命名规则，其名称前可以包含数据库名和所有者名。
- column：视图中的列名。如果没有指定列名，其列名由 SELECT 语句指派。
- WITH　ENCRYPTION：该选项对 CREATE VIEW 语句文本进行加密。
- SELECT_statement：定义视图的 SELECT 语句。该语句可以使用多个表或其他视图。
- WITH CHECK OPTION：该选项强制视图上执行的所有数据修改语句都必须符合由 SELECT_statement 设置的条件。

【例 7.2】 在“学生成绩管理系统”数据库中，以学生表和班级表为基础建立一个视图，其名称为“jisuanji_view”。使用该视图可以查看计算机应用专业的学生学号、姓名、性别信息。

代码如下：

```
USE 学生成绩管理系统
GO
CREATE  VIEW  jisuanji_view
AS
SELECT 学号,姓名,性别
FROM 学生 JOIN 班级 ON  学生.班级编号=班级.班级编号
WHERE 所属专业='计算机应用'
```

【例 7.3】 创建加密视图 jiami_view，显示选修了计算机网络课程的学生的学号、姓名和成绩信息。

代码如下：

```
USE 学生成绩管理系统
GO
CREATE VIEW jiami_view
WITH ENCRYPTION
AS
SELECT 学生.学号,姓名,成绩
FROM 学生 JOIN 成绩 ON 学生.学号=成绩.学号
        JOIN 课程 ON 课程.课程编号=成绩.课程编号
WHERE 课程名称='计算机网络'
```

【例 7.4】 创建加密视图 xsh_view，要求显示学时大于等于 60 的课程编号、课程名称和学时，并要求对视图的修改满足学时大于等于 60 这个条件。

代码如下：

```
USE 学生成绩管理系统
GO
CREATE VIEW xsh_view
WITH ENCRYPTION
AS
SELECT 课程编号,课程名称,学时
FROM 课程
```

```
WHERE 学时>=60
WITH CHECK OPTION
```

7.2.2 使用视图

1. 通过视图查询数据信息

视图创建成功后，可以像使用基表一样从中查询数据。

【例 7.5】 查询“jisuanji_view”视图中学生的信息。

代码如下：

```
USE 学生成绩管理系统
GO
SELECT *  FROM  jisuanji_view
GO
```

在查询编辑器中执行以上代码，得到如图 7.3 所示结果。

	学号	姓名	性别
1	1101010101	徐丽敏	女
2	1101010102	马建敏	女
3	1101010103	宋烁	女
4	1101010104	张亚彩	女
5	1101010105	王梦影	女
6	1101010106	王二欢	女
7	1101010107	陈立叶	女
8	1101010108	张雪薇	女
9	1101010109	申金秀	女
10	1101010110	张亚辉	女

图 7.3 例 7.5 的执行结果

【例 7.6】 查询“jiami_view”视图中学生的学号和姓名。

代码如下：

```
USE 学生成绩管理系统
GO
SELECT 学号,姓名  FROM  jiami_view
GO
```

2. 更新视图

通过视图来修改基表中的数据，必须保证视图是可更新视图，包含数据插入、数据删除和数据修改。由于视图本身不实际存储数据，它只是显示一个或多个基表的查询结果，修改视图中数据的实质是在修改视图引用的基表中的数据，因此，在使用视图修改数据时，要注意下列事项。

- 不能在一个语句中对多个基表使用数据修改语句。如果要修改由两个或两个以上基表得到的视图，必须进行多次修改，每次修改只能影响一个基表。
- 对于基表中需更新而又不允许空值的所有列，它们的值在 INSERT 语句或 DEFAULT 定义中指定，这将确保基表中所有需要值的列都可以获取值。
- 不能修改那些通过计算得到结果的列，创建视图的 SELECT 语句中没有聚合函数，且没有 TOP、GROUP BY、UNION 子句及 DISTINCT 关键字。
- 如果在视图定义中使用了 WITH CHECK OPTION 子句，则所有在视图上执行的数据修改语句都必须符合定义视图的 SELECT 语句中所设定的条件。
- 在基表的列中修改的数据必须符合对这些列的约束条件，如是否为空、约束、DEFAULT 定义等。

（1）插入数据

使用 INSERT 语句可以通过视图向基表添加数据。

【例 7.7】 通过视图 xsh_view 向课程表添加数据：（‘101008’，‘嵌入式软件开发’，96）。

代码如下：

```
INSERT INTO xsh_view  VALUES('101008','嵌入式软件开发',96)
```

使用 SELECT 语句查询 xsh_view 依据的基本表课程：

```
SELECT * FROM 课程
```

查询结果如图 7.4 所示，可以看到该课程被成功添加到课程表中。

	课程编号	课程名称	课程性质	学时	备注
1	101001	C#	专业课	70	NULL
2	101002	SQL Server 2008	专业课	92	NULL
3	101003	Flish CS4	专业课	75	NULL
4	101004	计算机网络	专业课	55	NULL
5	101005	计算机组装与维护	专业课	75	NULL
6	101007	体育	基础课	50	NULL
7	101008	嵌入式软件开发	NULL	100	NULL

图 7.4 例 7.7 的执行结果

当视图所依赖的基本表有多个时，不能向该视图插入数据，因为这将会影响多个基表。例如，不能向视图 jiami_view 插入数据，因为 jiami_view 依赖 3 个基本表：学生、成绩和课程。

（2）修改数据

使用 UPDATE 语句可以通过视图修改基本表的数据。

【例 7.8】 将 xsh_view 视图中所有学生的学时增加 4。

代码如下：

```
UPDATE xsh_view  SET 学时=学时+4
```

该语句实际上是将 xsh_view 视图所依赖的基本表课程中所有学时大于 60 记录的学时字段值在原来的基础上增加 4。执行前后课程表中数据如图 7.5 和图 7.6 所示。

	课程编号	课程名称	学时
1	101001	C#	66
2	101002	SQL Server 2008	88
3	101003	Flish CS4	71
4	101005	计算机组装与维护	71
5	101006	C程序设计基础	60
6	101008	嵌入式软件开发	96

图 7.5 修改前的数据

	课程编号	课程名称	学时
1	101001	C#	70
2	101002	SQL Server 2008	92
3	101003	Flish CS4	75
4	101005	计算机组装与维护	75
5	101006	C程序设计基础	64
6	101008	嵌入式软件开发	100

图 7.6 修改后的数据

当一个视图依赖于多个基本表时，一次修改该视图只能改变一个基本表的数据。

【例 7.9】 将视图 jiami_view 视图中的成绩在原来的基础上提高 5 分。

代码如下：

```
UPDATE jiami_view SET 成绩=成绩+5
```

图 7.7 所示是执行 UPDATE 语句之前的数据，图 7.8 所示为执行 UPDATE 之后的数据。

	学号	姓名	成绩
1	1101010102	马建敏	90
2	1101010103	宋硕	87

图 7.7 修改前的数据

	学号	姓名	成绩
1	1101010102	马建敏	95
2	1101010103	宋硕	92

图 7.8 修改后的数据

由于该视图依赖的基本表有 3 个：学生、课程和成绩，对视图的一次修改只能改变学号、姓名（来源于学生表）或者成绩（来源于成绩表）中的一个字段值。

【例 7.10】 将学号为“11010103”的学生的姓名由“宋硕”改为“宋烁”。

代码如下：

```
UPDATE  jiami_view  SET 姓名='宋烁' WHERE 学号='1101010103'
```

更新前数据如图 7.8 所示， 执行 SELECT * FROM jiami_view 语句重新查询，显示结果如图 7.9 所示。

	学号	姓名	成绩
1	1101010102	马建敏	95
2	1101010103	宋烁	92

图 7.9 例 7.10 的执行结果图

（3）删除数据

使用 DELETE 语句可以通过视图删除基本表的数据，一次只能删除一个基本表的数据。

【例 7.11】 通过视图 xsh_view 删除课程编号为“101008”的课程。

代码如下：

```
DELETE FROM  xsh_view WHERE 课程编号='101008'
```

对视图的更新操作也可通过【SQL Server Management Studio】窗口进行，操作方法与对表数据的插入、修改和删除的界面操作方法基本相同。

3. 查看视图定义

为了了解视图是从哪些表中得到数据的，需要查看视图的定义。如果视图定义没有加密，即可获得视图定义的有关信息。使用系统存储过程 SP_HELPTEXT 可以查看视图定义信息。其语法格式如下：

```
[EXEC] SP_HELPTEXT  objname
```

其中：objname 指用户需要查看的视图名称。

7.2.3 修改视图

1. 修改视图定义

视图被定义后，可以通过 T-SQL 语言中的 ALTER VIEW 语句对其进行修改，对于没加密的视图还可以使用图形界面方式修改。

（1）使用图形界面方式修改视图

依次展开【数据库】→【学生成绩管理系统】→【视图】节点，选中要修改的视图，右键单击，在弹出的快捷菜单中选择【设计】命令，打开【视图设计器】窗口，在【视图设计器】窗口中修改视图。具体修改方法同创建视图方法类似，可参照创建视图的操作。

（2）运用 T-SQL 语句修改视图

ALTER VIEW 语句可以修改视图的定义，其语法格式如下：

```
ALTER VIEW  view_name [ ( column [ ,…n ] ) ]
[ WITH ENCRYPTION ]
AS   SELECT_statement
[ WITH CHECK OPTION ]
```

其中，参数的含义与 CREATE VIEW 语句中的参数一致。对于加密的与不加密的视图，都可以通过此语句进行修改。

【例 7.12】 将上面"xsh_view"视图中的筛选条件变为"学时>70"，取消对视图的修改必须满足学时大于 70 这个条件，取消加密。

代码如下：

```
USE 学生成绩管理系统
GO
ALTER VIEW xsh_view AS
SELECT 课程编号,课程名称,学时 FROM 课程
WHERE 学时>70
```

2. 重命名视图

视图被定义后，如果需要对视图名称重新命名，可以通过图形界面方式或存储过程 SP_RENAME 对视图重新命名。

（1）使用图形界面方式重命名视图

打开【SQL Server Management Studio】窗口，在【对象资源管理器】窗口中依次展开【数据库】→【视图所属数据库】→【视图】节点，选择需要重命名的视图，右键单击，从弹出的快捷菜单中选择【重命名】命令，视图名变为可修改状态，输入新视图名，回车完成视图更名。

（2）使用系统存储过程 SP_RENAME 重命名视图

使用系统存储过程 SP_RENAME 可以很方便地重命名视图，其语法格式如下：

```
SP_RENAME  old_name ,new_name
```

以上语句中的参数说明如下。

- old_name 为原视图名称。
- new_name 为新视图名称。

【例 7.13】 将视图"xsh_view"重命名为"xueshi_view"。

代码如下：

```
USE 学生成绩管理系统
GO
SP_RENAME  xsh_view, xueshi_view
GO
```

7.2.4 删除视图

可以使用图形界面方式或 T-SQL 语言中的 DROP VIEW 语句将视图删除。删除视图后，其所对应的数据不会受到影响。如果有其他数据库对象是以此视图为基础建立的，仍可删除此视图，但是再使用那些数据库对象时将会发生错误。

1. 使用图形界面方式删除视图

打开【SQL Server Management Studio】窗口，在【对象资源管理器】窗口中依次展开【数据库】→【视图所属数据库】→【视图】节点，选择需要删除的视图，右键单击，从弹出的快捷菜单中选择【删除】命令，弹出【删除对象】对话框。在【删除对象】对话框中单击【确定】按钮，即可删除选定的视图。

2. 使用 DROP VIEW 语句

使用 DROP VIEW 语句删除视图的语法格式如下：

```
DROP VIEW  { view_name } [ ,…n ]
```

使用该语句可以同时删除多个视图，视图名称之间用逗号分隔即可。

【例 7.14】 删除视图"xueshi_view"。

代码如下：

```
USE 学生成绩管理系统
GO
DROP  VIEW  xueshi_view
GO
```

练 习 题

现有数据库“学生选课系统”，该数据库中有 3 个表：学生表（学号，姓名，性别，出生日期，专业，总学分，备注），总学分是当前的必修课所获得的总学分；课程表（课程号，课程名，开课学期，学时，学分），学分为本门选修课的学分；成绩表（学号，课程号，成绩），该数据是学生选课成绩，一个学生可以选多门课，一门课可以被多个学生选修。在该数据库中完成如下习题。

1. 创建计算机专业学生的视图 jisuanji_view，该视图中包含学生的学号、姓名、性别和班级。
2. 创建加密视图 jiami_view，显示选修了计算机基础的学生的学号、姓名和成绩。
3. 创建加密视图 zxf_view，要求显示总学分大于等于 50 的学生的学号、姓名、性别、专业和总学分，并要求对视图的修改满足总学分大于等于 50 这个条件。
4. 查询视图 zxf_view，显示男生的信息。
5. 试着向视图 zxf_view 中添加信息（'081188', '张立宽', '男', '计算机', 52）和（'081188', '李思思', '女', '计算机', 48），查看是否能成功执行，若不能成功执行，原因是什么。
6. 修改视图 zxf_view，将学号为 081101 的总学分改为 52，查看是否能成功执行，原因是什么。
7. 修改视图 zxf_view，将学号为 081102 的总学分改为 48，查看是否能成功执行，原因是什么。
8. 删除视图 jisuanji_view。

第 8 章 Transact-SQL 编程

SQL 是结构化查询语言（Structure Query Language）的英文缩写，是数据库的标准语言。实际上，不同的数据库管理系统在其实践过程中都对 SQL 规范做了某些改变和扩充，所以不同数据库管理系统之间的 SQL 语言不能完全通用。微软公司推出的 SQL Server 支持的是 Transact-SQL（简称 T-SQL）语言。本章将详细介绍 T-SQL 语言的语法规则及其应用方法。

学习目标

1. 理解 T-SQL 语言的含义及作用
2. 掌握 T-SQL 的编程基础
3. 熟练掌握函数的使用和创建
4. 理解事务的概念
5. 掌握游标的创建

8.1 批处理、脚本、注释

由单独的 SQL 语句不能完成任务时，可以通过使用批处理、脚本、存储过程和触发器等来组织多条 T-SQL 语句来完成。

1. 批处理

批处理是同时从应用程序发送到 SQL Server 服务器并得以执行的一个或多个 SQL 语句的集合，SQL Server 将批处理的语句编译为单个可执行单元，称为执行计划。执行计划中的语句每次执行一条。建立批处理时，使用 GO 语句作为批处理的结束标记。

建立批处理时，应当注意以下几点。

- CREATE DEFAULT、CREATE PROCEDURE、CREATE RULE、CREATE TRIGGER、CREATE FUNCTION 及 CREATE VIEW 语句不能与其他语句放在一个批处理中。
- 不能在删除一个对象之后在同一批处理中再次引用这个对象。
- 不能在一个批处理中引用其他批处理中所定义的变量。
- 不能把规则和默认值绑定到表字段或用户自定义数据类型之后立即在同一个批处理中使用它们。
- 不能定义一个 CHECK 约束之后立即在同一个批处理中使用该约束。
- 不能在修改表中的一个字段名之后立即在同一个批处理中引用新字段名。
- 如果一个批处理中的第一个语句是执行某个存储过程的 EXECUTE 语句，则 EXECUTE

关键字可以省略；如果该语句不是第一个语句，则必须使用 EXECUTE 关键字，或者略写为“EXEC”。

2．脚本

脚本是存储在文件中的一系列 SQL 语句，即一系列按顺序提交的批处理。SQL 脚本中可以包含一个或多个批处理。脚本文件的扩展名为.sql，使用脚本文件可以建立起可重复使用的模块化代码文件，还可以在不同计算机之间传送SQL语句。脚本可以在查询分析器中执行，也可以在ISQL或 OSQL 实用程序中执行。脚本文件也可以用记事本查看。

3．注释

注释是程序代码中不执行的文本字符串（也称为注解）。在 SQL Server 中，可以使用两种类型的注释字符：一种是单行注释，注释符号为“--”；另一种是块注释，注释符号为“/*　*/”。

8.2　常量、变量与数据类型

8.2.1　常量

常量又称为标量值，是指在程序运行过程中值不变的量，是表示一个特定数据值的符号。SQL 中的常量分为 4 种，分别为数字常量、字符串常量、日期和时间常量以及货币常量。常量的格式取决于它所表示的值的数据类型。

1．数字常量

数字常量包括整型常量和实型常量。

整型常量又分为二进制整型常量、十六进制整型常量和十进制整型常量。十六进制整型常量的表示为：前缀 0x 后跟十六进制数字串，如 0xEBF。十进制整数型常量即不带小数点的十进制数，如 198。

浮点型常量又称为实型常量，有定点表示和浮点表示两种方式。定点表示如+145.678、−2340.89 和 56.09，浮点表示为 1026E4、0.8E+6 和+21E-3。

2．字符串常量

字符串常量在单引号内，并包含字母、数字字符（a～z、A～Z 和 0～9）以及特殊字符，如感叹号 (!)、at 符(@)和数字号(#)。例如，“liujun”就是字符串常量。

3．日期和时间常量

日期时间常量使用特定格式的字符日期值来表示，并被单引号括起来。SQL Server 可以识别字母日期格式，如“April 15, 1998”；可以识别数字日期格式，如“4/15/1999”、“1998-12-4”；可以识别未分隔的字符串格式，如“20121225”；可以识别时间常量，如“14:30:24”。

大多数据库系统都提供了时间和日期的转换函数，以使其系统中时间和日期的格式得以统一。

> **注意**　通常时间和日期的使用都必须结合转换函数一起使用，以保证进行操作时时间和日期的格式是相同的。

4．货币常量

货币常量是以“$”作为前缀的一个整型或实型常量数据。如：$12、−$67.89。

8.2.2 变量

变量用于临时存放数据，变量中的数据随着程序的执行而变化，是 SQL Server 用来在语句之间传递数据的方式之一。T-SQL 语言中有两种形式的变量：一种是系统提供的全局变量，另外一种是用户自己定义的局部变量。

1. 全局变量

全局变量是 SQL Server 系统提供并赋值的变量。用户不能建立全局变量，也不能修改全局变量。全局变量可以看做是一组特殊的函数，它们的名称是以@@开始，而且不需要任何参数。例如，@@ERROR 返回执行的上一个 T-SQL 语句的错误号，如果上一条 SQL 语句被成功执行，则@@ERROR 返回值为 0。

2. 局部变量

局部变量用于保存单个数据值,可以作为计数器计算循环执行的次数或控制循环执行的次数，也可以用于保存由存储过程代码返回的数据值。此外，还可以使用 TABLE 数据类型的局部变量来代替临时表。局部变量以“@”开头，由标识符组成，标识符允许的最大长度为 128 个字符。

（1）局部变量声明

局部变量在使用前要先用 DECLARE 语句声明，其声明的语法格式为：

```
DECLARE @局部变量名 数据类型[,…n]
```

所有变量在声明后均初始化为 NULL。

（2）局部变量赋值语句

当声明局部变量后，可用 SET 或 SELECT 语句为其赋值，语法格式如下：

① SET @局部变量=表达式[,…n]

② SELECT @局部变量=表达式[,…n]

【例 8.1】 创建局部变量@va1 和@va2 并赋值，然后输出变量的值。

代码如下：

```
DECLARE @va1 CHAR(10) ,@va2 CHAR(30)
SET  @va1=‘努力’          /*一个 SET 语句只能为一个变量赋值*/
SET  @va2=@va1+‘学习’
SELECT @var1, @var2
GO
```

执行结果如图 8.1 所示。

【例 8.2】 使用查询为变量赋值。

代码如下：

```
DECLARE @student CHAR(8)
SET @student=(SELECT 姓名 FROM 学生 WHERE 学号= ‘1101010101’)
SELECT @student AS ‘01 号学生的姓名’
```

执行结果如图 8.2 所示。该语句将学号为“1101010101”的学生的姓名赋值给变量@student。

	(无列名)	(无列名)
1	努力	努力　学习

图 8.1 例 8.1 执行结果图

	01号学生的姓名
1	徐丽敏

图 8.2 例 8.2 执行结果图

（3）表数据类型变量的定义与赋值

语法格式如下：

```
DECLARE { @table_variable_name [AS] TABLE ( {
<column_definition> | <table_constraint> }
[ ,... ] ) }
```

【例 8.3】 声明一个表数据类型变量并向变量中插入数据。

代码如下：

```
DECLARE   @var_table  AS  TABLE
 ( num CHAR(12) NOT NULL PRIMARY KEY,
   name CHAR(8) NOT NULL,
   sex CHAR(2) NULL)                          /*声明变量*/
INSERT INTO @var_table
SELECT 学号,姓名,性别 FROM 学生          /*插入数据*/
SELECT * FROM @var_table                /*查看内容*/
```

（4）局部变量的作用域

局部变量的作用域从声明该变量的地方开始，到声明该变量的批处理结束。

8.2.3 数据类型

在 SQL Server 2008 中，根据字段、局部变量、表达式和参数对应数据的特性，都有一个相关的数据类型。SQL Server 2008 中支持两类数据类型：一类是系统数据类型，又称为基本数据类型，主要包括整数类型、精确数值类型、浮点类型、货币类型、字符类型、日期时间类型等，各数据类型的详细说明参见第 4 章；另一类是用户自定义数据类型，用户自定义数据类型可以看做是系统类型的别名。在多表操作的情况下，当多个表中的列要存储相同类型的数据时，往往要确保这些列具有完全相同的数据类型、长度和为空性（数据类型是否允许空值）。用户自定义数据类型并不是真正的数据类型，它只是提供了一种提高数据库内部元素和基本数据类型之间一致性的机制。

例如，对于学生成绩管理系统，创建了学生、课程和成绩表，从表结构上看，学生表的学号字段和成绩表的学号字段值应该是相同的类型和长度，均为字符型，长度都是 10，而且都不允许为空。为了确保这一点，可以先定义一个数据类型 xuehao，用于描述学号的属性，然后将学生表的学号字段和成绩表的学号字段定义为学号数据类型。

要使用用户自定义数据类型，首先应定义该类型，然后用这种类型来定义字段或变量。在创建用户自定义数据类型时首先应考虑如下 3 个属性：

- 数据类型名称；
- 新数据类型所依据的系统数据类型（又称为基类型）；
- 为空性。

1. 创建用户自定义数据类型

创建用户自定义数据类型可以通过图形界面的方式创建，也可以通过 T-SQL 语句创建。

（1）使用图形界面方式创建

打开【SQL Server Management Studio】窗口，在【对象资源管理器】中展开【数据库】→【学生成绩管理系统】→【可编程性】节点，右键单击【类型】节点，在弹出的快捷菜单中选择【新建】命令，再选择【新建用户定义数据类型】命令，打开【新建用户定义数据类型】窗口，如图 8.3 所示。

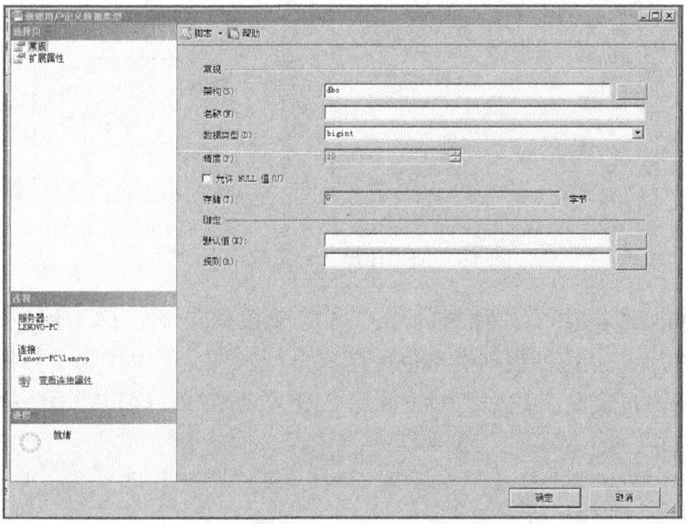

图 8.3 【新建用户定义数据类型】窗口

在【名称】文本框中输入自定义的数据类型名称，如 xuehao。在【数据类型】下拉框中选择自定义数据类型所基于的系统数据类型，如 CHAR。在【长度】栏中填写要定义的数据类型的长度，如 10，其他选项使用默认值，单击【确定】按钮即可完成创建。

（2）使用 T-SQL 语句创建

在 SQL Server 2008 中，使用 CREATE TYPE 语句来实现用户数据类型的定义。语法格式如下：

```
CREATE TYPE [ schema_name. ] type_name
FROM base_type [ ( precision [ , scale ] ) ]
 [ NULL | NOT NULL ]
 [ ; ]
```

根据上述语法，定义描述学号字段的数据类型的语句如下：

```
CREATE  TYPE  xuehao
FROM CHAR(10)
NOT NULL
```

2. 删除用户自定义数据类型

删除用户自定义数据类型可以使用图形界面方式，也可以通过执行 T-SQL 语句来实现。

（1）使用图形界面方式删除

使用图形界面方式删除用户自定义数据类型，具体操作步骤如下。

打开【SQL Server Management Studio】窗口，依次展开【数据库】→【学生成绩管理系统】→【可编程性】→【类型】→【用户定义数据类型】节点，右键单击类型【dbo.student_num】，在弹出的快捷菜单中选择【删除】命令，打开【删除对象】窗口后单击【确定】按钮即可。

（2）使用 T-SQL 语句删除

使用 T-SQL 语句删除自定义数据类型可以使用 DROP TYPE 语句。语法格式为：

```
DROP TYPE [ schema_name. ] type_name [ ; ]
```

例如，删除前面定义的 xuehao 类型的语句为：

```
DROP  TYPE  xuehao
```

3. 用户自定义数据类型的使用

在定义类型后，接着应考虑使用这种类型的字段，例如，对学生表中的学号使用用户自定义的数据类型 xuehao，如图 8.4 所示。

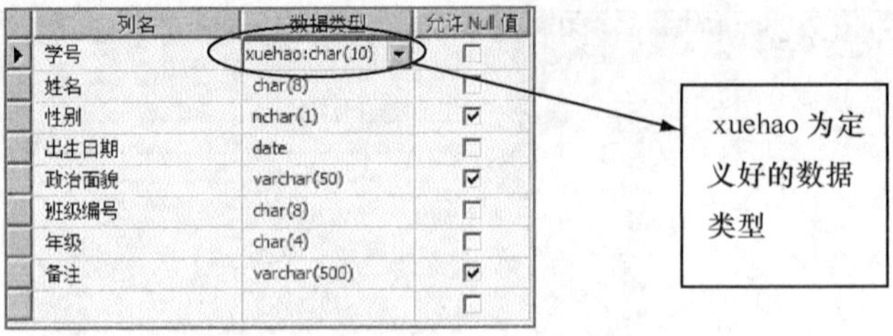

图 8.4　使用用户自定义数据类型

SQL Server 2008 还提供了一种新的用户自定义数据类型，称为用户自定义表数据类型（User-defined Table Types）。这种数据类型也由用户自行定义，可以作为参数提供给语句、存储过程或者函数。创建用户自定义表数据类型也使用 CREATE TYPE 语句，语法格式如下：

```
CREATE TYPE [ schema_name. ] type_name
AS TABLE ( <column_definition>
     [ <table_constraint> ] [ ,…n ] )
[ ; ]
```

【例 8.4】 创建用户自定义表数据类型，包含 CJB 表中的所有列。

```
CREATE TYPE CJB_tabletype
   AS TABLE
   (
      学号     CHAR(6)  NOT NULL,
      课程号   CHAR(3)  NOT NULL,
      成绩     int      NOT NULL,
      PRIMARY KEY(学号, 课程号)
   )
```

8.3　运算符与表达式

SQL Server 2008 提供以下几类运算符：算术运算符、位运算符、比较运算符、逻辑运算符、字符串连接运算符、一元运算符和赋值运算符。通过运算符连接可构成表达式。

8.3.1　运算符

1. 算术运算符

算术运算符在两个表达式上执行数学运算，这两个表达式可以是任何数值数据类型。算术运算符有+（加）、-（减）、*（乘）、/（除）和%（求模）5 种运算。+（加）和-（减）运算符还可用于对日期时间类型的值进行算术运算。

2. 位运算符

位运算符在两个表达式之间执行位操作，p 这两个表达式的类型可为整型或与整型兼容的数据类型（如字符型等，但不能为 IMAGE 类型）。位运算符如表 8.1 所示。

“&”运算类似于逻辑运算中的与运算，“|”运算类似于逻辑运算中的或运算，“^”运算类似于逻辑运算中的异或，运算规则是“相异为 1”。

表 8.1 位运算符

<table>
<tr><th>运算符</th><th>运算规则</th></tr>
<tr><td>&</td><td>两个位均为 1 时，结果为 1，否则为 0</td></tr>
<tr><td>|</td><td>只要一个位为 1，则结果为 1，否则为 0</td></tr>
<tr><td>^</td><td>两个位值不同时，结果为 1，否则为 0</td></tr>
</table>

3. 比较运算符

比较运算符（又称关系运算符）如表 8.2 所示，用于测试两个表达式的值是否相同，其运算结果为逻辑值，可以为 TRUE、FALSE 及 UNKNOWN 三者之一。

表 8.2 比较运算符

运 算 符	含 义	运 算 符	含 义
=	相等	<=	小于等于
>	大于	<>、!=	不等于
<	小于	!<	不小于
>=	大于等于	!>	不大于

4. 逻辑运算符

逻辑运算符用于对某个条件进行测试，运算结果为 TRUE 或 FALSE。SQL Server 提供的逻辑运算符如表 8.3 所示。这里的逻辑运算符在 SELECT 语句的 WHERE 子句中使用过。

表 8.3 逻辑运算符

运 算 符	运 算 规 则
AND	如果两个操作数值都为 TRUE，则运算结果为 TRUE
OR	如果两个操作数中有一个为 TRUE，则运算结果为 TRUE
NOT	若一个操作数值为 TRUE，则运算结果为 FALSE，否则为 TRUE
ALL	如果每个操作数值都为 TRUE，则运算结果为 TRUE
ANY	在一系列操作数中只要有一个为 TRUE，则运算结果为 TRUE
BETWEEN	如果操作数在指定的范围内，则运算结果为 TRUE
EXISTS	如果子查询包含一些行，则运算结果为 TRUE
IN	如果操作数值等于表达式列表中的一个，则运算结果为 TRUE
LIKE	如果操作数与一种模式相匹配，则运算结果为 TRUE
SOME	如果在一系列操作数中有些值为 TRUE，则运算结果为 TRUE

（1）ANY、SOME、ALL 和 IN 的使用

可以将 ALL 或 ANY 关键字与比较运算符组合进行子查询。SOME 的用法与 ANY 相同。以“>”比较运算符为例，具体如下。

- >ALL 表示大于集合中的每一个值，即大于最大值。例如，>ALL(5, 2, 3)表示大于 5。因此，使用>ALL 的子查询也可用 MAX 集函数实现。
- >ANY 表示至少大于集合中的一个值，即大于最小值。例如，>ANY (7, 2, 3)表示大于 2。因此，使用>ANY 的子查询也可用 MIN 集函数实现。

- =ANY 运算符与 IN 等效。
- <>ALL 与 NOT IN 等效。

【例 8.5】 查询成绩高于“陈立叶”最高成绩的学生姓名，课程名称及成绩。

代码如下：

```
USE 学生成绩管理系统
GO
SELECT 姓名，课程名称，成绩
FROM 学生，成绩，课程
WHERE 成绩> ALL
     (  SELECT 成绩
        FROM 学生，  成绩
        WHERE 学生.学号= 成绩.学号 AND  学生.姓名= '陈立叶'
     )
AND 学生.学号=成绩.学号
AND 课程.课程编号=成绩.课程编号
AND 姓名<>'陈立叶'
```

（2）BETWEEN 的使用

语法格式：

```
表达式  BETWEEN 起始值 AND 终止值
```

说明如下。

- 测试表达式是否介于起始值和终止值之间，如果是，则返回 TRUE，否则返回 FALSE。
- 等价于表达式>=起始值 AND 表达式<=终止值。NOT 关键字表示对谓词 BETWEEN 的运算结果取反。

【例 8.6】 查询成绩在 90～100 之间的学生学号和姓名。

代码如下：

```
USE 学生成绩管理系统
GO
SELECT 学号，姓名
FROM  学生 JOIN 成绩 ON 学生.学号=成绩.学号
WHERE 成绩 BETWEEN 90 AND 100
```

使用 >= 和 <=代替 BETWEEN 实现与上例相同的功能：

```
USE 学生成绩管理系统
GO
SELECT 学号，姓名
FROM  学生 JOIN 成绩 ON 学生.学号=成绩.学号
WHERE 成绩>=90 AND 成绩<=100
```

【例 8.7】 查询成绩在范围 90～100 之外的所有学生的学号和姓名。

代码如下：

```
SELECT 学号，姓名
FROM  学生 JOIN 成绩 ON 学生.学号=成绩.学号
WHERE 成绩  NOT BETWEEN 90 AND 100
```

（3）**LIKE 的使用**

确定给定的字符串是否与指定的模式匹配，若匹配，则运算结果为 TRUE，否则为 FALSE。模式可以包含普通字符和通配字符。LIKE 运算符的内容参见第 5 章中 WHERE 子句一节。

【例 8.8】 查询课程名称以“计”或“C”开头的情况。

代码如下：

```
SELECT * FROM 课程 WHERE 课程名称 LIKE ' [计C]%'
```

（4）**EXISTS 与 NOT EXISTS 的使用**

用于检测一个子查询的结果是否为空，若为空，则运算结果为 FALSE；若不为空，则运算结果为 TRUE。子查询代表一个受限的 SELECT 语句（不允许有 COMPUTE 子句和 INTO 关键字）。EXISTS 子句的功能有时可用 IN 或= ANY 运算符实现，而 NOT EXISTS 的作用与 EXISTS 正相反。

【例 8.9】 查询所有选课学生的姓名。

代码如下：

```
SELECT DISTINCT 姓名
FROM   学生
WHERE  EXISTS
     (SELECT  *
      FROM   成绩
      WHERE  学生.学号= 成绩.学号
     )
```

该语句等价于：

```
SELECT DISTINCT  姓名
FROM 学生
WHERE 学号 IN (SELECT 学号 FROM 成绩)
```

5. 字符串连接运算符

通过运算符“+”实现两个字符串的连接运算。

【例 8.10】 将每个人的学号和姓名组合成一个字段。

```
SELECT 学号,姓名,(学号+  ',' + 姓名) AS 学号及姓名
FROM 学生
```

执行结果如图 8.5 所示。

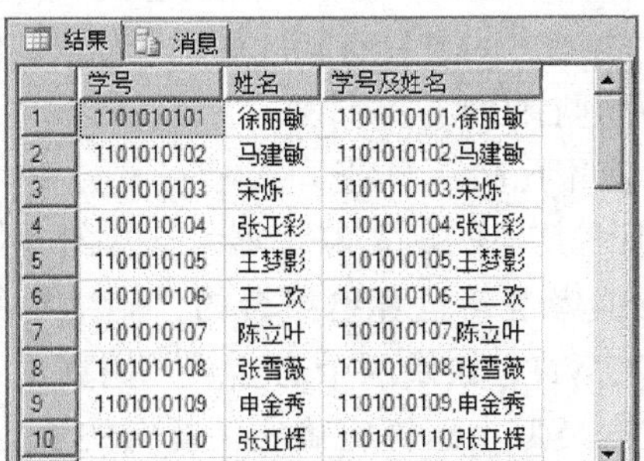

	学号	姓名	学号及姓名
1	1101010101	徐丽敏	1101010101,徐丽敏
2	1101010102	马建敏	1101010102,马建敏
3	1101010103	宋烁	1101010103,宋烁
4	1101010104	张亚彩	1101010104,张亚彩
5	1101010105	王梦影	1101010105,王梦影
6	1101010106	王二欢	1101010106,王二欢
7	1101010107	陈立叶	1101010107,陈立叶
8	1101010108	张雪薇	1101010108,张雪薇
9	1101010109	申金秀	1101010109,申金秀
10	1101010110	张亚辉	1101010110,张亚辉

图 8.5　例 8.10 的执行结果

6. 一元运算符

一元运算符有+（正）、-（负）和～（按位取反）3 个。对于按位取反运算符举例如下：设 a

的值为 12（0000 0000 0000 1100），则～a 的值为 1111 1111 1111 0011。

7. 赋值运算符

赋值运算符是指给局部变量赋值的 SET 和 SELECT 语句中所使用的运算符“=”。

8. 运算符的优先顺序

当一个复杂的表达式有多个运算符时，运算符优先级决定执行运算的先后次序。执行的顺序会影响所得到的运算结果。

运算符优先级如表 8.4 所示。在一个表达式中按先高（优先级数字小）后低（优先级数字大）的顺序进行运算。

表 8.4　　运算符优先顺序

运算符	优先级	运算符	优先级
+（正）、-（负）、～（按位 NOT）	1	NOT	6
*（乘）、/（除）、%（模）	2	AND	7
+（加）、+（串联）、-（减）	3	ALL、ANY、BETWEEN、IN、LIKE、OR、SOME	8
=、>、<、>=、<=、<>、!=、!>、!< 比较运算符	4	=（赋值）	9
^（位异或）、&（位与）、|（位或）	5		

8.3.2　表达式

表达式是符号与运算符的组合，即常量、变量、列名、复杂计算、运算符和函数的组合，一个表达式通常可以得到一个值。与常量和变量一样，表达式的值也具有某种数据类型，可能的数据类型有字符类型、数值类型、日期时间类型。根据表达式的值的类型，表达式可分为字符型表达式、数值型表达式和日期时间型表达式。表达式也可以用运算符将两个或更多的简单表达式连接起来组成复杂的表达式。表达式在 SQL 查询中的应用使 SQL 的查询操作有了更大的灵活性。使用表达式不仅可以用来计算查询返回的数据，而且还可以用于限制查询返回的行的筛选条件。表达式一般用在 SELECT 以及 SELECT 语句的 WHERE 子句中。

SQL 标准中规定了 4 种用于表达式的算术运算符：加号（+）、减号（-）、乘号（*）和除号（/）。在 SQL 语言中，这 4 种符号的优先权与数学中的优先权相同，乘除的优先权高于加减的优先权，乘除具有相同的优先权，加减之间也具有相同的优先权。它们都可以在同一表达式中使用，具有相同优先权的符号按照从左到右的顺序来计算。

另外，在表达式中还可以使用比较运算符（=、<>、<、>、>=、<=）、逻辑运算符（AND、OR、NOT、ANY、ALL）等很多其他的运算符。算术运算符是在表达式中使用比较简单的一种。如果两个表达式是用比较或者逻辑运算符组合的，则结果的数据类型是布尔型，值有 3 种：TRUE、FALSE 或 UNKNOWN。如果两个表达式是用算术运算符、位运算符或字符串连接运算符组合的，则结果的数据类型由运算符确定。复杂的表达式由很多符号与运算符构成，得出一个单值结果，通过对简单表达式进行组合来确定结果表达式的数据类型、排序规则、精度和值，每次组合两个表达式，直到得到最后结果。表达式中元素组合的顺序由表达式中运算符的优先级决定。

8.4　流程控制语句

8.4.1　BEGIN…END 语句

在条件和循环等流程控制语句中，要执行两个或两个以上的 T-SQL 语句时，就需要使用 BEGIN…END 语句，这些语句可以作为一个单元来执行。其语法形式为：

```
BEGIN
  语句 1
  语句 2
      …
END
```

BEGIN…END 语句通常用于下列情况。

- WHILE 循环需要包含语句块。
- CASE 语句的元素需要包含语句块。
- IF 或 ELSE 子句需要包含语句块。

8.4.2　PRINT 语句

SQL Server 向客户程序返回信息的方法除了使用 SELECT 语句外，还可以使用 PRINT 语句，它的语法格式为：

```
PRINT '字符串'|局部变量|全局变量
```

【例 8.11】 PRINT 语句举例。

代码如下：

```
DECLARE @STR CHAR(20)
SET @STR='欢迎使用 PRINT 语句'
PRINT @STR
GO
```

如：PRINT @@VERSION 用于显示当前的版本信息。

8.4.3　IF…ELSE 语句

在程序中，经常需要根据特定条件指示 SQL Server 执行不同的操作和运算，进行流程控制。SQL Server 利用 IF…ELSE 语句使程序有不同的条件分支，从而完成各种不同条件情况下的操作。其语法形式为：

```
IF 布尔表达式
        语句 1
 [ELSE
         语句 2]
```

该语句的功能是首先判断表达式的值，若表达式的值为 TRUE，则执行语句 1，否则执行语句 2。

【例 8.12】 使用 IF…ELSE 语句实现以下功能：如果存在政治面貌为党员的学生，则输出这些学生的学号和姓名，否则显示“没有满足条件的学生”。

代码如下：

```
USE 学生成绩管理系统
GO
IF EXISTS (SELECT * FROM 学生 WHERE 政治面貌='党员')
    BEGIN
        PRINT '以下学生是党员'
        SELECT 学号,姓名 FROM 学生 WHERE 政治面貌='党员'
    END
ELSE
    BEGIN
       PRINT '没有满足条件的学生'
    END
```

【例 8.13】 使用 IF...ELSE 语句实现以下功能：如果所有学生的成绩都小于 60，则将所有学生的成绩在原来的基础上增加 10 分，否则显示小于 60 分的学生的成绩。

代码如下：

```
USE 学生成绩管理系统
GO
IF (SELECT MAX(成绩) FROM 成绩)<60
    BEGIN
        UPDATE 成绩 SET 成绩=成绩+10
        PRINT '调整后的成绩为：'
        SELECT * FROM 成绩
  END
ELSE
  BEGIN
        PRINT '成绩小于 60 分的学生为：'
        SELECT * FROM 成绩 WHERE 成绩<60
  END
```

8.4.4 CASE 语句

CASE 语句是一个特殊的流程控制语句，它能够实现多分支情况的处理。CASE 语句不能单独执行，而只能作为可以单独执行的语句的一部分来使用。CASE 语句分为简单 CASE 语句和搜索 CASE 语句两种类型。

1. 简单 CASE 语句

简单 CASE 语句将一个测试表达式与一组简单表达式进行比较，如果某个简单表达式与测试表达式的值相等，则返回相应结果表达式的值。简单 CASE 语句的语法格式为：

```
CASE 测试表达式
     WHEN 测试值 1  THEN 结果表达式 1
    [WHEN 测试值 2 THEN 结果表达式 2
    [… ]]
    [ELSE 结果表达式 n]
END
```

【例 8.14】 使用简单 CASE 语句实现以下功能：分别输出课程编号和课程名称，并且在课程名称后添加备注。

代码如下：

```
USE 学生成绩管理系统
GO
SELECT 课程编号,课程名称,备注=
       CASE 课程名称
         WHEN 'SQL Server 2008 'THEN '数据库应用技术'
         WHEN 'ASP.NET 程序设计 'THEN 'WEB 程序设计'
         WHEN '计算机基础 'THEN '计算机导论'
         WHEN '网络营销 'THEN '电子商务'
       END
FROM 课程
GO
```

2. 搜索 CASE 语句

与简单 CASE 语句相比较，在搜索 CASE 语句中，CASE 关键字后面不跟任何表达式，各个 WHEN 子句后都是布尔表达式。搜索 CASE 语句表达式的语法格式为：

```
CASE
    WHEN 布尔表达式 1 THEN 结果表达式 1
    WHEN 布尔表达式 2 THEN 结果表达式 2
    […n ]]
    [ELSE 结果表达式 n]
END
```

【例 8.15】 成绩表中成绩用等级来替换，低于 60 分的为“不及格”，60 到 70 分的为“及格”，70 到 80 分为“中等”，80 到 90 分的为“良好”，90 分以上的显示为“优秀”，并将列标题更改为“等级”。要求显示学生的学号、姓名和成绩等级。

代码如下：

```
SELECT 学生.学号, 姓名,等级=
   CASE
       WHEN 成绩<60  THEN '不及格'
       WHEN 成绩>=60  AND 成绩<70  THEN '及格'
       WHEN 成绩>=70  AND 成绩<80  THEN '中等'
       WHEN 成绩>=80  AND 成绩<90  THEN '良好'
       WHEN 成绩>=90  THEN '优秀'
   END
FROM 学生, 成绩
WHERE 学生.学号=成绩.学号
```

8.4.5 WAITFOR 语句

WAITFOR 语句可以暂停程序的执行，在达到指定的时间或时间间隔后继续执行程序。语法格式如下：

```
WAITFOR  DELAY '时间'
或 WAITFOR  TIME   '时间'
```

说明如下。

- DELAY 选项用来指定一段时间间隔。
- TIME 选项用来指定某个具体的时间。

如：

```
WAITFOR  DELAY  '00:00:05'
SELECT  *  FROM 学生
```

该语句实现功能为：延迟 5s 后输出学生表的信息。

```
WAITFOR  TIME  '15:35:25'
SELECT  *  FROM 成绩
```

该语句实现的功能为：在 15:35:25 时刻输出成绩表的信息。

【例 8.16】 设置在输出所属系部为信息工程系的班级信息后 5s 再输出所属系部为电子工程系的班级信息。

代码如下：

```
USE 学生成绩管理系统
GO
SELECT * FROM 班级
WHERE 所属系部 ='信息工程系'
GO
WAITFOR DELAY '00:00:05'
SELECT * FROM 班级
WHERE 所属系部 ='电子工程系'
GO
```

8.4.6 WHILE 语句

在程序中当需要多次重复处理某项工作时，就需使用 WHILE 循环语句。WHILE 语句在设定的条件成立时会重复执行 SQL 语句或程序块。可以使用 BREAK 和 CONTINUE 关键字在循环内部控制 WHILE 循环中语句的执行。WHILE 语句也可以嵌套执行。

WHILE 语句的语法格式为：

```
WHILE 布尔表达式 BEGIN
    语句序列 1
      [BREAK]
    语句序列 2
      [CONTINUE]
    语句序列 3
END
```

BREAK 语句在循环语句中用于退出本层循环。当程序中有多层循环嵌套时，使用 BREAK 语句只能退出其所在的这一层循环。

CONTINUE 语句在循环语句中用于结束本次循环，重新转到下一次循环条件的判断。

【例 8.17】 根据如下规则对成绩进行反复加分，直到平均分超过 80 分为止。

90 分以上：　　不加分

80～89 分：　　加 1 分

70～79 分：　　加 2 分

60～69 分：　　加 3 分

60 分以下：　　加 5 分

请编写 T-SQL 语句实现。

代码如下：

```
USE 学生成绩管理系统
GO
SELECT * FROM 成绩
WHILE (SELECT AVG (成绩) FROM 成绩)<=80
BEGIN
     UPDATE 成绩 SET 成绩=
     CASE
       WHEN 成绩>90 THEN 成绩+0
       WHEN 成绩>=80 AND 成绩<90 THEN 成绩+1
       WHEN 成绩>=70 AND 成绩<80 THEN 成绩+2
       WHEN 成绩>=60 AND 成绩<70 THEN 成绩+3
       WHEN 成绩<60 THEN 成绩+5
     END
     IF (SELECT AVG(成绩) FROM 成绩)>80
     BREAK
END
SELECT * FROM 成绩
```

【例 8.18】 本次考试成绩较差，假定要提分，确保每人笔试都通过。提分规则很简单，如果没有全部通过，每人再加 2 分，再看是否都通过，如此反复提分，直到所有人都通过为止 ，并输出提分次数。

代码如下：

```
DECLARE @count  INT
DECLARE @num INT
SET @num=0
SET  @count=(SELECT COUNT(学号) FROM 成绩 WHERE 成绩<60)
WHILE  @count>0
    BEGIN
       UPDATE 成绩 SET 成绩=成绩+2
       SET  @count= (SELECT COUNT(学号) FROM 成绩 WHERE 成绩<60)
       SET @num=@num+1
    END
PRINT "提分次数为"+CAST(@num as CHAR(10))
```

8.4.7　RETURN 语句

RETURN 的作用是无条件终止查询、存储过程或批处理等。可以在任意位置使用 RETURN 语句，以便从语句块中退出。使用 RETURN 语句时要注意，该语句后面存在的语句都不会被系统执行。当 RETURN 语句用于存储过程时，它不能返回空值。如果某个过程试图返回空值，则将生成警告消息并返回 0 值。

8.5　系统内置函数

为了使用户对数据库进行查询和修改时更加方便，SQL Server 提供了许多内部函数以供调用，系统提供的函数也称为内置函数。

8.5.1 系统内置函数介绍

系统内置函数分为 3 类：标量函数、聚合函数和行集函数。具体说明如下。

- 标量函数：对单一值操作，返回单一值。输入参数的类型为基本类型，返回值也为基本类型。
- 聚合函数：对一组值进行计算后向调用者返回单一的值。
- 行集函数：返回对象，该对象可在 SQL 语句中当作表来用。

对于每一个系统函数都要从 3 个方面掌握：

- 函数名称。
- 参数个数、类型及其作用。
- 返回值。

SQL Server 包含如下几类标量函数：

（1）配置函数；

（2）系统函数；

（3）系统统计函数；

（4）数学函数；

（5）字符串函数；

（6）日期函数；

（7）游标函数；

（8）文本和图像函数；

（9）元数据函数；

（10）安全函数。

8.5.2 常见系统内置函数

1. 数学函数

（1）ABS(数值型表达式)

功能：返回表达式的绝对值，其值的数据类型与参数一致。

如：PRINTABS（-45） 显示结果为 45。

（2）ASCII(字符)

功能：返回字符的 ASCII 码值，值的类型为整型。

如：PRINT ASCII('A') 表示计算 A 的 ASCII 码，显示结果为 65。

（3）CEILING(数值型表达式)

功能：返回大于或等于给定数值型表达式的最小整数值。

如：PRINT CEILING(12.0037) 显示结果为 13。

（4）FLOOR(数值型表达式)

功能：返回小于或等于给定数值型表达式的最大整数值。

如：PRINT FLOOR(12.9937) 显示结果为 12。

（5）POWER(表达式 1，表达式 2)

功能：进行乘方运算，求表达式 1 的表达式 2 次方。

如：PRINT POWER(2,5)表示 2 的 5 次方，显示结果为 32。

（6）PI( )

功能：求圆周率。

（7）SQRT(表达式)

功能：求表达式的平方根。

如：PRINT SQRT(64)　显示结果为 8。

（8）SIGN(数值型表达式)

功能：判断数值的正负属性，+1 表示正数，-1 表示负数。

如：PRINT SIGN(-64)　显示结果为-1。

（9）RAND()

功能：返回一个位于 0 和 1 之间的随机数，在单个查询中反复调用。

（10）ROUND(数值表达式，整数)

功能：将数值四舍五入成整数指定的精度形式。整数为正，表示要进行的运算位置在小数点后；整数为负，表示在小数点前。

如：PRINT ROUND(123.45678,2) 显示结果为 123.46000。

PRINT ROUND(123.45678,-2)　显示结果为 100.00000。

2. 字符串函数

（1）LEN(字符串表达式)

功能：返回给定字符串表达式的字符个数，其中不包含尾随空格，注意不是字节个数，返回类行为 INT。

如：PRINT LEN('SQL 编程') 显示结果为 5。

（2）DATALENGTH(表达式)

功能：返回该表达式所占用的字节数，返回类型为 INT。

对 VARCHAR、TEXT、IMAGE、NVARCHAR 和 NTEXT 等数据类型特别有用，因为这些数据类型可以存储长度可变的数据。若参数为 NULL 则返回 NULL。

如：PRINT DATALENGTH('SQL 编程') 显示结果为 7 。

（3）SUBSTRING(字符串，STAR，LENGTH)

功能：从字符串的 STAR 位置返回长度为 LENGTH 的字符串。

如：PRINT SUBSTRING('计算机网络技术',4,2)，表示从"计算机网络技术"字符串的第 4 个位置开始，取 2 个字符，显示结果为"网络"。

（4）LEFT(字符型表达式，整形表达式)

功能：返回从字符串左边开始指定个数的字符。

如：PRINT LEFT ('计算机网络技术', 2) 显示结果为"计算"。

（5）RIGHT(字符型表达式，整形表达式)

功能：返回从字符串右边开始指定个数的字符。

如：PRINT RIGHT ('计算机网络技术', 2) 显示结果为"技术"。

（6）UPPER(字符型表达式)

功能：将字符型表达式全部转化为大写形式。

如：PRINT　UPPER（'Who are you'） 显示结果为"WHO ARE YOU"。

（7）LOWER(字符型表达式)

功能：将字符型表达式全部转化为小写形式。

如：PRINT　LOWER（‘Who are you’）显示结果为“who are you”。

（8）LTRIM(字符型表达式)

功能：删除字符型表达式的左端空格。

如：PRINT ‘SQL’+LTRIM(space(4)+‘Server’)　显示结果为“SQLServer”

（9）RTRIM(字符型表达式)

功能：删除右端空白。

如：PRINT ‘SQL’+RTRIM(space(4)+‘Server’+space(4))+‘2008’ 显示结果为“SQL　Server2008”

（10）STR(FLOAT 型表达式，长度 1，长度 2）

功能：将 FLOAT 型表达式转化为给定形式的字符串。长度 1 表示总长度（包含小数点），长度 2 表示小数点后边的位数。

例：PRINT　STR(123.45 , 6 , 1)转换为有 6 个位置的字符串，小数部分只有 1 位，采用四舍五入的原则，显示结果为 123.5。如：PRINT　STR(123.45 , 2 , 2) 当表达式超出指定长度时，返回*.*。

3. 日期型函数

（1）GETDATE( )

功能：返回当前的系统时间。

（2）DATEPART(DATEPART, DATE)

功能：以整数的形式返回给定的 DATE 型数据的指定日期部分。返回值的数据类型是 INT。DATEPART 的取值：YY 代表返回日期的年份，MM 代表返回日期的月份，DD 代表返回日期的日。

如：PRINT　DATEPART(YY, GETDATE()) 显示结果为当前年份。

PRINT　DATEPART(MM, GETDATE())　显示结果为当前月份。

（3）DATENAME(DATEPART, DATE)

功能：以字符串的形式返回给定的 DATE 型数据的指定日期部分。

DATEPART 和 DATENAME 用法含义相同，只是返回值的类型不同。

如：PRINT　DATENAME(YY, GETDATE())+‘年’语句，假定当前为 2012 年，则显示结果为“2012 年”。

（4）DAY(DATE)

功能：返回指定日期的日（DAY）部分的数值。

如：PRINT DAY(‘2012-12-22’) 返回值为 22。

（5）MONTH(DATE)

功能：返回指定日期的月（MONTH）部分的数值。

如：PRINT MONTH(‘2012-12-22’) 返回值为 12。

（6）YEAR(DATE)

功能：返回指定日期的年（YEAR）部分的数值。

如：PRINT YEAR(‘2012-12-22’) 返回值为 2012。

4. 聚合函数

SQL Server 提供了十几个聚合函数，下面将介绍几个最常用的聚合函数。

（1）COUNT(*)：用于计算所有行数。

（2）MIN(数值表达式)：用于计算表达式的最小值。

（3）MAX(数值表达式)：用于计算表达式的最大值。

（4）SUM(数值表达式)：用于计算表达式的和。

（5）AVG(数值表达式)：用于计算表达式的平均值。

【例 8.19】 使用聚合函数统计“学生成绩管理系统”数据库中学生的成绩情况。

代码如下：

```
USE 学生成绩管理系统
GO
SELECT 学号,COUNT(*) AS 选课门数,MAX(成绩) AS 最高分数,MIN(成绩) AS 最低分数,SUM(成绩) AS 总成绩,AVG(成绩) AS 平均成绩
FROM 成绩
GROUP BY  学号
GO
```

8.6　用户自定义函数

在 SQL Server 中，用户不仅可以使用标准的内置函数，也可以使用自己定义的函数来实现一些特定的功能。用户自定义函数使用 CREATE　FUNCTION 语句创建。在创建时需要注意：函数名在数据库中必须唯一，其可以有参数，也可以没有参数，最多可以有 1 024 个参数，其参数只能是输入参数。用户自定义函数包括以下几种。

- 标量函数：返回单个数据值。
- 内嵌表值函数：返回值是一个记录集合——表。在此函数中，RETURN 语句包含一条单独的 SELECT 语句。
- 多语句表值函数：返回值是由选择的结果构成的记录集。

8.6.1　用户自定义函数的定义与调用

1. 标量值函数

（1）定义标量值函数

创建用户自定义标量值函数语法格式如下：

```
CREATE  FUNCTION  [ owner_name.] function_name
( [ { @parameter_name  [AS]  parameter_data_type [ = default ] } [ ,…n ] ] )
RETURNS  return_data_type
[ WITH  ENCRYPTION ]
 [ AS ]
BEGIN
    function_body
    RETURN  expression
END
```

格式说明如下。

- @parameter_name 输入参数的名称。
- parameter_data_type 输入参数的数据类型。
- return_data_type 返回值数据类型。
- function_body 函数体。
- expression 返回值表达式。

从上述语法形式可归纳出标量函数的一般定义形式如下：

```
CREATE FUNCTION [所有者名.] 函数名
(参数 1 [AS] 类型 1 [ = 默认值 ] ) [ ,…参数 n [AS] 类型 n [ = 默认值 ] ] ] )
RETURNS 返回值类型
[ WITH 选项 ]
[ AS ]
BEGIN
    函数体
    RETURN 标量表达式
END
```

（2）标量值函数的调用

当调用用户定义的标量值函数时，必须提供至少由两部分组成的名称（架构名.函数名）。可用以下方式调用标量函数。

① 在 SELECT 语句中调用

调用形式：架构名.函数名(实参 1,…,实参 n)。

实参可为已赋值的局部变量或表达式。

② 利用 EXEC 语句执行

在 T-SQL 语句中，使用 EXECUTE（EXEC）语句调用用户函数时，参数的标识次序与函数定义中的参数标识次序可以不同。

调用形式：

架构名.函数名 实参 1,…,实参 n

或

架构名.函数名 形参名 1=实参 1,…,形参名 n=实参

【例 8.20】 在“学生成绩管理系统”数据库中创建一个用户自定义标量值函数 xuefen，该函数通过输入成绩来判断是否取得学分，当成绩大于等于 60 时，返回“取得学分”，否则返回“未取得学分”。

代码如下：

```
USE 学生成绩管理系统
GO
CREATE FUNCTION xuefen(@inputxf INT) RETURNS  NVARCHAR(10)
BEGIN
    DECLARE @retrunstr NVARCHAR(10)
    IF @inputxf >=60
       SET  @retrunstr='取得学分'
    ELSE
       SET  @retrunstr='未取得学分'
RETURN @retrunstr
END
GO
```

使用刚才定义的 xuefen 函数来查看课程编号为“101001”的课程，学生获得学分的情况。

在查询编辑器中输入如下代码：

```
USE  学生成绩管理系统
GO
SELECT  学号,成绩,dbo.xuefen(成绩)  AS 学分情况
```

```
FROM 成绩
WHERE 课程编号='101001'
GO
```

执行结果如图 8.6 所示。

	学号	成绩	学分情况
1	1101010132	80	取得学分
2	1101010101	87	取得学分
3	1101010107	78	取得学分

图 8.6 例 8.20 执行结果

【例 8.21】 创建用户自定义标量值函数 pingjun，该函数通过输入某课程号，计算该课程的平均分。

代码如下：

```
CREATE FUNCTION  pingjun(@kch CHAR(10)) RETURNS INT
AS
BEGIN
     DECLARE @pjf INT
     SET @pjf=(SELECT AVG(成绩) FROM 成绩 WHERE 课程编号=@kch)
     RETURN @pjf
 END
```

调用该函数，显示“101001 课程的平均分”：

```
SELECT  dbo.pingjun('101001')  AS  '101001 课程的平均分'
```

执行结果如图 8.7 所示。

	101001课程的平均分
1	81

图 8.7 例 8.21 执行结果

2. 内嵌表值函数

（1）定义内嵌表值函数

内嵌表值函数是一个返回值为表的函数，语法格式如下：

```
CREATE FUNCTION [ schema_name. ] function_name         /*定义函数名部分*/
( [ { @parameter_name [ AS ] parameter_data_type
      [ = default ] } [ ,…n ] ])                         /*定义参数部分*/
RETURNS TABLE                                            /*返回值为表类型*/
      [ WITH <function_option> [ , …n ] ]                /*定义函数的可选项*/
      [ AS ]
      RETURN [ ( ] select_stmt [ ) ]                     /*通过 SELECT 语句返回内嵌表*/
[ ; ]
```

RETURNS 子句仅包含关键字 TABLE，表示此函数返回一个表。内嵌表值函数的函数体仅有一个 RETURN 语句，并通过参数 select__stmt 指定的 SELECT 语句返回内嵌表值。语法格式中的其他参数项与标量值函数的定义类似。

从上述定义归纳出定义内嵌表值函数的一般形式为：

```
CREATE FUNCTION 函数名(@参数名  类型) RETURNS  TABLE
[WITH ENCRYPTION]
AS  RETURN
(SELECT 语句)
```

表值函数遵循的原则如下。

- RETURNS 子句仅包含关键字 TABLE。RETURNS 子句不必定义返回变量的格式，因为它由 RETURN 子句中的 SELECT 语句的结果集的格式设置。
- RETURN 子句在括号中包含单个 SELECT 语句。SELECT 语句的结果集构成函数所返回的表。内嵌表值函数中使用的 SELECT 语句受到与视图中使用的 SELECT 语句相同的限制。

【例 8.22】 在学生成绩管理系统中创建一个内嵌表值函数 xuesheng，该函数可以根据输入的系部名称返回该系学生的基本信息。

代码如下：

```
CREATE   FUNCTION xuesheng(@inputxbmc NVARCHAR(30)) RETURNS  TABLE
  AS   RETURN
   ( SELECT 学号,姓名,学生.班级编号
       FROM  学生 JOIN 班级 ON 学生.班级编号=班级.班级编号
       WHERE 所属系部=@inputxbmc)
GO
```

（2）调用内嵌表值函数

建立好内嵌表值函数后，就可以像使用表或视图一样来使用它。内嵌表值函数只能通过 SELECT 语句调用。

通过函数查看信息工程系的学生信息。

```
SELECT  * FROM  DBO.xuesheng('信息工程系')
GO
```

3. 多语句表值函数

用户自定义多语句表值函数的返回值也是表 TABLE，与内嵌表值函数不同的是，多语句表值函数的 RETURNS 子句指定的 TABLE 类型中带有列及数据类型。多语句表值函数需要由 BEGIN 和 END 限定函数体，在 RETURNS 子句中必须定义表的名称和表的格式。

（1）定义多语句表值函数

语法格式如下：

```
CREATE FUNCTION  function_name
 ( [ { @parameter_name [ AS ]  parameter_data_type  [ =default ] } [ , …n ] ])
       /*定义函数参数部分*/
RETURNS @return_variable  TABLE  < table_type_definition >      /*定义作为返回值的表*/
 [ WITH <function_option> [ , …n ] ]                            /*定义函数的可选项*/
  [ AS ]
  BEGIN
      function_body                                             /*定义函数体*/
  RETURN
  END
[ ; ]
其中,
<table_type_definition>:: =                                     /*定义表*/
( {  <column_definition> <column_constraint> }
     [ <table_constraint> ] [ , …n ]
)
```

从上述定义归纳出定义内嵌表值函数的一般形式为：

```
CREATE FUNCTION 函数名(@参数名  类型) RETURNS  自定义变量  TABLE  (定义表结构)
AS
   INSERT INTO 语句                        /*向表中输入数据*/
RETURN
```

【例 8.23】 在学生成绩管理系统库中创建一个多语句表值函数 chengji，该函数可以根据输入的课程名称返回选修该课程的学生姓名和成绩。

代码如下：

```
USE  学生成绩管理系统
GO
```

```
CREATE  FUNCTION chengji( @inputkc as CHAR(20) )
RETURNS @chji TABLE                /*为 chengji 函数定义的表结构，名称变量为@chji */
   (
    课程名称  CHAR(20),
    姓名    CHAR(8),
    成绩   TINYINT
   )
AS
BEGIN
   INSERT @chji                    /*该变量是上面定义的表名称变量*/
        SELECT c.课程名称,s.姓名,k.成绩
        FROM 学生 AS s  INNER JOIN 成绩 AS k
              ON s.学号 =k.学号 INNER JOIN 课程 AS c
              ON c.课程编号=k.课程编号 AND  c.课程名称=@inputkc
   RETURN
END
GO
```

（2）调用多语句表值函数

多语句表值函数的调用与内嵌表值函数的调用方法相同。

调用多语句表值函数查询 SQL Server 2008 课程的信息，代码如下：

```
SELECT  * FROM  dbo.chengji('SQL Server 2008')
```

即可看到选修 SQL Server 2008 课程的学生姓名。

8.6.2　用户函数的管理

1．查看用户自定义函数的属性

在 SQL Server 2008 中，根据不同需要可以使用 SP_HELPTEXT、SP_HELP 等系统存储过程来查看用户自定义函数的不同信息。使用 SP_HELPTEXT 可查看用户自定义函数的文本信息，其语法格式为：

```
SP_HELPTEXT   用户自定义函数名
```

使用 SP_HELP 可查看用户自定义函数的一般信息，其语法格式为：

```
SP_HELP   用户自定义函数名
```

【例 8.24】 使用系统存储过程查看“学生成绩管理系统”数据库中名为 chengji 的用户自定义函数的文本信息。

代码如下：

```
USE  学生成绩管理系统
GO
SP_HELPTEXT  chengji
GO
```

执行结果如图 8.8 所示。

2．修改用户自定义函数

使用 ALTER FUNCTION 语句可以修改用户自定义函数。修改由 CREATE FUNCTION 语句创建的现有用户自定义函数不会更改权限，也不影响相关的函数、存储过程或触发器。其语法格式如下：

```
ALTER  FUNCTION [ owner_name.] function_name
   ( [ { @parameter_name [AS] scalar_parameter_data_type [ = default ] } [ , …n ] ] )
```

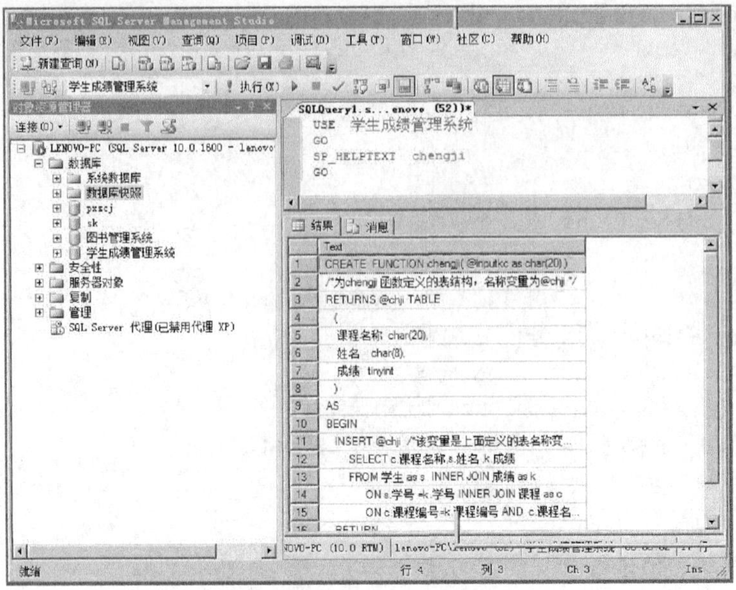

图 8.8　查看用户自定义函数的属性

```
RETURNS scalar_return_data_type
[ AS ]
BEGIN
    function_body
    RETURN scalar_expression
END
```

其中的参数与建立用户自定义函数中的参数意义相同。

3. 删除用户自定义函数

使用 DROP FUNCTIDN 语句可以一次删除多个用户自定义函数，其语法格式为：

```
DROP FUNCTION [所有者名称.]函数名称[,…n]
```

【例 8.25】 删除在“学生成绩管理系统”数据库上建立的 chengji 函数。

代码如下：

```
USE  学生成绩管理系统
GO
DROP  FUNCTION  dbo. chengji
GO
```

8.7 事　　务

在数据库中，多个用户可能在同一时刻去访问或修改同一部分数据，这样可能会导致数据库中数据不一致，为了避免出现这种情况，可以采用事务来处理。

事务是最小的工作单元，这个工作单元要么成功完成所有操作，要么就是失败，并且失败后所有的操作都将撤销。下面的例子将帮助我们理解事务。

例如：银行转账问题。

假定资金从账户 A 转到账户 B，至少需要两步：账户 A 的资金减少，然后账户 B 的资金相应增加。创建账户表，存放用户的账户信息。

```
CREATE TABLE bank
(customerName CHAR(10),  --顾客姓名
 currentMoney MONEY      --当前余额
)
GO
```

添加约束：根据银行规定，账户余额不能少于 1 元，否则视为销户。

```
ALTER TABLE bank
ADD CONSTRAINT CK_currentMoney   CHECK(currentMoney>=1)
GO
```

假定张三开户，且开户金额为 1000 元；李四开户，且开户金额为 1 元，目前两个账户的余额总和为：1000+1=1001 元。

```
INSERT INTO bank(customerName,currentMoney) VALUES('张三',1000)
INSERT INTO bank(customerName,currentMoney) VALUES('李四',1)
```

模拟实现转账：从张三的账户转账 1000 元到李四的账户。

```
UPDATE bank  SET currentMoney=currentMoney-1000  WHERE customerName='张三'
UPDATE bank  SET currentMoney=currentMoney+1000 WHERE customerName='李四'
GO
```

执行完上述语句，通过 SELEC * FROM bank 显示结果，如图 8.9 所示。

	customerName	currentMoney
1	张三	1000.00
2	李四	1001.00

图 8.9 转账后的结果

执行转账语句后，张三的账户没有减少，但李四的账户却多了 1000 元，两个账户的总金额：1000 + 1001 = 2001 元，总额多出了 1000 元！

分析错误的原因：

```
UPDATE bank  SET currentMoney=currentMoney-1000  WHERE customerName='张三'
```

这条 UPDATE 语句违反约束：余额>=1 元，所以没有被成功执行，所以张三的账户仍然是 1000 元。

```
UPDATE bank   SET currentMoney=currentMoney+1000  WHERE customerName='李四'
```

该语句被执行成功，所以李四的账户变为 1001 元。

如果要解决这个问题，避免此类错误的发生，就要使用事务。让张三账户的金额减少和李四账户的金额增加要同时执行，只要有任何一个出错，两条语句都要撤销，即：两条语句作为一个整体，要么同时都成功执行，要么同时都不执行。

8.7.1 事务概述

事务（TRANSACTION）是作为单个逻辑工作单元执行的一系列操作，这些操作作为一个整体一起向系统提交，要么都执行、要么都不执行 ，事务是一个不可分割的工作逻辑单元。

如转账过程就是一个事务。它需要两条 UPDATE 语句来完成，这两条语句是一个整体，如果其中任何一条出现错误，则整个转账业务也应取消，两个账户中的余额应恢复到原来的数据，从而确保转账前和转账后的余额不变，即都是 1001 元。

事务必须具备以下 4 个属性，简称 ACID 属性。

- 原子性（Atomicity）：事务是一个完整的操作。事务的各步操作是不可分的（原子的），要么都执行，要么都不执行。
- 一致性（Consistency）：当事务完成时，数据必须处于一致状态。

- 隔离性（Isolation）：对数据进行修改的所有并发事务是彼此隔离的，这表明事务必须是独立的，它不应以任何方式依赖于或影响其他事务。
- 永久性（Durability）：事务完成后，它对数据库的修改被永久保持，事务日志能够保持事务的永久性。

事务的分类如下。

- 显式事务：用 BEGIN TRANSACTION 明确指定事务的开始，这是最常用的事务类型。
- 隐式事务：通过设置 SET IMPLICIT_TRANSACTIONS ON 语句，将隐式事务模式设置为打开，下一个语句自动启动一个新事务。当该事务完成时，再下一个 T-SQL 语句又将启动一个新事务。
- 自动提交事务：这是 SQL Server 的默认模式，它将每条单独的 T-SQL 语句视为一个事务，如果成功执行，则自动提交；如果错误，则自动回滚。

可以作为隐式事务的开始的语句有：ALTER TABLE、CREATE、 DELETE、DROP、FETCH、GRANT、INSERT、OPEN、REVOKE、SELECT、TRUNCATE TABLE 和 UPDATE。

结束显示事务必须使用 COMMIT TRANSACTION 或 ROLLBACK TRANSACTION 语句。

8.7.2 事务运用

根据事务的来源，SQL Server 2008 中的事务可以分为两类：系统提供的事务和用户定义的事务。

系统提供的事务是在执行某些 T-SQL 语句时，一条语句就构成了一个事务，这些语句包括 ALTER TABLE、CREATE、DELETE、DROP、FETCH、GRANT、INSERT、OPEN、REVOKE、SELECT、UPDATE 和 TRUNCATE TABLE。

例如，执行如下创建表的语句：

```
CREATE TABLE xxx
(
    f1 INT NOT NULL,
    f2 CHAR(10) NOT NULL,
    f3 VARCHAR(30) NULL
)
```

该语句本身就是一个事务。在实际应用中，大量使用的是用户自定义事务。使用用户自定义事务由以下几个步骤。

1. 开始事务

在 SQL Server 2008 中，显式地开始一个事务可以使用 BEGIN TRANSACTION 语句。

语法格式：

```
BEGIN { TRAN | TRANSACTION }
   [ { transaction_name | @tran_name_variable }
     [ WITH MARK ['dEscription'] ]
   ]
```

以上语句中的部分参数说明如下。

- transaction_name：分配给事务的名称，必须遵循标识符命名规则。
- @tran_name_variable：用户定义的、含有有效事务名称的变量名称。

2. 结束事务

COMMIT TRANSCATION 语句是提交语句，它将事务开始以来所执行的所有数据都修改成为数据库的永久部分，也标志一个事务的结束，其语法格式为：

```
COMMIT { TRAN | TRANSACTION }
   [ transaction_name | @tran_name_variable ] ]
[ ; ]
```

标志一个事务的结束也可以使用 COMMIT WORK 语句，语法格式为：

```
COMMIT [WORK]
```

此语句的功能与 COMMIT TRANSACTION 相同，但 COMMIT TRANSACTION 接受用户定义的事务名称，而 COMMIT WORK 不带参数。

3. 撤销事务

若要结束一个事务，可以使用 ROLLBACK TRANSACTION 语句，它使得事务回滚到起点，撤销自最近一条 BEGIN TRANSACTION 语句以后对数据库的所有更改，同时也标志了一个事务的结束。语法格式：

```
ROLLBACK { TRAN | TRANSACTION }
   [ transaction_name | @tran_name_variable ]
[ ; ]
```

ROLLBACK TRANSACTION 语句不能在 COMMIT 语句之后。

另外，ROLLBACK WORK 语句也能撤销事务，功能与 ROLLBACK TRANSACTION 语句一样，但 ROLLBACK WORK 语句不接受用户定义的事务名称。语法格式如下：

```
ROLLBACK [ WORK ] [ ; ]
```

4. 回滚事务

ROLLBACK TRANSACTION 语句除了能够撤销整个事务，还可以使事务回滚到某个点，不过在这之前需要使用 SAVE TRANSACTION 语句来设置一个保存点。

SAVE TRANSACTION 的语法格式如下：

```
SAVE { TRAN | TRANSACTION }
      { savepoint_name | @savepoint_variable }
[ ; ]
```

SAVE TRANSACTION 语句会向已命名的保存点回滚一个事务。如果在保存点被设置后当前事务对数据进行了更改，则这些更改会在回滚中被撤销。语法格式如下：

```
ROLLBACK { TRAN | TRANSACTION }
   [ savepoint_name | @savepoint_variable ]
[ ; ]
```

其中，savepoint_name 是 SAVE TRANSACTION 语句中的 savepoint_name。在事务中允许有重复的保存点名称，但指定保存点名称的 ROLLBACK TRANSACTION 语句只将事务回滚到使用该名称的最近的 SAVE TRANSACTION。

例如，使用事务解决银行转账问题：

```
BEGIN TRANSACTION
DECLARE @errorSum INT    /*--定义变量，用于累计事务执行过程中的错误--*/
SET @errorSum=0          --初始化为 0，即无错误
/*--转账：张三的账户少 1000 元，李四的账户多 1000 元*/
UPDATE bank SET currentMoney=currentMoney-1000   WHERE customerName='张三'
SET @errorSum=@errorSum+@@error
UPDATE bank SET currentMoney=currentMoney+1000    WHERE customerName='李四'
SET @errorSum=@errorSum+@@error                          --累计是否有错误
IF @errorSum<>0
  BEGIN
```

```
      PRINT '交易失败，回滚事务'
      ROLLBACK TRANSACTION
    END
  ELSE
    BEGIN
      PRINT '交易成功，提交事务'
      COMMIT TRANSACTION
    END
  GO
  PRINT '查看转账事务后的余额'
  SELECT * FROM bank
  GO
```

执行完转账操作后，张三、李四的账户金额都没有发生改变。如果将 1000 元改为 800 元，则能成功转账。

【例 8.26】 定义一个事务，向“学生成绩管理系统”数据库的学生表添加一行数据，然后删除该行数据，但执行后，新插入的数据行并没有删除，因为事务中使用了 ROLLBACK 语句将操作回滚到保存点 My_sav，即删除前的状态。

代码如下：

```
BEGIN TRANSACTION My_tran
USE 学生成绩管理系统
INSERT INTO 学生(学号,姓名,性别,出生日期,班级编号,年级)
     VALUES('1001010204','胡新华','男','1991-06-27','10010102','2010')
SAVE TRANSACTION My_sav
DELETE FROM  学生 WHERE 学号='1001010204'
ROLLBACK TRAN My_sav
COMMIT WORK
GO
```

执行完上述语句后使用 SELECT 语句查询 XSB 表中的记录：

```
SELECT  * FROM 学号  WHERE 学号='1001010204'
```

执行结果如图 8.10 所示。

结果 | 消息

	学号	姓名	性别	出生日期	政治面貌	班级编号	年级	备注
1	1001010204	胡新华	男	1991-06-27	团员	10010102	2010	NULL

图 8.10　例 8.26 的执行结果

8.8　锁

锁用来提供数据库的并发性控制。如果没有锁，SQL Server 就没有防止多个用户同时更新同一数据的机制。锁就是在多用户环境中对某一种正在被使用的资源的一个限制，它阻止其他用户访问或修改资源中的数据。SQL Server 为了保证用户操作的一致性，自动对资源设置和释放锁。例如，当用户正在更新一个表时，没有任何其他用户能够修改甚至查看已经更新过的记录。当所有的与该用户相关的更新操作都完成后，锁便会释放，同时记录变成可访问的。

SQL Server 中常用的有以下几种锁。

（1）共享锁：是加在正在读取的数据上的。

（2）独占锁：当要改变数据时使用独占锁。它防止别的用户读取或修改正在工作的数据。直到将锁释放为止，独占锁不与别的锁兼容。

（3）更新锁：和独占锁很相似，更新锁防止别人在改变数据的过程中修改数据。

（4）意向锁：意向锁表示 SQL Server 需要在层次结构中的某些底层资源（如表中的页或行）上获取共享锁或排他锁。例如，放置在表级的共享意向锁表示事务打算在表中的页或行上放置共享锁。在表级设置意向锁可防止另一个事务随后在包含那一页的表上获取排他锁。意向锁可以提高性能，因为 SQL Server 仅在表级检查意向锁来确定事务是否可以安全地获取该表上的锁，而无须检查表中的每行或每页上的锁以确定事务是否可以锁定整个表。

（5）键范围锁：键范围锁用于序列化的事务隔离级别，可以保护由 T-SQL 语句读取的记录集合中隐含的行范围。键范围锁可以防止幻读，还可以防止对事务访问的记录集进行幻像插入或删除。

（6）架构锁：执行表的数据定义语言操作（如增加列或删除表）时使用架构修改锁。

（7）大容量更新锁：当将数据大容量复制到表，且指定了 TABLOCK 提示或者使用 SP_TABLEOPTION 设置了 TABLE LOCK ON BULK 表选项时，将使用大容量更新锁。大容量更新锁允许进程将数据并发地大容量复制到同一表，同时可防止其他不进行大容量复制数据的进程访问该表。

8.9　游　　标

对表进行操作的 T-SQL 语句通常都可产生或处理一组记录，但是许多应用程序，尤其是将 T-SQL 语句嵌入到主语言中时，通常不能把整个结果集作为一个单元来处理，这些应用程序就需要一种机制来保证每次处理结果集中的一行或几行，游标（CURSOR）就提供了这种机制。

游标是处理数据的一种方法，可以看作是表中的记录指针，作用于 SELECT 语句生成的记录集，能够实现在记录集中逐行向前或者向后访问数据。使用游标可以在记录集中的任意位置显示、修改和删除当前记录的数据。

SQL Server 对游标的使用要遵循“声明游标→打开游标→读取数据→关闭游标→删除游标”的过程。

8.9.1　游标的基本操作

1. 声明游标

游标在使用之前需要声明。T-SQL 语言中使用 DECLARE CURSOR 语句声明游标，该语句有两种格式，分别支持 SQL-92 标准和 T-SQL 扩展的游标声明。

（1）SQL-92 标准语法

```
DECLARE cursor_name [ INSENSITIVE ] [ SCROLL ] CURSOR
    FOR select_statement
    [ FOR { READ ONLY | UPDATE [ OF column_name [ ,…n ] ] } ]
[;]
```

说明如下。

• cursor_name：游标名，它是与某个查询结果集相联系的符号名，要符合 SQL Server 标识符命名规则。

• INSENSITIVE：指定系统将创建供所定义的游标使用的数据的临时副本，对游标的所有请求都从 tempdb 中的该临时表中得到应答。

• SCROLL：说明所声明的游标可以前滚、后滚，可使用的提取选项有 FIRST、LAST、PRIOR、NEXT、RELATIVE、ABSOLUTE。

• select_statement：SELECT 语句，由该查询产生与所声明的游标相关联的结果集。该 SELECT 语句中不能出现 COMPUTE、COMPUTE BY、INTO 或 FOR BROWSE 关键字。

• READ ONLY：说明所声明的游标为只读的。

• UPDATE 指定游标中可以更新的列，若有参数 OF column_name [,…n]，则只能修改给出的这些列。

以下是一个符合 SQL-92 标准的游标声明：

```
DECLARE XS_CUR1 CURSOR
    FOR
    SELECT 学号,姓名,性别   FROM 学生  WHERE 年级= '2010'
    FOR READ ONLY
```

（2）T-SQL 扩展语法

```
DECLARE cursor_name CURSOR
[ LOCAL | GLOBAL ]                                    /*游标作用域*/
[ FORWORD_ONLY | SCROLL ]                             /*游标移动方向*/
[ STATIC | KEYSET | DYNAMIC | FAST_FORWARD ]          /*游标类型*/
[ READ_ONLY | SCROLL_LOCKS | OPTIMISTIC ]             /*访问属性*/
[ TYPE_WARNING ]                                      /*类型转换警告信息*/
FOR select_statement                                  /*SELECT 查询语句*/
[ FOR UPDATE [ OF column_name [ ,…n ] ] ]             /*可修改的列*/
[;]
```

以下是一个 T-SQL 扩展游标声明：

```
DECLARE XS_CUR2 CURSOR
     DYNAMIC
     FOR
             SELECT 学号,姓名
             FROM 学生
             WHERE 年级= '2010'
     FOR UPDATE OF 班级编号
```

2. 打开游标

声明游标后，要使用游标从中提取数据就必须先打开游标。在 T-SQL 语言中使用 OPEN 语句打开游标，其格式为：

```
OPEN { { [ GLOBAL ] cursor_name } | cursor_variable_name }
```

其中：cursor_name 是要打开的游标名；cursor_variable_name 是游标变量名，该名称引用一个游标；GLOBAL 说明打开的是全局游标，否则打开局部游标。

游标在打开状态下不能再被打开，也就是 OPEN 语句只能打开已声明但尚未打开的游标。打开一个游标以后，可以使用全局变量@@ERROR 判断打开操作是否成功，如果返回值为 0，表示游标打开成功，否则表示打开失败。当游标被成功打开时，游标位置指向记录集的第一行之前。

游标打开成功后，可以使用全局变量@@CURSOR_ROWS 返回游标中的记录数。

【例 8.27】 定义游标 XS_CUR3，然后打开该游标，输出其行数。

代码如下：

```
DECLARE XS_CUR3 CURSOR
LOCAL SCROLL SCROLL_LOCKS
FOR
SELECT 学号，姓名，班级编号  FROM  学生
FOR UPDATE OF 班级编号
OPEN XS_CUR3
SELECT  '游标 XS_CUR3 数据行数'  = @@CURSOR_ROWS
```

3. 读取数据

游标被成功打开后，就可以使用 FETCH 命令从中检索特定的数据。提取游标中数据的语法格式为：

```
FETCH
[ [ NEXT | PRIOR | FIRST | LAST | ABSOLUTE { n | @nvar } | RELATIVE { n | @nvar} ]
   FROM ]
{ { [ GLOBAL ] cursor_name } | @cursor_variable_name }
[ INTO @variable_name [ ,…n ] ]
```

【例 8.28】 从游标 XS_CUR1 中提取数据。假设该游标已经声明并打开。

代码如下：

```
FETCH  NEXT  FROM  XS_CUR1
```

执行结果如图 8.11 所示。

图 8.11　例 8.28 的执行结果

【例 8.29】 从游标 XS_CUR2 中提取数据。假设该游标已经声明。

代码如下：

```
OPEN XS_CUR2
FETCH FIRST  FROM  XS_CUR2        /*读取游标第一行（当前行为第一行）*/
FETCH NEXT FROM XS_CUR2           /*读取下一行（当前行为第二行）*/
FETCH PRIOR  FROM  XS_CUR2       /*读取上一行（当前行为第一行）*/
FETCH LAST  FROM  XS_CUR2        /*读取最后一行（当前行为最后一行）*/
FETCH RELATIVE -2 FROM XS_CUR2   /*读取当前行的上两行（当前行为倒数第三行）*/
```

4. 关闭游标

游标使用完毕后应该关闭游标，释放当前结果集，以便释放游标所占用的系统资源。关闭游标的语法格式为：

```
CLOSE cursor_name
```

关闭游标后，系统删除了游标中所有的数据，所以不能再从游标中提取数据。但是，可以再使用 OPEN 命令重新打开游标使用。在一个批处理中，可以多次打开和关闭游标。

5. 删除游标

如果一个游标确定不再使用时可以将其删除，彻底释放游标所占系统资源。释放游标的语法格式为：

```
DEALLOCATE cursor_name
```

释放游标即将其删除，如果想重新使用游标就必须重新声明一个新的游标。

8.9.2 游标的运用

【例 8.30】 在“学生成绩管理系统”数据库中，使用游标逐行显示“学生”表中的学生信息。

代码如下：

```
USE 学生成绩管理系统
GO
--定义游标
DECLARE c_xs  CURSOR KEYSET FOR SELECT 姓名,性别,班级编号 FROM 学生
OPEN c_xs                                                        --打开游标
DECLARE @xm nvarCHAR(8),@xb CHAR(2),@xl nvarCHAR(10)
IF @@ERROR=0                                                  --判断游标打开是否成功
 BEGIN
     IF @@CURSOR_ROWS>0
     BEGIN
     PRINT '共有学生'+RTRIM(CAST(@@CURSOR_ROWS AS CHAR(3)))+'名，分别是：'
             PRINT ''
     FETCH NEXT FROM c_xs INTO @xm,@xb,@xl
                                        --提取游标中第一条记录，将其字段内容分别存入变量中
     WHILE (@@FETCH_STATUS=0)            --检测全局变量@@FETCH_STATUS，如果有记录，继续循环
      BEGIN
       PRINT @xm+'，'+@xb+'，'+@xl
       FETCH NEXT FROM c_xs INTO @xm,@xb,@xl
                                          --提取游标中下一条记录，将其字段内容分别放入变量中
             END
         END
         END
ELSE
PRINT '游标存在问题！'
CLOSE c_xs        --关闭游标
DEALLOCATE c_xs   --删除游标
GO
```

执行结果如图 8.12 所示。

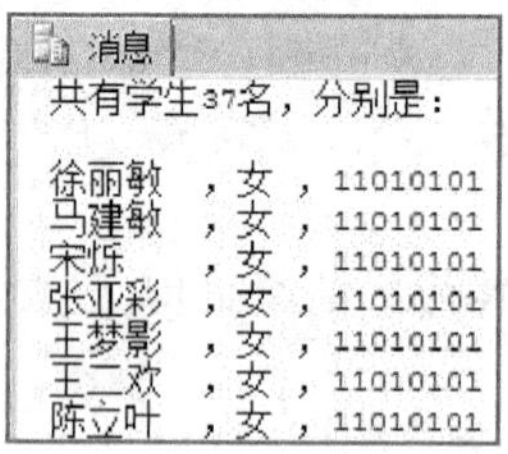

图 8.12 例 8.30 的执行结果

【例 8.31】 在“学生成绩管理系统”数据库中生成一张备份课程表，使用游标删除一门课程，修改一门课程。

代码如下：

```
USE 学生成绩管理系统
```

```
GO
SELECT * INTO 课程备份 FROM 课程
SELECT * FROM 课程备份
GO
DECLARE c_xiugai  CURSOR  SCROLL  DYNAMIC  FOR SELECT * FROM 课程备份      --定义游标
OPEN c_xiugai                                                              --打开游标
FETCH FIRST  FROM c_xiugai                                     --提取第一条记录的内容
DELETE FROM 课程备份  WHERE CURRENT OF c_xiugai                   --删除第一条记录
FETCH  LAST  FROM c_xiugai                                     --提取最后一条记录的内容
UPDATE 课程备份 SET 课程名称='大学语文'
WHERE CURRENT OF c_xiugai                                        --修改最后一条记录
CLOSE c_xiugai                                                 --关闭游标
DEALLOCATE c_xiugai                                             --删除游标
GO
SELECT * FROM 课程备份
GO
```

在查询编辑器中运行以上代码，结果如图 8.13 所示。

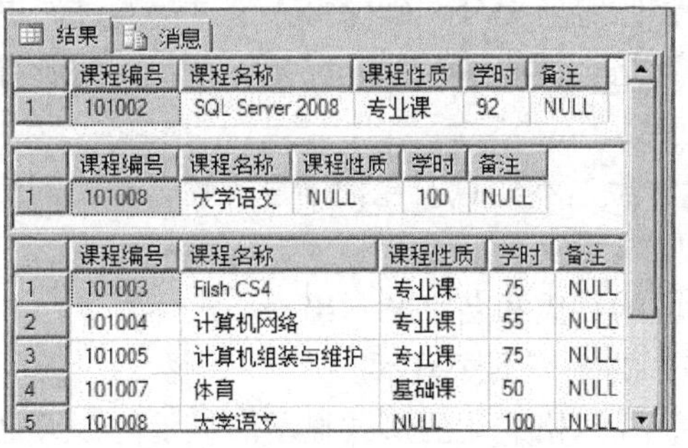
结果 | 消息

	课程编号	课程名称	课程性质	学时	备注
1	101002	SQL Server 2008	专业课	92	NULL

	课程编号	课程名称	课程性质	学时	备注
1	101008	大学语文	NULL	100	NULL

	课程编号	课程名称	课程性质	学时	备注
1	101003	Flish CS4	专业课	75	NULL
2	101004	计算机网络	专业课	55	NULL
3	101005	计算机组装与维护	专业课	75	NULL
4	101007	体育	基础课	50	NULL
5	101008	大学语文	NULL	100	NULL

图 8.13　例 8.31 的执行结果

练 习 题

现有数据库“学生选课系统”，该数据库中有 3 个表：学生表（学号，姓名，性别，出生日期，专业，总学分，备注），总学分是当前的必修课所获得的总学分；课程表（课程号，课程名，开课学期，学时，学分），学分为本门选修课的学分；成绩表（学号，课程号，成绩），该数据是学生选课成绩，一个学生可以选多门课，一门课可以被多个学生选修。在该数据库中完成如下习题。

1. 创建用户自定义函数 ex，通过输入学号判断某一个学生是否存在于学生表中，如果存在返回为 0，否则返回-1；调用该函数判断表中是否存在“081121”这个学生。

2. 创建用户自定义标量值函数 zxf，用于计算某个学生的选课总学分。计算王林选课获得的学分。

3. 创建用户自定义标量值函数 pingjun，该函数通过输入某课程号，计算该课程的平均分。调用该函数计算 101 课程的平均分。

4. 创建用户自定义标量值函数 cj，该函数通过输入某人的姓名和选修的课程名返回该课程的成绩。调用该函数显示王林的计算机基础课程的成绩。

5. 创建用户自定义内嵌表值函数 kch，该函数通过输入某个人的学号，显示该学生所选的课程号、课程名及成绩。调用该函数显示学号为 081101 的学生选课情况。

6. 创建用户自定义内嵌表值函数 zhy，通过输入专业名显示某个专业的学生信息。如：调用该函数显示“计算机”专业的学生信息。

7. 创建用户自定义内嵌表值函数 xuank，通过输入课程号，显示选修该课程的学生学号、姓名及成绩。

8. 调用该函数显示选修了“101”号课程的学生学号姓名及成绩，创建用户自定义多语句表值函数 chengji，该函数可以根据输入的课程名称返回选修该课程的学生姓名和成绩。注：返回表包含 3 个字段课程名称、姓名和成绩。调用该函数返回选修计算机基础课程的学生姓名和成绩。

9. 对成绩进行反复加分，直到每个人平均分都超过 85 分为止。

10. 查找比李明大一岁或小一岁的学生信息。

11. 统计并显示计算机专业的平均分，如果平均分在 70 分以上，显示“成绩优秀“，并显示计算机专业前三名学员的考试信息；如果在 70 分以下，显示“本班成绩较差“，并显示计算机专业后三名学员的考试信息。

12. 本次考试成绩较差，假定要提分，确保每人笔试都通过。提分规则很简单，如果没有全部通过，每人再加 2 分，再看是否都通过，如此反复提分，直到所有人都通过为止，并输出提分次数。

13. 利用 case 语句显示学生基本信息，包括学号、姓名和性别信息，显示时如果性别为“1”则显示“男”，如果为“0”则显示女。

14. 将学生表的姓名字段的姓氏和名字显示出来。

15. 将“china”字符串中的字符倒序显示。

16. 查看当天的年月日，并以格式化的形式显示。显示“今天是 2012 年 05 月 17 日”。

17. 创建用户自定义标量值函数 xuefen，该函数通过输入成绩来判断成绩学分，成绩小于 60 分学分为 0，60～70 之间显示“1.0”，70～80 之间显示“1.2”，80～100 之间显示“1.5”。调用该函数，将成绩表中的成绩用相应的学分显示。

18. 创建用户自定义标量值函数 pingjun，该函数通过输入某个人的学号计算该学生的平均分。调用该函数显示学号为 081101 的学生的平均分。

第 9 章 存储过程与触发器

存储过程和触发器是 SQL Server 数据库系统中重要的数据库对象，使用存储过程和触发器可以将 T-SQL 语句和控制流语句编译成代码段并保存在服务器端，以提高数据访问的速度与效率，并且可提供良好的安全机制。本章将主要介绍存储过程和触发器的概念、作用和基本操作。

学习目标

1. 了解存储过程的类型
2. 熟悉存储过程创建的语法格式
3. 掌握存储过程的修改、删除、加密和调用方法
4. 了解触发器的类型和作用
5. 熟悉各种类型触发器的创建
6. 掌握触发器的修改、删除和加密方法

9.1 存储过程

9.1.1 存储过程的概念

存储过程（Stored Procedure）是一组完成特定功能的 SQL 语句集，经过编译后存储在数据库中。也可以把存储过程看成是以数据库对象形式存储在 SQL Server 服务端的一段程序或函数。

存储过程中可以包含 SQL 语句、程序流和逻辑等，可以接收参数、输出参数、返回单个或多个结果集以及返回值。

使用存储过程的优点如下。

（1）存储过程大大增强了 SQL 语言的功能和灵活性。存储过程可以用流控制语句编写，有很强的灵活性，可以完成复杂的判断和较复杂的运算。

（2）可保证数据的安全性和完整性。通过存储过程可以设定只有某些用户才具有对指定存储过程的使用权，从而保证数据的安全。通过存储过程可以使相关的动作在一起发生，从而可以维护数据库的完整性。

（3）在运行存储过程前，数据库已对其进行了语法和句法分析，并给出了优化执行方案。这种已经编译好的过程可极大地改善 SQL 语句的性能。由于执行 SQL 语句的人部分工作已经完成，所以存储过程能以极快的速度执行。存储过程执行一次后，就驻留在高速缓冲存储器，在以后的操作中只需从高速缓冲存储器中调用已编译好的二进制代码执行，提高了系统性能。

（4）可以降低网络的通信量。存储过程中包含大量的 T-SQL 语句，是以一个独立的单元存放在服务器上。调用存储过程时，只需要传递执行存储过程的调用命令即可，从而减少了网络上数据的传输。

（5）使体现业务逻辑规则的运算程序放入数据库服务器中，以便集中控制。当业务逻辑发生变化时，在服务器中改变存储过程即可，无须修改任何应用程序。

（6）存储过程可以重复使用，可减少数据库开发人员的工作量。

9.1.2 存储过程的类型

SQL Server 2008 中的存储过程有以下几种类型。

1. 系统存储过程

SQL Server 中的许多管理活动都是通过一种特殊的存储过程执行的，这种存储过程被称为系统存储过程。例如，sys.sp_help 就是一个系统存储过程。从物理意义上讲，系统存储过程存储在源数据库中，并且带有 sp_前缀。从逻辑意义上讲，系统存储过程出现在每个系统定义数据库和用户自定义数据库的 sys 构架中。在 SQL Server 2008 中，可将 GRANT、DENY 和 REVOKE 权限应用于系统存储过程。

2. 扩展存储过程

扩展存储过程允许用户使用编程语言（例如 C 语言）创建自己的外部例程。扩展存储过程是指 Microsoft SQL Server 的实例可以动态加载和运行的 DLL。扩展存储过程直接在 SQL Server 实例的地址空间中运行，可以使用 SQL Server 扩展存储过程 API 完成编程。

3. 用户存储过程

在 SQL Server 2008 中，用户存储过程有两种类型：T-SQL 存储过程和 CLR 存储过程。

（1）T-SQL 存储过程

T-SQL 存储过程可以保存 T-SQL 语句集合，可以接受和返回用户提供的参数。例如，存储过程中可能包含根据客户端应用程序提供的信息在一个或多个表中插入新行所需的语句。存储过程也可能从数据库向客户端应用程序返回数据。例如，电子商务 Web 应用程序可能使用存储过程根据联机用户指定的搜索条件返回有关特定产品的信息。

（2）CLR 存储过程

CLR 存储过程是指对 Microsoft .NET Framework 公共语言运行时（CLR）中方法的引用，可以接受和返回用户提供的参数。它们在.NET Framework 程序集中是作为类的公共静态方法实现的。

9.1.3 存储过程的创建与执行

在 SQL Server 2008 中创建存储过程有两种方法：一种是使用 T-SQL 语句创建存储过程；另一种是使用图形界面方式创建。在创建存储过程时，需要注意以下几点。

- 只能在当前数据库中创建存储过程，临时存储过程总是存放在系统数据库 tempdb 中。
- 需要具有数据库的 CREATE PROCEDURE 权限，同时还必须具有对架构的 Alter 权限。
- 存储过程的命名必须符合数据库对象命名规则。
- 存储过程中不能包含 CREATE FUNCTION、CREATE PROCEDURE、CREATE TRIGGER、CREATE VIEW 等语句。

- 存储过程的创建只能在单个批处理中进行。

（1）使用 T-SQL 语句创建存储过程

使用 T-SQL 语句创建存储过程的语法格式如下：

```
CREATE { PROC | PROCEDURE } [schema_name.] procedure_name [; number ]
    [ { @parameter [ type_schema_name. ] data_type }
        [ VARYING ] [ = default ] [ OUT | OUTPUT ] [READONLY]
    ] [ ,…n ]
[ WITH <procedure_option> [ , …n ] ]
[ FOR REPLICATION ]
AS { <sql_statement> [;][…n ] | <method_specifier> }
[;]
<procedure_option> ::=
      [ ENCRYPTION ]
      [ RECOMPILE ]
      [ EXECUTE AS Clause ]
<sql_statement> ::=
{ [ BEGIN ] statements [ END ] }
<method_specifier> ::=
EXTERNAL NAME assembly_name.class_name.method_name
```

以上语句中的主要参数说明如下。

- schema_name：存储过程所属架构的名称。
- procedure_name：新存储过程的名称。存储过程名称必须遵循有关标识符的规则，并且在架构中必须唯一。建议不在存储过程名称中使用前缀 sp_，此前缀由 SQL Server 使用，以指定系统存储过程。可在 procedure_name 前面使用一个数字符号（#）(#procedure_name）来创建局部临时存储过程，使用两个数字符号（##procedure_name）来创建全局临时存储过程。对于 CLR 存储过程，不能指定临时名称。存储过程或全局临时存储过程的完整名称（包括 ##）不能超过 128 个字符。局部临时存储过程的完整名称（包括#）不能超过 116 个字符。
- number：是可选整数，用于对同名的过程分组。使用一个 DROP PROCEDURE 语句可将这些分组过程一起删除。例如 proc;1、proc;2 等存储过程，DROP PROCEDURE proc 语句将删除整个组。如果名称中包含分隔标识符，则数字不应包含在标识符中，只应在 procedure_name 前后使用适当的分隔符。
- @ parameter：存储过程中的参数。在 CREATE PROCEDURE 语句中可以声明一个或多个参数。除非定义了参数的默认值或者将参数设置为等于另一个参数，否则用户必须在调用过程时为每个声明的参数提供值。存储过程最多可以有 2 100 个参数。如果过程包含表值参数，并且该参数在调用中缺失，则传入空表默认值。通过将符号@用作第一个字符来指定参数名称。参数名称必须符合有关标识符的规则。每个存储过程的参数仅用于该存储过程本身，其他存储过程中可以使用相同的参数名称。默认情况下，参数只能代替常量表达式，而不能用于代替表名、列名或其他数据库对象的名称。如果指定了 FOR REPLICATION，则无法声明参数。
- data_type：参数以及所属架构的数据类型。所有数据类型都可以用作 T-SQL 存储过程的参数。可以使用用户自定义表类型来声明表值参数作为 T-SQL 存储过程的参数。只能将表值参数指定为输入参数，这些参数必须带有 READONLY 关键字。cursor 数据类型只能用于 OUTPUT 参数。如果指定了 cursor 数据类型，则还必须指定 VARYING 和 OUTPUT 关键字。可以为 cursor 数据类型指定多个输出参数。

- VARYING：指定作为输出参数支持的结果集。该参数由存储过程动态构造，其内容可能发生改变。其仅适用于 cursor 参数。
- default：参数的默认值。如果定义了 default 值，则无需指定此参数的值即可执行过程。默认值必须是常量或 NULL。如果过程使用带 LIKE 关键字的参数，则应使用通配符。
- OUTPUT：指示参数是输出参数。此选项的值可以返回给调用 EXECUTE 的语句。使用 OUTPUT 参数将值返回给存储过程的调用方。使用 OUTPUT 关键字的输出参数可以为游标占位符，不能将用户自定义表类型指定为存储过程的 OUTPUT 参数。
- READONLY：指示不能在存储过程的主体中更新或修改参数。如果参数类型为用户定义的表类型，则必须指定 READONLY。
- RECOMPILE：指示数据库引擎不缓存该过程的计划，该过程在运行时编译。如果指定了 FOR REPLICATION，则不能使用此选项。
- ENCRYPTION：指示 SQL Server 将 CREATE PROCEDURE 语句的原始文本进行加密。加密后的代码输出在 SQL Server 的任何目录视图中都不能直接显示。
- EXECUTE AS：指定在其中执行存储过程的安全上下文。
- FOR REPLICATION：指定不能在订阅服务器上执行为复制而创建的存储过程。使用 FORREPLICATION 选项创建的存储过程可用作存储过程筛选器，且只能在复制过程中执行。如果指定了 FOR REPLICATION，则无法声明参数。
- sql_statement：要包含在过程中的一个或多个 T-SQL 语句。
- EXTERNAL NAME assembly_name.class_name.method_name：指定.NET Framework 程序集的方法，以便 CLR 存储过程引用。

下面通过几个实例来介绍 CREATE PROCEDURE 语句的使用方法。

① 不带参数的存储过程

【例 9.1】 在“学生成绩管理系统”数据库中创建一个存储过程，该存储过程返回 2010 级学生信息。该存储过程不使用任何参数，可在【查询编辑器】窗口中输入如下代码：

```
USE 学生成绩管理系统
GO
CREATE PROCEDURE GetStuInfo
AS
  SELECT * FROM 学生
  WHERE 年级='2010'
```

单击工具栏中【执行】按钮 执行(X)，创建该存储过程。存储过程创建成功后，执行存储过程：

```
EXECUTE GetStuInfo
```

执行结果如图 9.1 所示。

	学号	姓名	性别	出生日期	政治面貌	班级编号	年级	备注
1	1001010127	安旭	男	1992-11-25	团员	10010101	2010	NULL
2	1001010130	孙先楠	男	1991-05-18	党员	10010101	2010	NULL
3	1001010101	安分	男	1991-03-05	团员	10010101	2010	NULL
4	1001010204	胡新华	男	1991-06-27	团员	10010102	2010	NULL

图 9.1 例 9.1 的执行结果

② 带输入参数的存储过程

【例 9.2】 在“学生成绩管理系统”数据库中创建一个存储过程，该存储过程返回某年级某性别的学生信息。该存储过程接收两个输入参数，分别对应年级和性别，可在【查询编辑器】窗口中输入如下代码：

```
USE 学生成绩管理系统
GO
CREATE PROCEDURE GetStuInfoByCon @Grade char(4),@Sex nchar(1)
AS
  SELECT * From 学生
  WHERE 年级=@Grade AND 性别=@Sex
```

单击工具栏中【执行】按钮 执行(X)，创建该存储过程。存储过程创建成功后，执行存储过程：

```
EXECUTE GetStuInfoByCon '2011', '女'
```

执行结果如图 9.2 所示。

	学号	姓名	性别	出生日期	政治面貌	班级编号	年级	备注
1	1101010101	徐丽敏	女	1992-04-24	团员	11010101	2011	NULL
2	1101010102	马建敏	女	1993-08-13	团员	11010101	2011	NULL
3	1101010103	宋烁	女	1992-05-18	团员	11010101	2011	NULL
4	1101010104	张亚彩	女	1992-08-05	团员	11010101	2011	NULL
5	1101010105	王梦影	女	1992-06-22	团员	11010101	2011	NULL
6	1101010106	王二欢	女	1991-09-18	团员	11010101	2011	NULL
7	1101010107	陈立叶	女	1991-07-16	团员	11010101	2011	NULL
8	1101010108	张雪薇	女	1992-10-28	团员	11010101	2011	NULL
9	1101010109	申金秀	女	1991-01-16	团员	11010101	2011	NULL
10	1101010110	张亚辉	女	1992-11-27	团员	11010101	2011	NULL
11	1101010111	徐伟贤	女	1992-12-08	团员	11010101	2011	NULL
12	1101010112	侯宁宁	女	1991-09-04	党员	11010101	2011	NULL
13	1101010131	马爽	女	1992-09-16	团员	11010101	2011	NULL
14	1101010132	牛玉环	女	1991-08-26	党员	11010101	2011	NULL
15	1101010133	马爽	女	1991-08-26	团员	11010101	2011	NULL
16	1101010201	李媛	女	1991-08-02	团员	11010201	2011	NULL

图 9.2 例 9.2 的执行结果

以下命令的执行结果与上面相同：

```
EXECUTE GetStuInfoByCon  @Grade='2011',@Sex= '女'
```

或者如下：

```
DECLARE @ProcStu VarChar(20)
SET @ProcStu ='GetStuInfoByCon'
EXECUTE @ProcStu  @Grade='2011',@Sex= '女'
```

③ 输入参数使用默认值的存储过程

【例 9.3】 在"学生成绩管理系统"数据库中创建一个存储过程，该存储过程返回根据姓氏查询得到的学生信息，如果未提供查询的姓氏，则默认查询姓张的学生信息。可在【查询编辑器】窗口中输入如下代码并执行：

```
USE 学生成绩管理系统
GO
CREATE PROCEDURE SerachStuInfo  @SurName NVarchar(2)='张'
AS
  SELECT * FROM 学生
  WHERE 姓名 LIKE @SurName+'%'
```

执行该存储过程：

```
EXECUTE SerachStuInfo '李'
```

执行结果如图 9.3 所示。

	学号	姓名	性别	出生日期	政治面貌	班级编号	年级	备注
1	1101010113	李高鹏	男	1992-07-12	团员	11010101	2011	NULL
2	1101010114	李叶飞	男	1992-02-23	团员	11010101	2011	NULL
3	1101010115	李世泽	男	1991-08-18	团员	11010101	2011	NULL
4	1101010117	李磊	男	1993-09-01	团员	11010101	2011	NULL
5	1101010118	李高高	男	1991-10-04	党员	11010101	2011	NULL
6	1101010201	李媛	女	1991-08-02	团员	11010201	2011	NULL

图 9.3　带参数的执行结果

不带参数执行该存储过程：

```
EXECUTE SerachStuInfo
```

执行结果如图 9.4 所示。

	学号	姓名	性别	出生日期	政治面貌	班级编号	年级	备注
1	1101010104	张亚彩	女	1992-08-05	团员	11010101	2011	NULL
2	1101010108	张雪薇	女	1992-10-28	团员	11010101	2011	NULL
3	1101010110	张亚辉	女	1992-11-27	团员	11010101	2011	NULL

图 9.4　不带参数的执行结果

④ 带输出参数的存储过程

【例 9.4】 在“学生成绩管理系统”数据库中创建一个存储过程，该存储过程根据年级返回学生人数。可在【查询编辑器】窗口中输入如下代码并执行：

```
USE 学生成绩管理系统
GO
CREATE PROCEDURE GetNumByGrade @Grade Char(4),@Num INT OUTPUT
AS
  SELECT @Num = COUNT(*)  FROM  学生
  WHERE 年级=@Grade
```

执行该存储过程：

```
DECLARE @StuNum INT
EXECUTE GetNumByGrade '2011',@StuNum OUTPUT
SELECT @StuNum
```

执行结果如图 9.5 所示。

	(无列名)
1	33

图 9.5　例 9.4 的执行结果

⑤ 加密存储过程

可使用 WITH ENCRYPTION 选项对存储过程进行加密，对用户隐藏存储过程的脚本。

【例 9.5】 在“学生成绩管理系统”数据库中创建一个加密存储过程，该存储过程可获取所有学生信息。可在【查询编辑器】窗口中输入如下代码并执行：

```
USE 学生成绩管理系统
GO
CREATE PROCEDURE GetInfo
WITH ENCRYPTION
AS
  SELECT * FROM  学生
```

存储过程加密后，将无法直接查看其脚本，如使用系统存储过程 sp_helpext 查看：

```
EXEC sp_helptext GetInfo
```

查看的结果是显示提示信息“对象‘GetInfo’的文本已加密”。

（2）使用图形界面创建存储过程

SQL Server 2008 中还可以使用图形界面方式创建存储过程。下面以在“学生成绩管理系统”数据库中创建存储过程为例介绍创建存储过程的主要步骤。

打开【SQL Server Management Studio】窗口，在【对象资源管理器】窗口中依次展开【数据库】→【学生成绩管理系统】→【可编程性】→【存储过程】节点，右键单击【存储过程】节点，在弹出的快捷菜单中选择【新建存储过程】命令，打开如图 9.6 所示的【存储过程脚本编辑】窗口，在该窗口中输入要创建的存储过程代码，输入完成后单击工具栏中的【执行】按钮，若执行成功系统会提示“命令已成功完成”　。

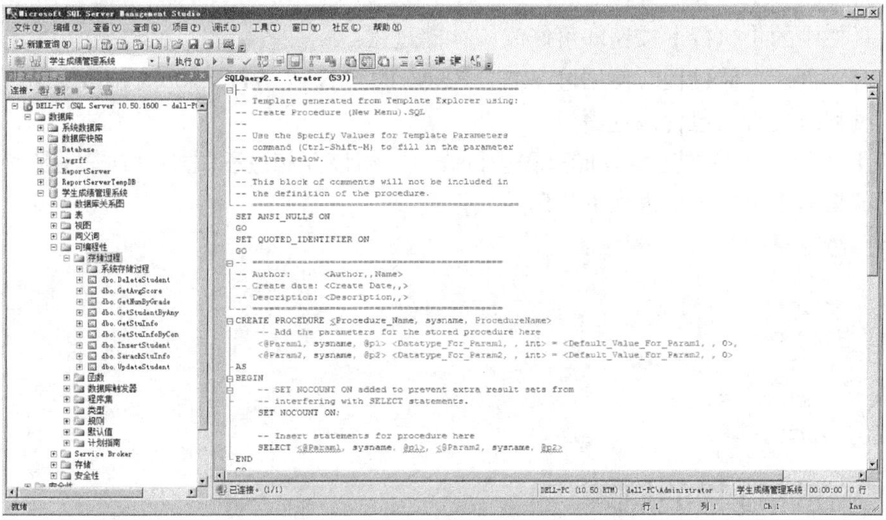

图 9.6 【存储过程脚本编辑】窗口

存储过程创建成功之后，用户可在【存储过程】节点上刷新查看新建的存储过程。

9.1.4　存储过程的修改

可使用 ALTER PROCEDURE 命令对已经存在的存储过程进行修改，其语法格式如下：

```
ALTER { PROC | PROCEDURE } [schema_name.] procedure_name [ ; number ]
    [ { @parameter [ type_schema_name. ] data_type }
    [ VARYING ] [ = default ] [ [ OUT [ PUT ]
    ] [ ,…n ]
[ WITH <procedure_option> [ , …n ] ]
[ FOR REPLICATION ]
AS
    { <sql_statement> […n ] | <method_specifier> }
<procedure_option> ::=
    [ ENCRYPTION ]
    [ RECOMPILE ]
    [ EXECUTE_AS_Clause ]
<sql_statement> ::=
{ [ BEGIN ] statements [ END ] }
<method_specifier> ::=
EXTERNAL NAME
```

```
assembly_name.class_name.method_name
```

其中各参数的含义与 CREATE PROCEDURE 命令相同，在这里不再赘述。

在使用 ALTER PROCEDURE 命令修改存储过程后，存储过程的权限和启动属性不会发生变化。

【例 9.6】 对例 9.1 中创建的存储过程进行修改，给该存储过程添加一个按姓名查询的参数。可在【查询编辑器】窗口中输入如下代码：

```
USE 学生成绩管理系统
GO
ALTER  PROCEDURE GetInfo @Name NVarChar(6)
AS
  SELECT  *  FROM  学生
  WHERE 年级='2010' AND 姓名=@Name
```

单击工具栏中的【执行】按钮即可修改该存储过程。

另外，对于创建存储过程时使用过 WITH ENCRPTION 或 WITH RECOMPILE 的存储过程，在修改存储过程时也必须包含该选项。

【例 9.7】 对例 9.5 中创建的存储过程进行修改，给该存储过程添加一个按姓名查询的参数。可在【查询编辑器】窗口中输入如下代码并执行：

```
USE 学生成绩管理系统
GO
ALTER PROCEDURE GetInfo @Name NVarChar(6)
WITH ENCRYPTION
AS
  SELECT * FROM  学生
  WHERE 姓名=@Name
```

9.1.5　存储过程的删除

对于数据库中无用的存储过程可以使用 DROP PROCEDURE 命令予以删除，该命令的语法格式如下：

```
DROP { PROC | PROCEDURE } { [ schema_name. ] procedure } [ , …n ]
```

说明：PROCEDURE 是指要被删除的存储过程或存储过程组的名称。

【例 9.8】 删除存储过程 GetInfo。可在【查询编辑器】窗口中输入如下代码并执行：

```
USE 学生成绩管理系统
GO
DROP PROCEDURE GetInfo
```

9.1.6　运用界面管理存储过程

通过 SQL Server 2008 的图形界面也可以实现创建、执行、修改、删除和查看存储过程等操作。

1. 使用图形界面方式执行存储过程

在【对象资源管理器】窗口中依次展开【数据库】→【学生成绩管理系统】→【可编程性】→【存储过程】节点，可以看到当前数据库中所创建的所有存储过程，以例 9.2 中所创建的存储过程“GetStuInfoByCon”为例，右键单击该存储过程，在弹出的快捷菜单中选择【执行存储过程】

命令，弹出如图 9.7 所示的【执行过程】对话框。

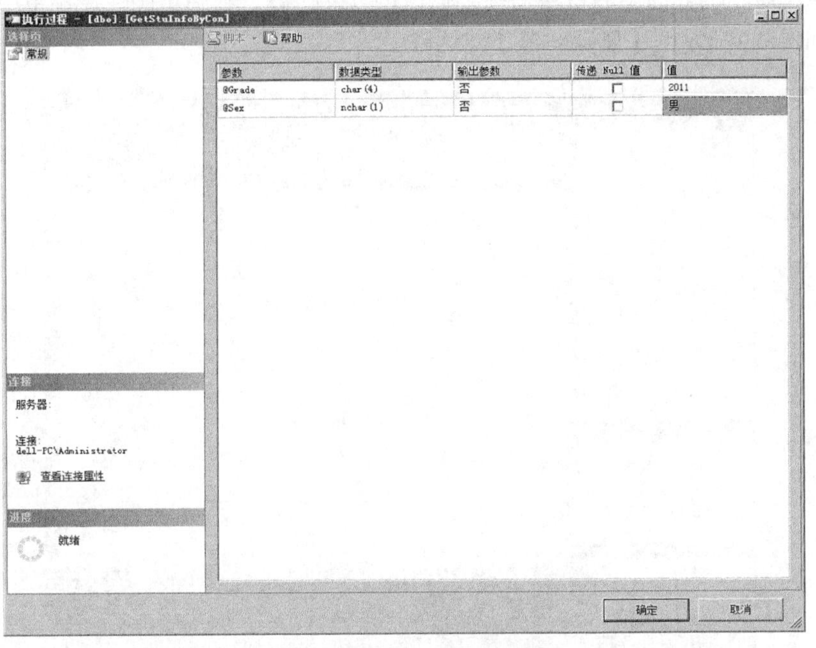

图 9.7 【执行过程】对话框

在该对话框的【值】一栏中输入各输入参数的值，单击【确定】按钮即可执行该存储过程。

2. 使用图形界面修改存储过程

在如图 9.6 所示的界面中右键单击需要修改的存储过程，在弹出的快捷菜单中选择【修改】命令，如图 9.8 所示。

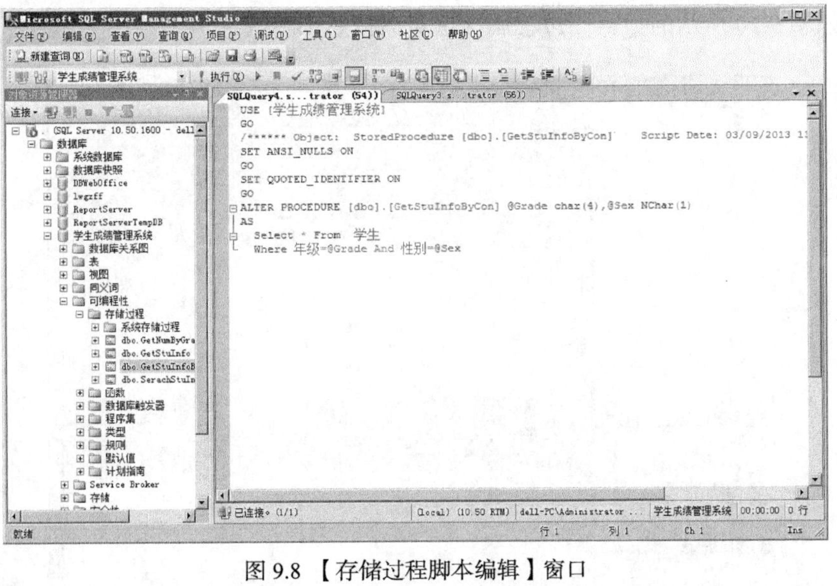

图 9.8 【存储过程脚本编辑】窗口

在图 9.8 中可对存储过程的脚本进行修改，修改完成后，单击工具栏中的【执行】按钮即可完成修改操作。

3. 使用图形界面方式删除存储过程

在如图 9.6 所示的界面中右键单击需要修改的存储过程，在弹出的快捷菜单中选择【删除】命令，打开如图 9.9 所示的【删除对象】对话框。

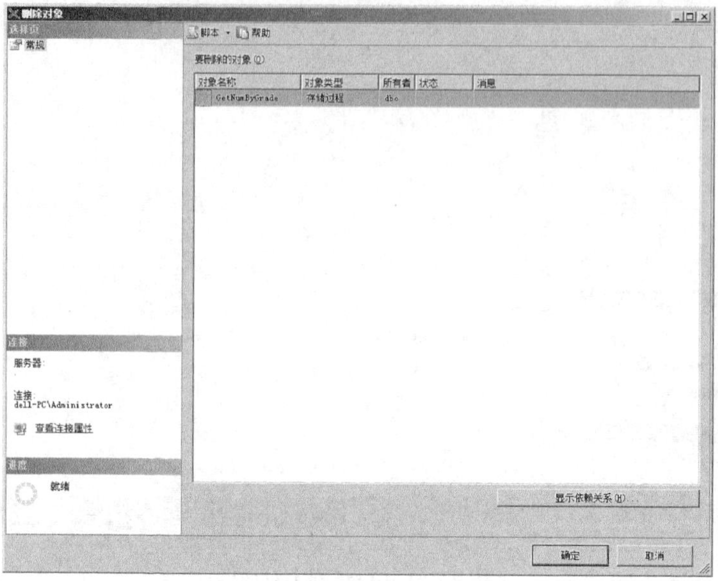

图 9.9 【删除对象】对话框

在图 9.9 中单击【确定】按钮即可删除该存储过程。如果存储过程之间存在依赖关系，请慎重操作，以免影响其他存储过程的执行。

4. 使用图形界面方式查看存储过程

在如图 9.6 所示的界面中右键单击需要查看的存储过程，在弹出的快捷菜单中选择【属性】命令，打开如图 9.10 所示的【存储过程属性】对话框。

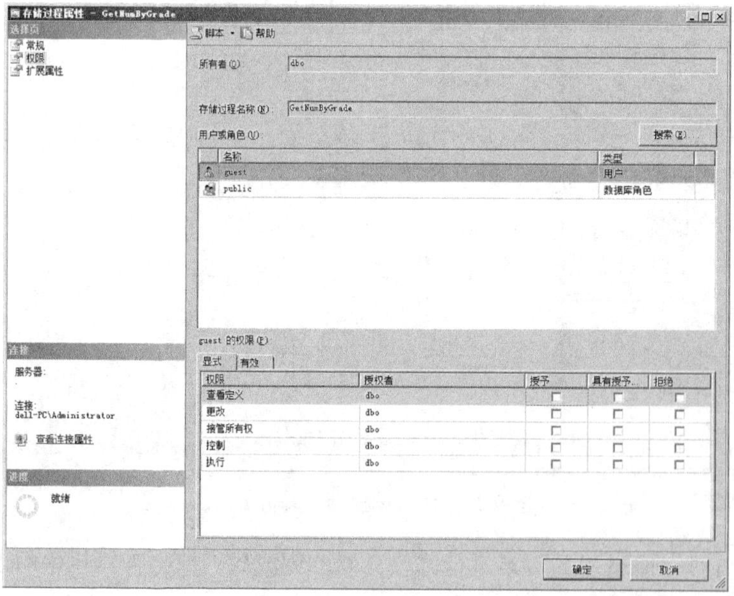

图 9.10 【存储过程属性】对话框

图 9.10 所示为存储过程“GetNumByGrade”的属性对话框，在这里可以分别查看其【常规】、【权限】和【扩展属性】3 类属性，图 9.10 所示为其【权限】属性。

9.1.7　存储过程设计案例

【例 9.9】 在“学生成绩管理系统”数据库中创建一个存储过程，要求该存储过程能根据学号计算出该学生所有课程的平均成绩，当输入的学号不存在时返回成绩 0。

本例代码如下：

```
USE 学生成绩管理系统
GO
CREATE PROCEDURE GetAvgScore @stuno char(12),@score int OUTPUT
AS
BEGIN
  SELECT @score = ISNULL(AVG(成绩),0)
  FROM  成绩
  WHERE 学号=@stuno
END
```

其中，ISNULL 函数用于判断表达式是否为空值，如果为空值，则返回值 0。

【例 9.10】 在“学生成绩管理系统”数据库中创建一个存储过程，要求该存储过程能根据学生表的任意字段查询学生信息。

本例代码如下：

```
USE 学生成绩管理系统
GO
CREATE PROCEDURE GetStudentByAny @fieldname varchar(50),@fieldvalue varchar(50)
AS
BEGIN
  DECLARE @sql varchar(1000)
  IF @FieldName ='出生日期'
      SET @sql = 'SELECT *  FROM 学生 WHERE ' + @fieldname + ' = '" + @fieldvalue + ""
  ELSE
      SET @sql = 'SELECT *  FROM 学生 WHERE ' + @fieldname + ' LIKE "%' + @fieldvalue
+ '%"'

   EXECUTE(@sql)
END
```

【例 9.11】 在“学生成绩管理系统”数据库中创建一个存储过程，要求该存储过程能录入一条完整的学生记录，并能判断所录入的学号是否为 10 位、性别是否为男或女、班级编号是否为学号的前 8 位，根据相应情况给出反馈信息。

本例代码如下：

```
USE 学生成绩管理系统
GO
CREATE PROCEDURE InsertStudent
  @stuno char(10),          --学号
  @stuname varchar(8),      --姓名
  @sex nchar(1),            --性别
  @birth date,              --出生日期
  @polity varchar(50),      --政治面貌
```

```
  @classno char(8),   --班级编号
  @grade char(4),     --年级
  @memo varchar(500)  --备注
AS
BEGIN
  IF LEN(@stuno)<>10
   BEGIN
      PRINT '学号长度必须是 10 位！'
      RETURN
   END
  IF @sex<>'男' AND @sex<>'女'
     BEGIN
      PRINT '性别输入错误！'
      RETURN
   END
  IF LEFT(@stuno,8)<>@classno
   BEGIN
      PRINT '班级编号与学号不匹配！'
      RETURN
   END
  INSERT INTO 学生
  VALUES(@stuno,@stuname,@sex,@birth,@polity,@classno,@grade,@memo)
  PRINT  '录入成功！'
END
```

【例 9.12】 在"学生成绩管理系统"数据库中创建一个存储过程，要求该存储过程能根据学号修改其他信息，并能判断所输入的学号是否存在、性别是否为男或女、班级编号是否为学号的前 8 位，根据相应情况给出反馈信息。

本例代码如下：

```
USE 学生成绩管理系统
GO
CREATE PROCEDURE UpdateStudent
  @stuno char(10),          --学号
  @stuname varchar(8),      --姓名
  @sex nchar(1),            --性别
  @birth date,              --出生日期
  @polity varchar(50),      --政治面貌
  @classno char(8),         --班级编号
  @grade char(4),           --年级
  @memo varchar(500)        --备注
AS
BEGIN
  IF NOT EXISTS(SELECT * FROM 学生 WHERE 学号=@stuno)
   BEGIN
      PRINT '无此学号！'
      RETURN
   END
  IF @sex<>'男' AND @sex<>'女'
   BEGIN
```

```
        PRINT '性别输入错误! '
        RETURN
      END
    IF LEFT(@stuno,8)<>@classno
      BEGIN
        PRINT '班级编号与学号不匹配! '
        RETURN
      END

    UPDATE 学生
    SET 姓名=@stuname,
        性别=@sex,
        出生日期=@birth,
        政治面貌=@polity,
        班级编号=@classno,
        年级=@grade,
        备注=@memo
    WHERE 学号=@stuno

    PRINT '修改成功! '
  END
```

【例 9.13】 在"学生成绩管理系统"数据库中创建一个存储过程，要求该存储过程能根据学号删除学生信息，但如果该学生有成绩记录时则不允许删除该学生的信息。

本例代码如下：

```
  USE 学生成绩管理系统
  GO
  CREATE PROCEDURE DeleteStudent
    @stuno char(10)       --学号
  AS
  BEGIN
    IF NOT EXISTS(SELECT * FROM 学生 WHERE 学号=@stuno)
      BEGIN
        PRINT '无此学号! '
        RETURN
      END

    IF EXISTS(SELECT * FROM 成绩 WHERE 学号=@stuno)
      BEGIN
        PRINT '此学生存在成绩记录，不允许删除'
        RETURN
      END

    DELETE FROM 学生
    WHERE 学号=@stuno

    PRINT '删除成功! '
  END
```

9.2 触 发 器

9.2.1 触发器的概念

触发器（Trigger）是一种特殊类型的存储过程，由若干条 T-SQL 语句组成，可以实现一定的功能。与存储过程不同的是，触发器的执行不需要通过调用来完成，而是当用户对数据库、数据库对象、表中的数据执行某种操作后自动触发的。

触发器不允许带有参数，其定义依赖于各种对象，如表、数据库和服务器等，也可以看作是对象的一部分。

触发器中的代码可以查询其他表，而且可以包含复杂的 SQL 语句，主要用于强制服从复杂的业务规则或要求、保护特定的数据等。

9.2.2 触发器的分类

在 SQL Server 2008 中，按照触发事件的不同可以将触发器分为两大类：DML 触发器和 DDL 触发器。

1. DML 触发器

当数据库中表中的数据发生变化时，DML 触发器将自动执行。可能导致数据库中表数据发生变化的语句有 INSERT、UPDATE 和 DELETE。

根据语句的不同还可以将 DML 触发器进一步细分为 3 种类型：INSERT 触发器、UPDATE 触发器和 DELETE 触发器。

可利用 DML 触发器保持数据库中数据的完整性。例如，对于“学生成绩管理系统”数据库中的学生表和成绩表，当试图删除某学生的信息时，如果该学生在成绩表中有相应的成绩记录，则应阻止其删除，以免导致数据不一致，可以通过给学生表定义 DELETE 触发器来实现该操作。

根据触发器被激活的时机，DML 触发器可分为两种类型：AFTER 触发器和 INSTEAD OF 触发器。

AFTER 触发器又被称为后触发器，在引起触发器执行的操作成功完成之后激发该类触发器，如果操作因某种原因没有执行成功，则触发器不会执行。每个表可定义多个 AFTER 触发器，AFTER 触发器只能定义在表上，不能创建在视图上。

INSTEAD OF 触发器又被称为替代触发器，它代替触发操作执行，即触发器在数据发生变动之前被触发，取代操作数据的动作而执行触发器中定义的操作。INSTEAD OF 触发器既可以定义在表上，也可以定义在视图上，但对于每个触发操作（INSERT、UPDATE、DELETE）只能定义一个 INSTEAD OF 触发器。

DML 触发器的作用类似于约束，可以强制实体完整性或域完整性。相比较约束而言，DML 触发器有以下优点。

- DML 触发器可以将更改通过级联方式传播给数据库中的相关表，不过，使用级联引用完整性约束可以更有效地执行这些更改。除非 REFERENCES 子句定义了级联引用操作，否则 FOREIGN KEY 约束只能用与另一列中的值完全匹配的值来验证列值。
- DML 触发器可以防止恶意或错误的 INSERT、UPDATE 以及 DELETE 操作，并强制执行比 CHECK 约束定义的限制更为复杂的其他限制。

- 与 CHECK 约束不同，DML 触发器可以引用其他表中的列。例如，触发器可以使用另一个表中的数据比较插入或更新的数据，以及执行其他操作，如修改数据或显示用户定义错误信息。
- DML 触发器可以评估数据修改前后表的状态，并根据该差异采取措施。
- 一个表中的多个同类 DML 触发器（INSERT、UPDATE 或 DELETE 触发器）允许采取多个不同的操作来响应同一个修改语句。
- 约束只能通过标准化的系统错误消息来传递错误消息。 如果应用程序需要（或能受益于）使用自定义消息和较为复杂的错误处理，则必须使用触发器。
- DML 触发器可以禁止或回滚违反引用完整性的更改，从而取消所尝试的数据修改。当更改外键且新值与其主键不匹配时，这样的触发器将生效。

另外，如果触发器表上存在约束，则在 INSTEAD OF 触发器执行后但在 AFTER 触发器执行前检查这些约束。如果违反了约束，则回滚 INSTEAD OF 触发器操作，并且不执行 AFTER 触发器。

2. DDL 触发器

DDL 触发器也是由相应的事件触发的，但 DDL 触发器触发的事件是数据定义语句（DDL），如 CREATE、ALTER、DROP 等语句。它主要用于审核与规范对数据库中表、触发器、视图等结构上的操作，比如在修改表、修改列、新增表、新增列等。它在数据库结构发生变化时执行，可通过它来记录数据库的修改过程以及限制程序员对数据库的修改，比如不允许删除某些指定表等。

9.2.3　触发器的创建与执行

1. INSERTED 表和 DELETED 表

系统中有两个与触发器执行密切相关的专用临时表：INSERTED 表和 DELETED 表。在执行触发器时，系统为每个触发器创建专用临时表，它们的结构与触发器所依赖的表结构完全相同，表中的数据由系统自动进行维护，用户只能从中提取数据而不能修改其中的数据，触发器执行完成之后，与之相关的专用临时表就会被删除。

INSERTED 表：当向表中插入记录时，如果该表存在 INSERT 触发器，系统将自动创建一个与该表结构相同的 INSERTED 临时表，新插入的这条记录被添加到该表和 INSERTED 临时表中，INSERTED 临时表中保存的是当前插入记录的副本。

DELETED 表：当从表中删除记录时，如果该表存在 DELETE 触发器，系统将自动创建一个与该表结构相同的 DELETED 临时表，当前被删除的记录被保存到 DELETED 临时表中。

修改表中的数据，相当于删除了一条旧记录，同时添加了一条新记录。当某个表定义了 UPDATE 触发器、表中的数据被修改时，表中原记录会被复制到 DELETED 表中，修改之后的新记录会保存在 INSERTED 表中。当 UPDATE 触发器执行完毕时，两个表都会被删除。

2. 创建触发器

DML 触发器和 DDL 触发器的创建都可以使用 T-SQL 语句来实现，但是两者的语法格式略有区别。

（1）创建 DML 触发器

语法格式如下：

```
CREATE TRIGGER [ schema_name . ]trigger_name
ON { table | view }
```

```
[ WITH <dml_trigger_option> [ ,…n ] ]
{ FOR | AFTER | INSTEAD OF }
{ [ INSERT ] [,] [ UPDATE ] [,] [ DELETE ] }
[ WITH APPEND ]
[ NOT FOR REPLICATION ]
AS { sql_statement  [ ; ] [ , …n ] | EXTERNAL NAME <method specifier [ ; ] > }
```

各参数说明如下。

- schema_name：DML 触发器所属架构的名称。DML 触发器的作用域是为其创建该触发器的表或视图的架构，对于 DDL 触发器则无法指定 schema_name。
- trigger_name：触发器的名称。trigger_name 必须遵循标识符规则，但 trigger_name 不能以#或##开头。
- table | view：对其执行 DML 触发器的表或视图，有时称为触发器表或触发器视图。可以根据需要指定表或视图的完全限定名称。视图只能被 INSTEAD OF 触发器引用。不能对局部或全局临时表定义 DML 触发器。
- FOR | AFTER：AFTER 指定 DML 触发器仅在触发 SQL 语句中指定的所有操作都已成功执行时才被触发。所有的引用级联操作和约束检查也必须在激发此触发器之前成功完成。如果仅指定 FOR 关键字，则 AFTER 为默认值。不能对视图定义 AFTER 触发器。
- INSTEAD OF：指定执行 DML 触发器而不是触发 SQL 语句，因此，其优先级高于触发语句的操作。不能为 DDL 或登录触发器指定 INSTEAD OF。对于表或视图，每个 INSERT、UPDATE 或 DELETE 语句最多可定义一个 INSTEAD OF 触发器，但是，可以为具有自己的 INSTEAD OF 触发器的多个视图定义视图。INSTEAD OF 触发器不可以用于使用 WITH CHECK OPTION 的可更新视图。如果将 INSTEAD OF 触发器添加到指定了 WITH CHECK OPTION 的可更新视图中，则 SQL Server 将引发错误。用户须用 ALTER VIEW 删除该选项后才能定义 INSTEAD OF 触发器。
- {[INSERT] [,] [UPDATE] [,][DELETE] }：指定数据修改语句，这些语句可在 DML 触发器对此表或视图进行尝试时激活该触发器。必须至少指定一个选项。在触发器定义中允许使用上述选项的任意顺序组合。
- WITH APPEND：指定应该再添加一个现有类型的触发器。WITH APPEND 不能与 INSTEAD OF 触发器一起使用。如果显式声明了 AFTER 触发器，则也不能使用该子句。
- NOT FOR REPLICATION：指示当复制代理修改涉及到触发器的表时，不应执行触发器。有关详细信息请参阅使用 NOT FOR REPLICATION 来控制约束、标识和触发器。
- sql_statement：触发条件和操作。触发器条件指定其他标准用于确定尝试的 DML、DDL 或 logon 事件是否导致执行触发器操作。触发器可以包含任意数量和种类的 T-SQL 语句，常常包含控制流语言。

在创建 DML 触发器时，以下几点需要注意。

- CREATE TRIGGER 必须是批处理中的第一条语句，并且只能应用于一个表。
- 触发器只能在当前的数据库中创建，但是可以引用当前数据库的外部对象。
- 如果指定了触发器架构名称来限定触发器，则将以相同的方式限定表名称。
- 在同一条 CREATE TRIGGER 语句中可以为多种用户操作（如 INSERT 和 UPDATE）定义相同的触发器操作。
- 如果一个表的外键包含对定义的 DELETE/UPDATE 操作的级联，则不能对为表上定义 INSTEAD OF DELETE/UPDATE 触发器。

- 在触发器内可以指定任意的 SET 语句。选择的 SET 选项在触发器执行期间保持有效，然后恢复为原来的设置。
- 在 DML 触发器中不允许使用 ALTER DATABASE、CREATE DATABASE、DROP DATABASE、LOAD DATABASE、LOAD LOG、RECONFIGURE、RESTORE DATABASE、RESTORE LOG 等语句。

【例 9.14】 创建 INSERT 触发器。在成绩表上创建一个触发器，当每次插入成绩记录时，检查学号在学生表中是否存在、课程编号在课程表中是否存在，如果不存在，则不允许插入该条记录。

本例代码如下：

```
USE 学生成绩管理系统
GO
CREATE TRIGGER AfterInsert
  ON 成绩 AFTER INSERT
AS
BEGIN
  DECLARE @stuno char(10)
  DECLARE @courseno char(6)

  SELECT @stuno = 学号,@courseno=课程编号
  FROM inserted

  IF NOT EXISTS(SELECT * FROM 学生 WHERE 学号=@stuno)
    BEGIN
      PRINT '无此学号不能录入!'
      ROLLBACK TRANSACTION
      RETURN
    END

  IF NOT EXISTS(SELECT * FROM 课程 WHERE 课程编号=@courseno)
    BEGIN
      PRINT '无此课程编号不能录入!'
      ROLLBACK TRANSACTION
      RETURN
    END

  PRINT '录入成功!'
END
```

【例 9.15】 创建 UPDATE 触发器。在学生表上创建一个 UPDATE 触发器，阻止对学生表中学号字段值的修改。

本例代码如下：

```
USE 学生成绩管理系统
GO

CREATE TRIGGER PreventUpdate
  ON 学生 AFTER UPDATE
AS
BEGIN
  IF UPDATE(学号)
```

```
    BEGIN
      PRINT '学号字段值不能修改!'
      ROLLBACK TRANSACTION
    END
END
```

【例 9.16】 创建 DELETE 触发器。在学生表上创建一个 DELETE 触发器，当从学生表中删除一条学生记录时，如果该学生有成绩记录，则不允许删除。

本例代码如下：

```
USE 学生成绩管理系统
GO

CREATE TRIGGER PreventDel
  ON 学生 AFTER DELETE
AS
BEGIN
  DECLARE @stuno char(10)

  SELECT @stuno = 学号
  FROM deleted

  IF EXISTS(SELECT * FROM 成绩 WHERE 学号=@stuno)
    BEGIN
     PRINT '该学生存在成绩记录，不允许删除!'
     ROLLBACK TRANSACTION
    END
END
```

（2）创建 DDL 触发器

语法格式如下：

```
CREATE TRIGGER trigger_name
ON { ALL SERVER | DATABASE }
[ WITH <ddl_trigger_option> [ ,…n ] ]
{ FOR | AFTER } { event_type | event_group } [ , …n ]
AS { sql_statement  [ ; ] [ , …n ] | EXTERNAL NAME < method specifier >  [ ; ] }
```

参数说明如下。

- DATABASE：将 DDL 触发器的作用域应用于当前数据库。如果指定了此参数，则只要当前数据库中出现 event_type 或 event_group，就会激发该触发器。
- ALL SERVER：将 DDL 或登录触发器的作用域应用于当前服务器。如果指定了此参数，则只要当前服务器中的任何位置上出现 event_type 或 event_group，就会激发该触发器。
- event_type：执行之后将导致激发 DDL 触发器的 T-SQL 语句事件的名称，只不过在名称上与 T-SQL 语句略有不同，比如，CREATE TABLE 语句对应的事件名称为 CREATE_TABLE，在关键词之间加上了下划线。常见的选项有 CREATE_TABLE、ALTER_TABLE、DROP_TABLE、CREATE_VIEW 等。
- event_group：预定义的 T-SQL 语言事件分组的名称。执行任何属于 event_group 的 T-SQL 语言事件之后，都将激发 DDL 触发器。DDL 事件组中列出了 DDL 触发器的有效事件组。CREATE TRIGGER 运行完毕之后，event_group 还可通过将其涵盖的事件类型添加到 sys.trigger_events 目录视图中来作为宏使用。

其他选项与创建 DML 触发器相同，此处不再重复。

【例 9.17】 创建“学生成绩管理系统”数据库作用域的 DDL 触发器。当试图删除一个表时，阻止并撤销删除表的操作。

本例代码如下：

```
USE 学生成绩管理系统
GO

CREATE TRIGGER PreventDropTable
  ON DATABASE
  AFTER DROP_TABLE
AS
BEGIN
  PRINT '不能删除表'
  ROLLBACK TRANSACTION
END
```

【例 9.18】 创建服务器作用域的 DDL 触发器。当试图删除一个数据库时，阻止并撤销删除数据库的操作。

本例代码如下：

```
USE 学生成绩管理系统
GO

CREATE TRIGGER PreventDropDatabase
  ON ALL SERVER
  AFTER DROP_DATABASE
AS
BEGIN
  PRINT '不能删除该数据库'
  ROLLBACK TRANSACTION
END
```

9.2.4 触发器的修改

DML 触发器和 DDL 触发器的修改都可以使用 T-SQL 语句 ALTER TRIGGER 来实现，下面分别予以介绍。

1. 修改 DML 触发器

语法格式如下：

```
ALTER TRIGGER schema_name.trigger_name
ON ( table | view )
[ WITH <dml_trigger_option> [ ,…n ] ]
( FOR | AFTER | INSTEAD OF )
{ [ DELETE ] [ , ] [ INSERT ] [ , ] [ UPDATE ] }
[ NOT FOR REPLICATION ]
AS { sql_statement [ ; ] [ …n ] | EXTERNAL NAME <method specifier> [ ; ] }
```

各参数的作用与 CREATE TRIGGER 相同，此处不再重复。

2. 修改 DDL 触发器

语法格式如下：

```
ALTER TRIGGER trigger_name
ON { DATABASE | ALL SERVER }
[ WITH <ddl_trigger_option> [ ,…n ] ]
```

```
{ FOR | AFTER } { event_type [ ,…n ] | event_group }
AS { sql_statement [ ; ] | EXTERNAL NAME <method specifier>
[ ; ] }
}
```

各参数的作用与 CREATE TRIGGER 相同，此处不再重复。

【例 9.19】 修改例 9.15 中所创建的触发器，将其所实现的功能修改为只提示不撤销。

本例代码如下：

```
USE 学生成绩管理系统
GO

ALTER TRIGGER PreventUpdate
  ON 学生 AFTER UPDATE
AS
BEGIN
  IF UPDATE(学号)
    BEGIN
       PRINT '请注意，您当前修改的是学号字段！'
    END
END
```

9.2.5 触发器的删除

删除触发器可使用 DROP TRIGGER 语句来实现。

1. 删除 DML 触发器

语法格式如下：

```
DROP TRIGGER [schema_name.]trigger_name [ ,…n ] [ ; ]
```

2. 删除 DDL 触发器

语法格式如下：

```
DROP TRIGGER trigger_name [ ,…n ] ON { DATABASE | ALL SERVER}[ ; ]
```

以上语句中各参数的含义与 CREATE TRIGGER 语句相同，此处不再重复。

【例 9.20】 删除例 9.15 中所创建的 DML 触发器 PreventUpdate。

本例代码如下：

```
IF EXISTS(SELECT * FROM sysobjects WHERE name='PreventUpdate')
     DROP TRIGGER PreventUpdate
```

【例 9.21】 删除例 9.18 中所创建的 DDL 触发器 PreventDropDatabase。

本例代码如下：

```
DROP TRIGGER PreventDropDatabase ON ALL SERVER
```

9.2.6 运用界面管理触发器

通过 SQL Server 2008 图形界面方式可以创建、查看、修改和删除触发器。

1. 创建触发器

使用图形界面只能创建 DML 触发器，不能创建 DDL 触发器。

以在学生表上创建触发器为例，在【SQL Server Management Studio】窗口中创建触发器的步骤如下。

（1）打开【Microsoft SQL Server Management Studio】窗口，在【对象资源管理器】窗口中依次展开【数据库】→【学生成绩管理系统】→【表】→【学生】节点。

（2）右键单击【触发器】节点，在弹出的快捷菜单中选择【新建触发器】命令，打开【创建触发器】窗口，如图 9.11 所示。

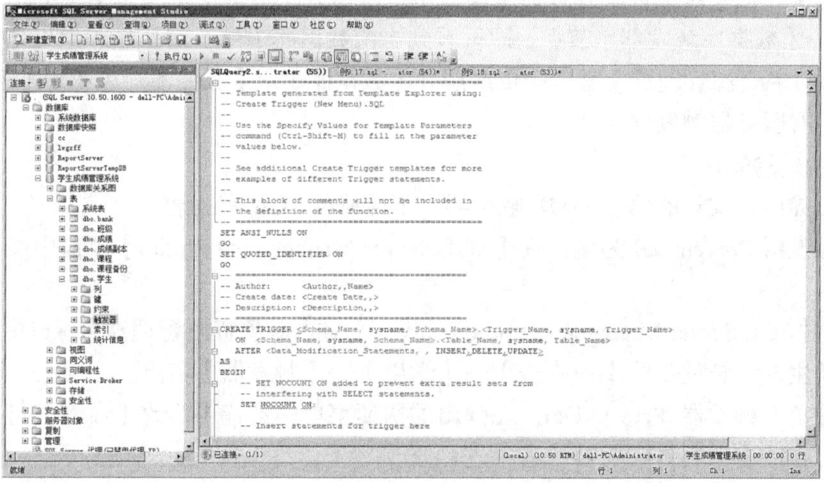

图 9.11 【创建触发器】窗口

（3）在图 9.11 所示的窗口中输入创建触发器的脚本，单击工具栏中的【执行】按钮，即可完成触发器的创建。

2. 查看触发器

用户可在【SQL Server Management Studio】窗口中查看触发器的相关信息，因 DML 触发器和 DDL 触发器所依赖的对象不同，查看步骤也不一样。

（1）查看 DML 触发器

以触发器 PreventDel 为例，在图形界面中查看其相关信息的操作步骤如下。

打开【SQL Server Management Studio】窗口，在【对象资源管理器】窗口中依次展开【数据库】→【学生成绩管理系统】→【表】→【学生】→【触发器】节点。右键单击触发器 PreventDel，在弹出的快捷菜单中选择【查看依赖关系】命令，弹出【对象依赖关系】对话框，如图 9.12 所示。

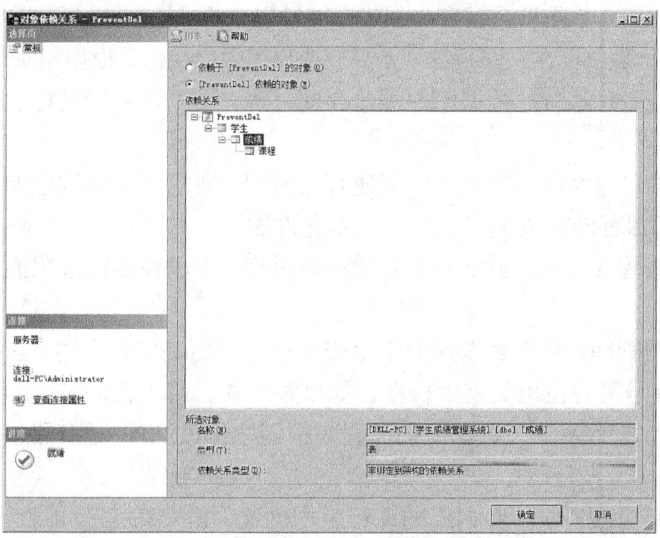

图 9.12 【对象依赖关系】对话框

（2）查看 DDL 触发器

DDL 触发器可分为数据库触发器和服务器触发器。查看数据库触发器：以“学生成绩管理系统”数据库为例，在【对象资源管理器】窗口中依次展开【数据库】→【学生成绩管理系统】→【可编程性】→【数据库触发器】节点，即可看到当前数据库中的所有数据库触发器。查看服务器触发器：在【对象资源管理器】窗口中依次展开【数据库】→【服务器对象】→【触发器】节点，即可查看到所有服务器触发器。

3. 修改触发器

使用图形界面方式只能修改 DML 触发器，不能修改 DDL 触发器。

以修改触发器 PreventDel 为例，在【SQL Server Management Studio】窗口中修改的操作步骤如下。

（1）打开【SQL Server Management Studio】窗口，在【对象资源管理器】窗口中依次展开【数据库】→【学生成绩管理系统】→【表】→【学生】→【触发器】节点。

（2）右键单击触发器 PreventDel，在弹出的快捷菜单中选择【修改】命令，打开触发器脚本编辑窗口，可在此窗口中对触发器的脚本进行修改。

（3）触发器的脚本编辑完成之后，单击工具栏中的【执行】按钮，即可完成触发器的修改操作。

4. 删除触发器

（1）删除 DML 触发器

以触发器 PreventDel 为例，在【对象资源管理器】窗口中依次展开【数据库】→【学生成绩管理系统】→【表】→【学生】→【触发器】节点，右键单击触发器 PreventDel，在弹出的快捷菜单中选择【删除】命令，在弹出的【删除对象】对话框中单击【确定】按钮，即可删除该触发器。

（2）删除 DDL 触发器

删除 DDL 触发器的操作与删除 DML 触发器的操作类似，根据触发器所依赖的对象找到需要删除的触发器，然后右键单击，在弹出的快捷菜单中选择【删除】命令即可。

练 习 题

1. 在“学生成绩管理系统”数据库中创建存储过程，要求该存储过程能录入成绩信息，录入时需验证学号是否在学生表中存在、课程编号是否在课程表中存在，并根据相应情况给出反馈信息。

2. 在“学生成绩管理系统”数据库中创建存储过程，要求该存储过程能根据课程编号修改课程信息。

3. 在“学生成绩管理系统”数据库中创建存储过程，要求该存储过程能根据课程编号删除课程信息，但如果该门课程已有成绩记录时，则不允许删除。

4. 在“学生成绩管理系统”数据库中创建存储过程，要求该存储过程能实现根据不同数据表不同字段查询信息。

5. 在“学生成绩管理系统”数据库的学生表中创建 INSERT 触发器，当在学生表中录入新记录时，需验证班级编号是否在班级表中存在，如果不存在，则不允许录入。

6. 在“学生成绩管理系统”数据库的课程表中创建 UPDATE 触发器，要求阻止用户修改课程编号和课程名称信息。

7. 在“学生成绩管理系统”数据库的课程表中创建 DELETE 触发器，当用户删除某课程时，如果成绩表中存在与该课程相关的信息，则不允许删除该课程。

第 10 章 SQL Server 2008 安全管理

保护数据不受内部和外部侵害是数据库管理人员的重要工作，SQL Server 2008 为维护数据库系统的安全提供了完善的管理机制和丰富的手段措施。本章将详细介绍 SQL Server 2008 的安全特性及安全模型、SQL Server 2008 安全管理工具的运用，以及如何应用用户、角色和权限等来配置系统安全策略。

学习目标

1. 了解 SQL Server 2008 的安全机制
2. 掌握 SQL Server 2008 身份验证模式及配置方法
3. 掌握创建登录名和数据库用户的方式
4. 掌握角色的使用
5. 掌握使用架构和权限管理安全的方式

10.1 SQL Server 2008 安全机制

为了实现数据的安全性，每个网络用户在访问 SQL Server 2008 数据库之前都必须经过两个阶段的验证。

（1）身份验证阶段。每个用户要访问 SQL Server 2008 服务器必须以经过授权的账号和密码登录，SQL Server 2008 根据用户提供的账号和密码进行身份验证登录。

（2）权限验证阶段。用户通过身份验证后，即可登录到 SQL Server 服务器上，系统将验证用户访问各种数据库对象的权限。

10.1.1 SQL Server 2008 的身份验证模式

SQL Server 2008 有两种身份验证模式：Windows 身份验证模式和 SQL Server 身份验证模式。

1. Windows 身份验证模式

Windows 身份验证模式是指当用户登录 SQL Server 系统时，使用 Windows 操作系统验证用户身份，也就是说，当用户登录 Windows 时进行过身份验证，在登录 SQL Server 时就不需要再进行身份验证了。SQL Server 数据库运行于基于 Windows 2000 及以上版本的操作系统中，这类操作系统具备管理登录、验证用户合法性的能力，并且也允许 SQL Server 系统使用 Windows 系统下的用户和密码。

关于 Windows 身份验证模式有以下几点需要说明。

（1）必须将 Windows 系统中的可用账号添加到 SQL Server 系统中，才能使用 Windows 身份验证模式。

（2）如果需要使用 Windows 账号登录到其他服务器上的 SQL Server 系统中，则必须在 Windows 系统中设置彼此的访问授权。

（3）Windows 系统支持通过组策略来同时授权多个用户访问 SQL Server。

Windows 身份验证模式登录如图 10.1 所示。

2. SQL Server 身份验证模式

在 SQL Server 身份验证模式下，SQL Server 服务器要对登录的用户进行身份验证。如果 SQL Server 未设置登录账号或提供的密码不正确，则身份验证失败，用户将会看到系统给出的错误提示信息。

SQL Server 身份验证模式登录如图 10.2 所示。

图 10.1 Windows 身份验证

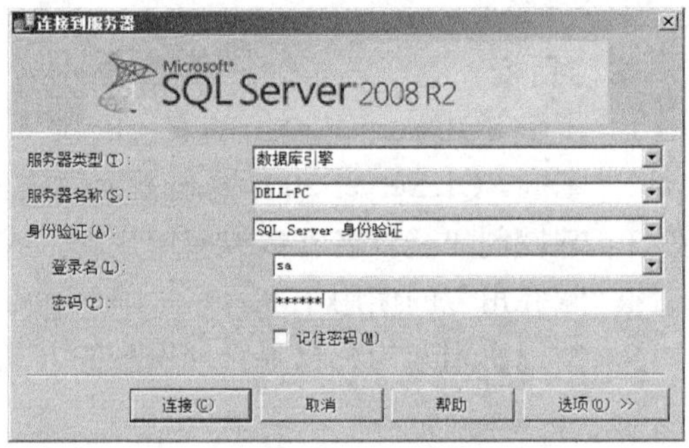

图 10.2 SQL Server 身份验证

当 SQL Server 在 Windows XP 以上版本的操作系统上运行时，系统管理员设定登录验证模式的类型可为 Windows 验证模式和混合模式。当采用混合模式时，SQL Server 系统既允许使用 Windows 登录名登录，也允许使用 SQL Server 登录名来登录。

3. 设置身份验证模式

在 SQL Server 2008 中，服务器的身份验证模式可以通过【已注册的服务器】或【对象资源管理器】窗口来进行设置。

（1）使用【已注册的服务器】窗口设置

① 打开【SQL Server Management Studio】窗口，选择【查看】→【已注册的服务器】命令，打开【已注册的服务器】窗口。

② 依次展开【数据库引擎】→【本地服务器组】节点，查看当前已注册的服务器，右键单击服务器名称，在弹出的快捷菜单中选择【属性】命令，打开【编辑服务器注册属性】窗口，如图 10.3 所示。

③ 在【常规】选项卡中的【服务器名称】下拉列表中选择或输入需要设置的服务器名称，在【身份验证】下拉列表中选择身份验证方式，如果选择“SQL Server 身份验证”，还必须输入登录名和相应的密码。

④ 单击【测试】按钮，验证设置是否正确。

⑤ 测试正确无误后，单击【保存】按钮，即可完成身份验证方式的设置。

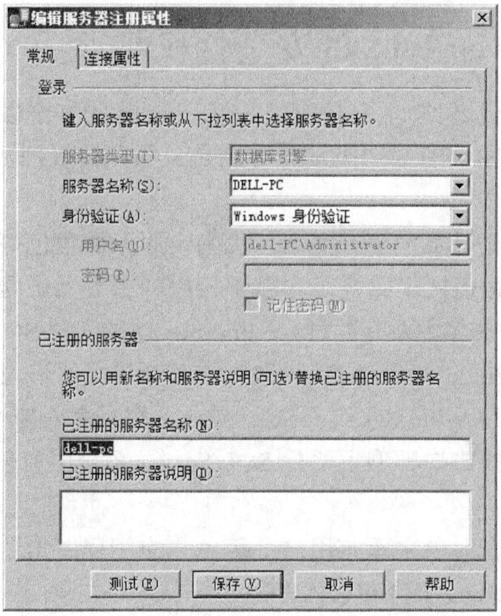

图 10.3 【编辑服务器注册属性】窗口

(2)使用【对象资源管理器】窗口设置

① 打开【SQL Server Management Studio】窗口，在【对象资源管理器】窗口中右键单击服务器，在弹出的快捷菜单中选择【属性】命令，弹出【服务器属性】对话框。

② 在【服务器属性】对话框中选择【安全性】选项，打开【安全性】页，如图 10.4 所示。

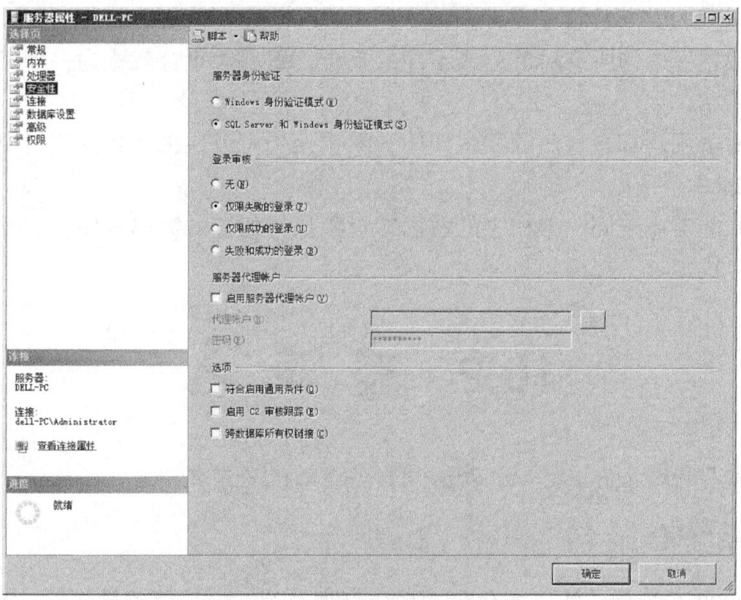

图 10.4 【服务器属性】对话框

③ 在【服务器身份验证】区域可以选择身份验证模式，设置完成后，单击【确定】按钮即可。

注意

在修改身份验证模式后，需要重新启动 SQL Server 服务，以确保设置生效。

10.1.2 SQL Server 2008 的安全性机制

SQL Server 2008 的安全性机制主要是通过 SQL Server 的安全性主体和安全对象来实现的。SQL Server 2008 安全性主体主要有 3 个级别，分别是：服务器级别、数据库级别和架构级别。

1. 服务器级别

服务器级别所包含的安全对象主要有登录名、固定服务器角色等。其中，登录名用于登录数据库服务器，而固定服务器角色用于给登录名赋予相应的服务器访问权限。

SQL Server 2008 中的登录名主要有两种：Windows 登录名和 SQL Server 登录名。

Windows 登录名对应 Windows 身份验证模式，该验证模式所涉及的账户类型主要有 Windows 本地用户、Windows 域用户和 Windows 组。SQL Server 登录名对应 SQL Server 身份验证模式，在该验证模式下，能够使用的账户类型主要是 SQL Server 系统中所创建的账户。

2. 数据库级别

数据库级别所包含的安全对象主要有用户、角色、应用程序角色、证书、对称密钥、非对称密钥、程序集、全文目录、DDL 事件和架构等。

用户安全对象是用来访问数据库的，如果登录名是在某数据库中不存在对应的用户，则该登录名只能登录数据库服务器，而不能访问相应的数据库。

新创建的数据库用户如果没有赋予相应的角色，则系统默认为该用户自动对应 PUBLIC 角色，该角色对数据库中的资源只拥有一些公共的访问权限。若要让该用户对数据库中的资源拥有一些特殊的权限，则应该将该用户添加到相应的角色中。

3. 架构级别

架构级别所包含的安全对象主要有表、视图、函数、存储过程、类型、同义词和聚合函数等。架构的作用是将数据库中的所有对象分成不同的集合，每一个集合就称为一个架构，每个集合之间都没有交集。

数据库中的每个用户都有自己的默认架构，默认架构可以在创建数据库时由创建者设定，系统默认架构为“dbo”。

数据库用户只能对属于同一架构中的数据库对象执行相应的数据操作，而操作权限则由用户所属的数据库角色决定。

10.2 登录名

不管采用哪种身份验证方式登录，都必须具备有效的登录名。

10.2.1 系统登录名

SQL Server 2008 系统默认的登录名包括系统管理员组、本地管理员、sa、Network Service 和 SYSTEM。

1. 系统管理员组

SQL Server 2008 中管理员组在数据库服务器上属于本地组，这个组的成员通常包括本地管理员用户账户和任何设置为本地系统管理员的其他用户。在 SQL Server 2008 中，此组默认授予 sysadmin 服务器角色。

2. 本地管理员

本地管理员是在 SQL Server 2008 服务器上的本地用户账户。这个账户提供对本地系统的管理权限，主要是安装系统时使用它。如果计算机是 Windows 域的一部分，管理员账户通常也有域范围的权限。在 SQL Server 2008 中，这个账户默认授予 sysadmin 服务器角色。

3. sa 登录

sa 是 SQL Server 系统管理员的账户，而在 SQL Server 2008 中采用了新的集成和扩展的安全模式，sa 不再是必须的，提供此登录账户主是为了针对以前的 SQL Server 版本的向后兼容性。与其他管理员登录一样，sa 默认授予 sysadmin 服务器角色。在默认安装 SQL Server 2008 的时候，sa 账户的密码可以自行设定。

4. Network Service 和 SYSTEM 登录

Network Service 和 SYSTEM 是 SQL Server 2008 服务器上内置的本地账户，而是否创建这些账户的服务器登录则依赖于服务器的配置。例如，如果已经将服务器配置为报表服务器，此时将有一个 Network Service 的登录账户，这个登录将是 master、msdb、ReportServer 和 ReportServerTempDB 数据库的特殊数据库角色 RSExceRole 的成员。在服务器实例设置期间，Network Service 和 SYSTEM 账户可以是为 SQL Server、SQL Server 代理、分析服务器和报表服务器所选择的服务账户。在这种情况下，SYSTEM 账户通常具有 sysadmin 服务器角色，允许其完全访问和管理服务器实例。

10.2.2 创建登录名

1. 建立 Windows 验证模式的登录名

SQL Server 系统允许用户使用 Windows 身份验证登录，可将 Windows 系统中的用户添加授权使其可访问 SQL Server 系统。

【例 10.1】 创建系统用户 xuesheng，使其可登录访问 SQL Server 系统。

步骤如下。

（1）创建 Windows 系统用户 xuesheng，如图 10.5 所示。

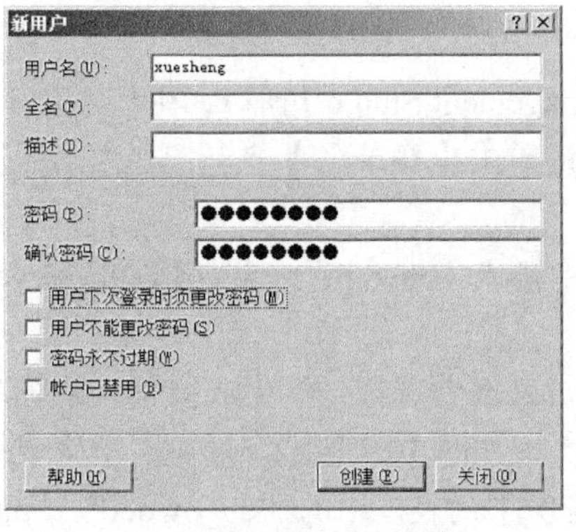

图 10.5 【新用户】对话框

（2）将系统用户 xuesheng 添加到 SQL Server 系统中。打开【SQL Server Management Studio】窗口，在【对象资源管理器】窗口中依次展开【安全性】→【登录名】节点，右键单击【登录名】节点，在弹出的快捷菜单中选择【新建登录名】命令，弹出【登录名-新建】对话框，如图 10.6 所示。

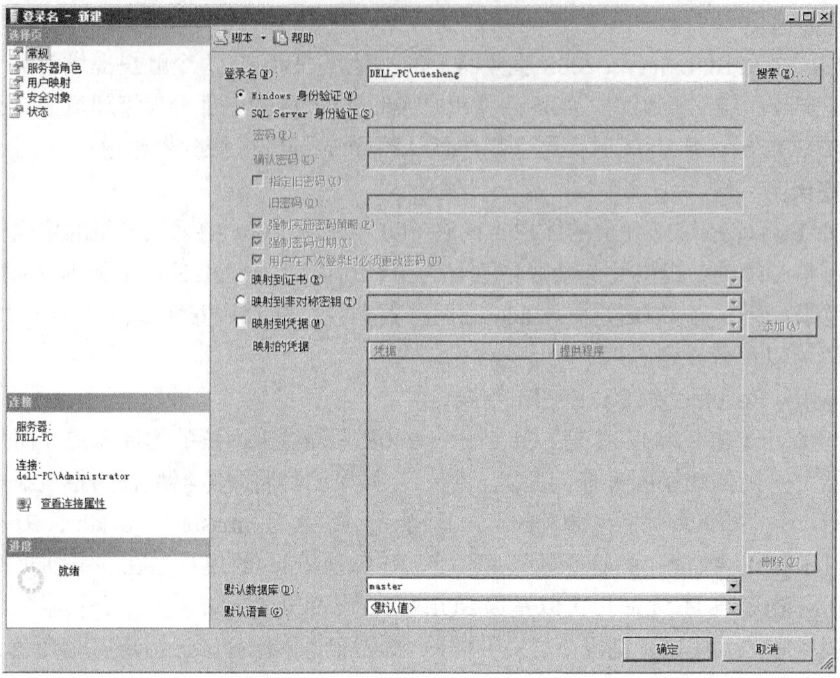

图 10.6 【登录名-新建】对话框

在【常规】页中单击【搜索】按钮，在打开的对话框中选择新创建的用户 xuesheng，单击【确定】按钮即可完成创建。

创建完成之后可以使用用户 xuesheng 登录 Windows 系统，然后使用 Windows 身份验证模式连接登录 SQL Server 系统。

2. 建立 SQL Server 验证模式的登录名

SQL Server 系统同时还允许创建 SQL Server 身份验证模式下的登录名。

【例 10.2】 创建系统用户 chengji，使其可登录 SQL Server 系统，并具备访问“学生成绩管理系统”数据库的访问权限。

步骤如下。

（1）打开【SQL Server Management Studio】窗口，在【对象资源管理器】窗口中依次展开【安全性】→【登录名】节点，右键单击【登录名】节点，在弹出的快捷菜单中选择【新建登录名】命令，如图 10.6 所示。

（2）在【登录名】文本框中输入“chengji”，选中【SQL Server 身份验证】单选按钮，并输入密码及确认密码。

（3）在【默认数据库】下拉列表中选择“学生成绩管理系统”。

（4）切换到【用户映射】页，如图 10.7 所示。选中“学生成绩管理系统”数据库前面的复选框，此时，【数据库角色成员身份】列表框中的“db_owner”、“public”两种角色会自动被选中，设置完成之后，单击【确定】按钮完成新登录名的创建。

新登录名创建成功后，可使用登录名 chengji 登录服务器，如图 10.8 所示。在此处选择【SQL Server 身份验证】验证模式，输入用户名 chengji 和之前设定的密码即可登录 SQL Server 系统。该用户登录之后，只能访问“学生成绩管理系统”数据库，不能访问其他数据库，若试图访问其他数据库，将出现如图 10.9 所示的错误提示信息。

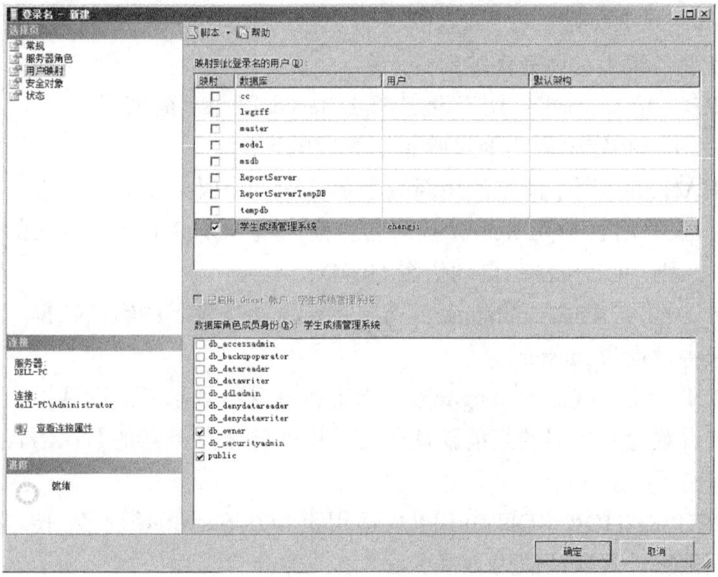

图 10.7 【用户映射】页

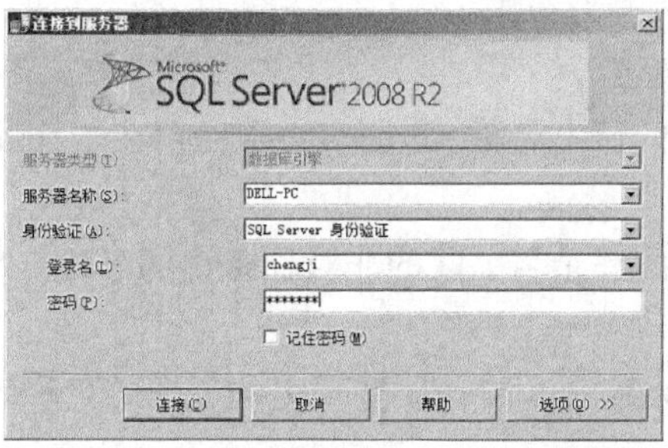

图 10.8 使用用户名 cheng ji 登录

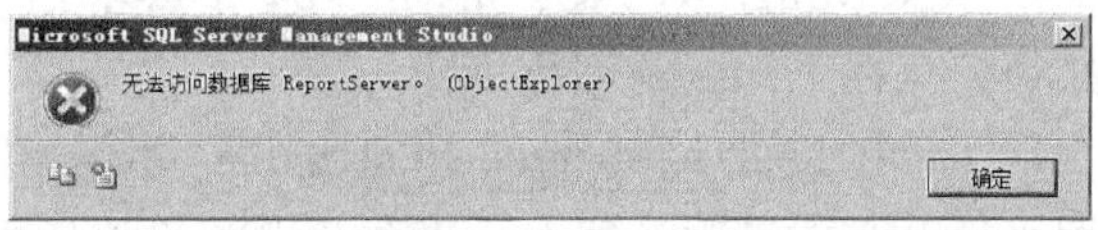

图 10.9 错误提示

3. 使用 T-SQL 语句创建登录名

可以使用 CREATE LOGIN 语句创建 SQL Server 登录名，语法如下：

```
CREATE LOGIN loginName { WITH <option_list1> | FROM <sources> }
<option_list1> ::=
    PASSWORD = { 'password' | hashed_password HASHED } [ MUST_CHANGE ]
    [ , <option_list2> [ ,… ] ]
<option_list2> ::=
    SID = sid
    | DEFAULT_DATABASE = database
    | DEFAULT_LANGUAGE = language
    | CHECK_EXPIRATION = { ON | OFF}
    | CHECK_POLICY = { ON | OFF}
    | CREDENTIAL = credential_name
<sources> ::=
    WINDOWS [ WITH <windows_options> [ ,… ] ]
    | CERTIFICATE certname
    | ASYMMETRIC KEY asym_key_name
<windows_options> ::=
    DEFAULT_DATABASE = database
    | DEFAULT_LANGUAGE = language
```

各参数说明如下。

- loginName：指定要创建的登录名。有 4 种类型的登录名：SQL Server 登录名、Windows 登录名、证书映射登录名和非对称密钥映射登录名。
- PASSWORD = 'password'：用于设定 SQL Server 登录名的密码。
- HASHED：用于指定密码为经过哈希运算后的密码。
- MUST_CHANGE：用于设定使用新登录名首次登录时必须更改密码。
- SID = sid：仅适用于 SQL Server 登录名。指定新 SQL Server 登录名的全局唯一标示符。如果未选择此选项，则 SQL Server 自动指派 GUID。
- DEFAULT_DATABASE = database：指定将指派给登录名的默认数据库。如果未包括此选项，则默认数据库将设置为 master。
- DEFAULT_LANGUAGE = language：指定将指派给登录名的默认语言。如果未包括此选项，则默认语言将设置为服务器的当前默认语言。即使将来服务器的默认语言发生更改，登录名的默认语言也仍保持不变。
- CHECK_EXPIRATION={ON|OFF}：仅适用于 SQL Server 登录名，指定是否对此登录账户强制实施密码过期策略，其默认值为 OFF。
- CHECK_POLICY={ON|OFF}：仅适用于 SQL Server 登录名，指定应对此登录名强制实施运行 SQL Server 的计算机的 Windows 密码策略，其默认值为 ON。
- WINDOWS：指定将登录名映射到 Windows 登录名。
- CERTIFICATE certname：指定将与此登录名关联的证书名称。此证书必须已存在于 master 数据库中。
- ASYMMETRIC KEY asym_key_name：指定将与此登录名关联的非对称密钥的名称。此密钥必须已存在于 master 数据库中。
- CREDENTIAL = credential_name：指定将映射到新 SQL Server 登录名的凭据的名称。该凭据必须已存在于服务器中。当前此选项只将凭据链接到登录名。

【例 10.3】 使用命令方式创建 Windows 登录名 xuesheng（假定计算机名为 DELL-PC，系统中已经存在用户 xuesheng），默认数据库为学生成绩管理系统。

代码如下：

```
USE master
GO
CREATE LOGIN [DELL-PC\xuesheng]
FROM WINDOWS
WITH DEFAULT_DATABASE=学生成绩管理系统
```

【例 10.4】 使用命令方式创建 SQL Server 登录名 xscj，密码为 123456，默认数据库为学生成绩管理系统。

代码如下：

```
USE master
GO
CREATE LOGIN xscj
WITH PASSWORD='123456',
DEFAULT_DATABASE=学生成绩管理系统
```

4. 使用系统存储过程创建登录名

（1）建立 Windows 验证模式的登录名

可使用 sp_grantlogin 系统存储过程创建新的 Windows 身份验证模式登录账户，基本语法格式如下：

```
sp_grantlogin [@loginame=] 'login'
```

其中，loginame 是指要添加的 Windows 用户或组的名称，一般情况下，还必须用 Windows 域名限定，格式为“域名\用户名”。只有 sysadmin 或 securityadmin 固定服务器角色的成员可以执行该存储过程。

【例 10.5】 使用 sp_grantlogin 存储过程授权用户 DELL-PC\student 能登录访问 SQL Server 服务器。

代码如下：

```
sp_grantlogin 'DELL-PC\student'
```

（2）建立 SQL Server 身份验证模式的登录名

可使用 sp_addlogin 系统存储过程创建新的 SQL Server 身份验证模式登录账户，基本语法格式如下：

```
sp_addlogin [ @loginame = ] 'login'
      [ , [ @passwd = ] 'password' ]
      [ , [ @defdb = ] 'database' ]
      [ , [ @deflanguage = ] 'language' ]
      [ , [ @sid = ] 'sid' ]
      [ , [ @encryptopt = ] 'encryption_option' ]
[;]
```

各参数说明如下。

- [@loginame =] 'login'：登录的名称。
- [@passwd =] 'password'：登录的密码。password 默认值为 NULL。
- [@defdb =] 'database'：登录的默认数据库，默认值为 master。
- [@deflanguage =] 'language'：登录的默认语言。如果未指定 language，则新登录的默认 language 将设置为服务器的当前默认语言。
- [@sid =] 'sid'：安全标识号 (SID)'。默认值为 NULL。如果 sid 为 NULL，则系统将为新登录生成 SID。
- [@encryptopt =] 'encryption_option'：指定是以明文形式还是以明文密码的哈希运算结果来传递密码。默认值为 NULL，以明文形式传递密码。若为 skip_encryption 则表示密码已经过哈希运算，为 skip_encryption_old 则表示所提供的密码由 SQL Server 的早期版本进行哈希运算。

【例 10.6】 使用 sp_addlogin 存储过程创建 SQL Server 登录名 test，密码为 123，默认数据库为学生成绩管理系统。

代码如下：

```
sp_addlogin 'test','123', '学生成绩管理系统'
```

10.2.3　修改和删除登录名

SQL Server 2008 中可以使用图形界面方式、T-SQL 语句或系统存储过程来修改和删除登录名。

1. 使用图形界面方式修改登录名

打开【SQL Server Management Studio】窗口，在【对象资源管理器】窗口中依次展开【数据库】→【安全性】→【登录名】节点，可以查看到已经存在的登录名。

右键单击【登录名】节点，在弹出的快捷菜单中选择【属性】命令，弹出【登录属性】对话框，如图 10.10 所示，在此对话框中可以对登录名的信息进行修改。

对于 Windows 身份验证模式的登录名，可以修改其默认数据库、默认语言、服务器角色、各数据库对象中映射的用户、可访问的安全对象及权限、是否允许登录数据库引擎、账号是否启动等信息。

对于 SQL Server 身份验证模式的登录名，可以修改的属性与 Windows 身份验证模式的登录名基本相同，除此之外，还可以修改其密码。

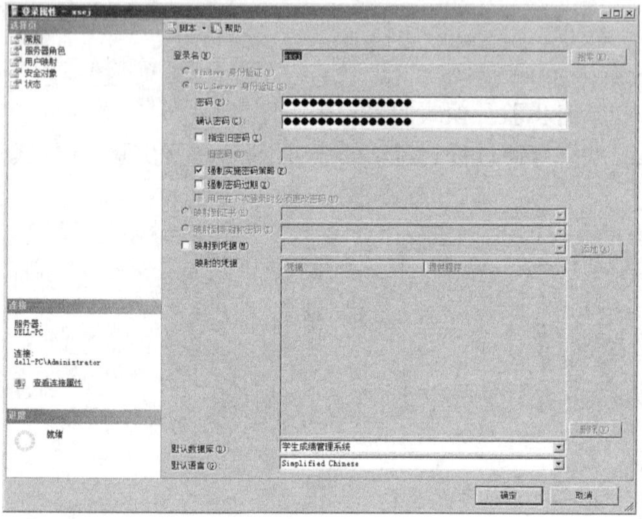

图 10.10 【登录属性】对话框

2. 使用图形界面方式删除登录名

打开【SQL Server Management Studio】窗口，在【对象资源管理器】窗口中依次展开【数据库】→【安全性】→【登录名】节点，右键单击【登录名】节点，在弹出的快捷菜单中选择【删除】命令，在弹出的【删除对象】对话框中单击【确定】按钮即可删除该登录名。

3. 使用系统存储过程修改和删除登录名

（1）使用 sp_denylogin 存储过程

sp_denylogin 存储过程用于阻止 Windows 用户或用户组连接到 SQL Server 服务器，基本语法格式是：

```
sp_denylogin [ @loginame = ] 'login'
```

其中，login 是 Windows 用户或组的名称。

【例 10.7】使用 sp_denylogin 存储过程阻止用户 DELL-PC\xuesheng 访问 SQL Server 服务器。

代码如下：

```
sp_denylogin 'DELL-PC\xuesheng'
```

执行该命令后，查看该登录名的属性，会发现该登录名的【是否允许连接到数据库引擎】状态已经被修改成为“拒绝”。

存储过程 sp_grantlogin 的作用与 sp_denylogin 正好相反，用法相同。

（2）使用 sp_revokelogin 存储过程

sp_revokelogin 存储过程用于删除 SQL Server 中使用 CREATE LOGIN、sp_grantlogin 或 sp_denylogin 为 Windows 用户或组创建的登录名，其基本语法格式如下：

```
sp_revokelogin [ @loginame= ] 'login'
```

其中，login 是 Windows 用户或组的名称。

【例 10.8】 使用 sp_revokelogin 存储过程删除登录名 DELL-PC\xuesheng。

代码如下：

```
sp_revokelogin  'DELL-PC\xuesheng'
```

（3）使用 **sp_droplogin** 存储过程

sp_droplogin 存储过程用于删除 SQL Server 登录名，其基本语法格式如下：

```
sp_droplogin [ @loginame = ] 'login'
```

其中，login 是 SQL Server 登录名。

【例 10.9】 使用 sp_droplogin 存储过程删除登录名 test。

代码如下：

```
sp_droplogin  'test'
```

（4）使用 **DROP LOGIN** 删除登录名

DROP LOGIN 语句既可以删除 Windows 用户映射到 SQL Server 中的登录名，也可以删除 SQL Server 创建的登录名。其语法格式如下：

```
DROP LOGIN login_name
```

【例 10.10】 使用 DROP LOGIN 语句删除登录名 xscjt。

代码如下：

```
DROP LOGIN xscj
```

10.3　用　　户

数据库用户是数据库的主体，是登录名在数据库中的映射，是数据库中各种操作的实际执行者。在 SQL Server 2008 系统中，数据库用户不能直接拥有表、视图等数据库对象，而是通过架构拥有这些对象。

10.3.1　默认数据库用户

SQL Server 2008 默认的数据库用户有：dbo 用户、guest 用户、sys 用户和 INFORMATION-SCHEMA 用户等。

1．dbo 用户

dbo 用户是一个特殊类型的数据库用户，它被隐式地授予对数据库的所有权限，并且能将这些权限授予其他用户。

一般来说，创建数据库的用户是数据库的所有者，通过 sysadmin 服务器角色成员创建的对象自动属于 dbo 用户，而通过非 sysadmin 服务器角色成员创建的对象属于创建对象的用户，当其他用户引用它们的时候必须以用户的名称来限定。

例如，abc 是 sysadmin 服务器角色的成员，并创建了一个名为 Test 的表，Test 表属于 dbo 用户，可用 dbo.Test 来限定，或直接用 Test 表示。如果 abc 不是 sysadmin 服务器角色的一个成员，则 Test 表属于 abc 用户，可用 abc.Test 来限定。

dbo 用户与登录名 sa 相对应。

2．guest 用户

默认情况下，guest 用户存在于 model 数据库中，并且被授予 guest 的权限。由于 model 是创建所有数据库的模板，这意味着所有新的数据库将包括 guest 账户，并且该账户将被授予 guest 权限。在任何人以 guest 账户访问数据库以前，guest 必须存在于数据库中。

在 master 和 tempdb 数据库中 guest 用户必须存在，不允许被删除。guest 用户是 public 角色的一个成员，并且继承这个角色的权限，也可给 guest 用户添加一定的权限。

3. sys 用户和 INFORMATION_SCHEMA 用户

所有系统对象包含在 sys 或 INFORMATION_SCHEMA 架构中，在创建每个数据库时会默认创建与这两个架构相对应的用户。

10.3.2 创建数据库用户

在 SQL Server 2008 中可以使用图形界面方式、T-SQL 语句和系统存储过程等方式创建数据库用户。

1. 使用图形界面方式创建用户

下面以给“学生成绩管理系统”数据库添加用户 Temp 为例，介绍具体的创建步骤。

（1）打开【SQL Server Management Studio】窗口，在【对象资源管理器】窗口中依次展开【数据库】→【学生成绩管理系统】→【安全性】→【用户】节点，右键单击【用户】节点，在弹出的快捷菜单中选择【新建用户】命令，如图 10.11 所示。

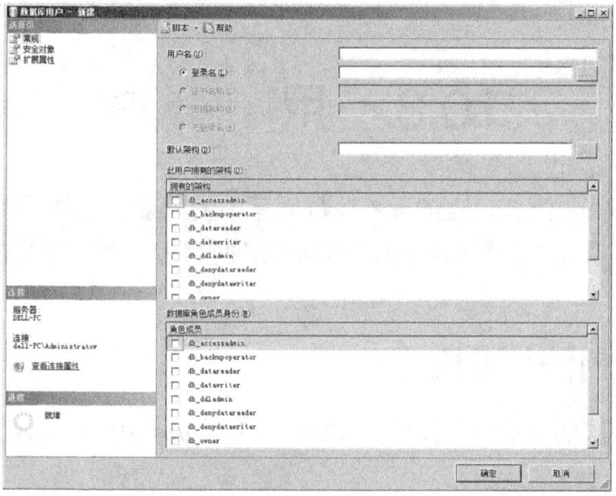

图 10.11 【数据库用户-新建】对话框

（2）在【用户名】文本框中输入用户名称“Temp”。

（3）单击【登录名】文本框右侧的按钮，弹出【选择登录名】对话框，如图 10.12 所示，单击【浏览】按钮，选择登录名 xscj，返回【数据库用户-新建】对话框。

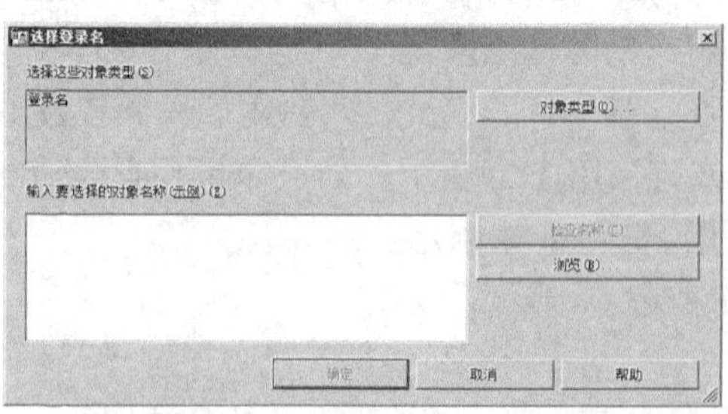

图 10.12 【选择登录名】对话框

（4）按照同样的操作方式，选择【默认架构】为"dbo"，单击【确定】按钮即可完成用户 Temp 的创建。

此时可展开【用户】节点，刷新之后查看是否存在用户 Temp。

2. 运用 T-SQL 语句创建用户

SQL Server 2008 系统中可以运用 CREATE USER 语句来创建用户，其基本的语法格式如下：

```
CREATE USER user_name
    [ { { FOR | FROM }
      {
        LOGIN login_name
        | CERTIFICATE cert_name
        | ASYMMETRIC KEY asym_key_name
      }
      | WITHOUT LOGIN
    ]
    [ WITH DEFAULT_SCHEMA = schema_name ]
```

各参数说明如下。

- user_name：数据库用户的名称。它的长度最多是 128 个字符。
- LOGIN login_name：要创建的数据库用户的 SQL Server 登录名。login_name 必须是服务器中有效的登录名。当此 SQL Server 登录名进入数据库时，它将获取正在创建的数据库用户的名称和 ID。
- CERTIFICATE cert_name：要创建的数据库用户的证书。
- ASYMMETRIC KEY asym_key_name：要创建的数据库用户的非对称密钥。
- WITH DEFAULT_SCHEMA = schema_name：指定服务器为此数据库用户解析对象名时将搜索的第一个架构。
- WITHOUT LOGIN：指定不应将用户映射到现有登录名。

【例 10.11】 使用 SQL Server 登录名 test 在“学生成绩管理系统”数据库中创建用户 testuser，默认架构为 dbo。

代码如下：

```
USE 学生成绩管理系统
GO
CREATE USER testuer
FOR LOGIN test
WITH DEFAULT_SCHEMA=dbo
```

3. 运用系统存储过程创建用户

SQL Server 2008 中也可以运用系统存储过程 sp_grantdbaccess 来实现，其基本语法格式如下：

```
sp_grantdbaccess [ @loginame = ] 'login'
[ , [ @name_in_db = ] 'name_in_db' [ OUTPUT ] ]
```

各参数说明如下。

- [@loginame=]'login'：映射到新数据库用户的 Windows 组、Windows 登录名或 SQL Server 登录名的名称。Windows 组和 Windows 登录名的名称必须按“域\登录名”的形式，（例如 LONDON\Joeb）以 Windows 域名进行限定。
- [@name_in_db=] 'name_in_db' [OUTPUT]：新数据库用户的名称。

【例 10.12】 创建“学生成绩管理系统”数据库的登录名 newuser，并将该登录名作为数据库用户添加到该数据库中。

代码如下：

```
EXEC SP_ADDLOGIN 'newuser','password', '学生成绩管理系统'
GO
USE 学生成绩管理系统
GO
EXEC SP_GRANTDBACCESS newuser
```

10.3.3 修改和删除数据库用户

在 SQL Server 2008 中可以使用图形界面、T-SQL 语句、系统存储过程等方式修改和删除数据库用户。

1. 使用图形界面修改用户

下面以修改“学生成绩管理系统”数据库用户 Temp 为例，具体的操作步骤如下。

（1）打开【SQL Server Management Studio】窗口，在【对象资源管理器】窗口中依次展开【数据库】→【学生成绩管理系统】→【安全性】→【用户】节点。

（2）右键单击用户 Temp，在弹出的快捷菜单中选择【属性】命令，在弹出的对话框中可对用户的属性进行修改。

（3）修改完成之后单击【确定】按钮即可。

2. 运用 T-SQL 语句修改用户

SQL Server 2008 中可以使用 ALTER USER 语句修改用户的信息，如用户名称和架构，其基本语法如下：

```
ALTER USER userName
    WITH <set_item> [ ,…n ]
<set_item> ::=
    NAME = newUserName
    | DEFAULT_SCHEMA = schemaName
    | LOGIN = loginName
```

各参数说明如下。

- userName：需要修改的数据库用户名称。
- NAME = newUserName：指定此用户的新名称。
- DEFAULT_SCHEMA = schemaName：指定服务器在解析此用户的对象名时将搜索的第一个架构。

例如，将数据库用户 newuser 的名称改为 tempuser，可使用如下语句：

```
ALTER  USER  newuser WITH NAME = tempuser
```

3. 使用图形界面方式删除用户

打开【SQL Server Management Studio】窗口，在【对象资源管理器】窗口中按照前面叙述的步骤找到需要删除的用户，右键单击该用户，在弹出的快捷菜单中选择【删除】命令，在弹出的【删除对象】对话框中单击【确定】按钮即可删除该用户。

4. 运用 T-SQL 语句删除用户

SQL Server 2008 中可以使用 DROP USER 语句删除用户，其基本语法格式如下：

```
DROP USER user_name
```

例如，将数据库用户 tempuser 删除可使用如下语句：

```
DROP  USER  tempuser
```

5．使用系统存储过程删除用户

SQL Server 2008 中可以使用系统存储过程 SP_REVOKEDBACCESS 删除用户，其基本语法格式如下：

```
SP_REVOKEDBACCESS [ @name_in_db = ] 'name'
```

例如，将数据库用户 tempuser 删除可使用如下语句：

```
SP_REVOKEDBACCESS  tempuser
```

10.4　角　　色

在 SQL Server 2008 系统中，可通过角色将用户划分为不同的类别，并赋予不同的权限，角色相当于 Windows 系统中的用户组。数据库管理员将操作数据库的权限赋予给角色，再将角色赋予给数据库用户或登录名，从而使数据库用户和登录名具备相应的操作权限。

SQL Server 2008 给用户提供了预定义的服务器角色（固定服务器角色）、数据库角色（固定数据库角色）、自定义数据库角色、应用程序角色。其中，固定服务器角色和固定数据库角色都是 SQL Server 系统内置的，不能进行添加、修改和删除。

10.4.1　固定服务器角色

固定服务器角色独立于各个数据库。如果在 SQL Server 中创建一个登录名后要赋予该登录者管理服务器的权限，此时可设置该登录名为服务器角色的成员。SQL Server 提供了以下几种固定服务器角色。

（1）sysadmin：系统管理员，该角色的成员可在 SQL Server 服务器中执行所有的操作，为最高权限的管理角色，一般适合于数据库管理员（DBA）。

（2）securityadmin：安全管理员，该角色的成员可以管理登录名及其属性，可以授予、拒绝、撤销服务器级和数据库级的权限，另外还可以重置 SQL Server 登录名的密码。

（3）serveradmin：服务器管理员，该角色的成员具有对服务器进行设置及关闭服务器的权限。

（4）setupadmin：设置管理员，该角色的成员可以添加、配置和删除链接服务器，并执行某些系统存储过程。

（5）processadmin：进程管理员，该角色的成员可以终止 SQL Server 实例中运行的进程。

（6）diskadmin：磁盘管理员，该角色的成员可以管理磁盘文件。

（7）dbcreator：数据库创建者，该角色的成员可以创建、更改、删除或还原数据库。

（8）bulkadmin：可执行 BULK INSERT 语句，但是这些成员对要插入数据的表必须有 INSERT 权限。BULK INSERT 语句的功能是以用户指定的格式复制一个数据文件至数据库表或视图。

（9）public：公共服务器角色，该角色的成员可以查看任何数据。

固定服务器角色不能自行定义，用户只能将登录名添加为某个固定服务器角色的成员。

1．使用图形界面方式设定固定服务器角色成员

将前面建立的登录名 xscj 加入到 sysadmin 角色成员中，步骤如下。

（1）打开【SQL Server Management Studio】窗口，在【对象资源管理器】窗口中依次展开【安全性】→【登录名】节点。

（2）右键单击登录名 xscj，在弹出的快捷菜单中选择【属性】命令，在弹出的对话框中切换到【服务器角色】页，如图 10.13 所示。

（3）在该对话框的右侧罗列了所有的固定服务器角色，此处默认选择了 public 角色，选中【sysadmin】复选框，单击【确定】按钮完成设置。如果需要将某个角色去掉，取消选中它前面的复选框即可。

2. 使用系统存储过程添加固定服务器角色成员

SQL Server 2008 中可使用系统存储过程 SP_ADDSRVROLEMEMBER 将登录名添加到某个固定服务器角色中，其语法格式如下：

```
SP_ADDSRVROLEMEMBER [ @loginame= ] 'login'
    , [ @rolename = ] 'role'
```

其中，login 是指需要添加到固定服务器角色中的登录名，role 是指要添加的固定服务器角色的名称。

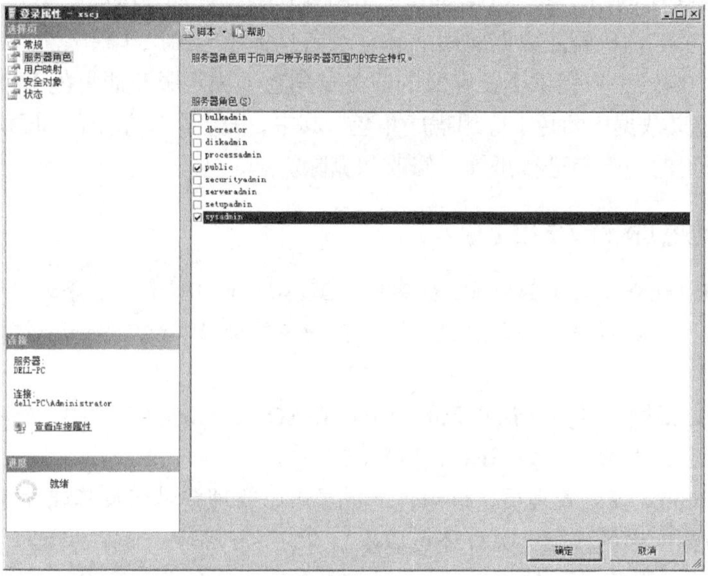

图 10.13 【服务器角色】页

例如，将登录名 xscj 加入到 sysadmin 角色中，代码如下：

```
SP_ADDSRVROLEMEMBER 'xscj', 'sysadmin'
```

3. 使用系统存储过程删除固定服务器角色成员

SQL Server 2008 中可利用系统存储过程 SP_DROPSRVROLEMEMBER 将登录名从某个固定服务器角色中删除，其语法格式如下：

```
SP_DROPSRVROLEMEMBER [ @loginame= ] 'login'
    , [ @rolename = ] 'role'
```

其中，login 是指需要从固定服务器角色中删除的登录名，role 是指要删除该登录名的固定服务器角色的名称。

例如，将登录名 xscj 从 sysadmin 角色成员中删除，代码如下：

```
SP_DROPSRVROLEMEMBER 'xscj', 'sysadmin'
```

10.4.2 固定数据库角色

固定数据库角色定义在数据库级别上，有权对指定的数据库进行管理及各种其他操作。SQL

Server 2008 中提供了以下几种固定数据库角色。

（1）db_owner：数据库所有者，该数据库角色的成员可执行指定数据库的所有管理操作。

（2）db_accessadmin：数据库访问权限管理者，该角色成员具有添加、删除数据库使用者、数据库角色的权限。

（3）db_securityadmin：数据库安全管理员，该角色成员可管理数据库中的权限，如设置数据库表的增加、删除、修改和查询等存取权限。

（4）db_ddladmin：数据库数据定义管理员，该角色成员可增加、修改和删除数据库中的对象。

（5）db_backupoperator：数据库备份操作员，该角色成员具有执行数据库备份的权限。

（6）db_datareader：数据库数据读取者，该角色成员可以从所有用户表中读取数据。

（7）db_datawriter：数据库数据写入者，该角色成员具有对所有用户表进行增加、删除和修改的权限。

（8）db_denydatareader：数据库拒绝数据读取者，该角色成员不能读取数据库中任何表的内容。

（9）db_denydatawriter：数据库拒绝数据写入者，该角色成员不能对任何表进行增加、删除和修改操作。

（10）public：是一个特殊的数据库角色，每个数据库用户都是 public 角色的成员，因此不能将用户、组或角色指派为 public 角色的成员，也不能删除 public 角色的成员。通常将一些查看对象之类的公共的权限赋给 public 角色。

另外，用户能执行哪些 T-SQL 语句取决于该用户所具有的权限，例如，CREATE DATABASE 语句只能由 sysadmin 和 dbcreator 角色的成员来使用。

1. 使用图形界面方式设定固定数据库角色成员

对于前面在“学生成绩管理系统”数据库中建立的用户 Temp，将它加入到 db_ower 角色，步骤如下。

（1）打开【SQL Server Management Studio】窗口，在【对象资源管理器】窗口中依次展开【数据库】→【学生成绩管理系统】→【安全性】→【用户】节点。

（2）右键单击用户 Temp，在弹出的快捷菜单中选择【属性】命令，弹出的对话框如图 10.14 所示。

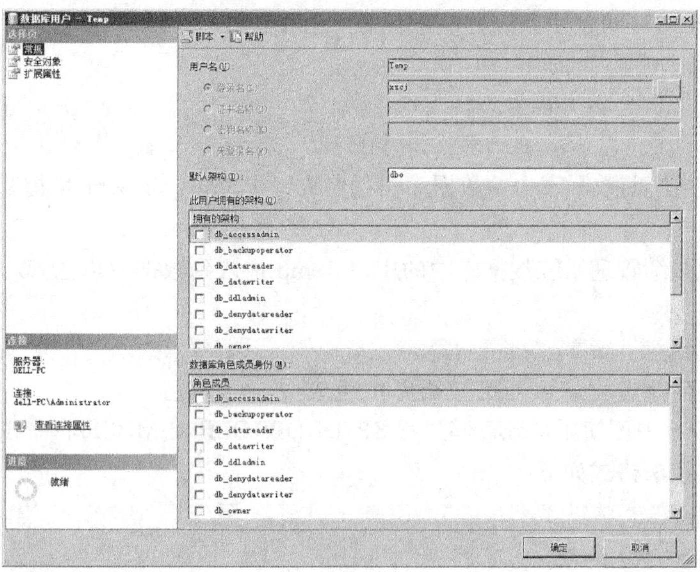

图 10.14 【数据库用户-Temp】对话框

（3）在【常规】页中的【数据库角色成员身份】栏中选中【db_ower】复选框，单击【确定】按钮即可。

添加完成之后可查看固定数据库角色的成员中是否包含用户 Temp，步骤如下。

打开【SQL Server Management Studio】窗口，在【对象资源管理器】窗口中依次展开【数据库】→【学生成绩管理系统】→【安全性】→【角色】→【数据库角色】节点，右键单击数据库角色 db_owner,在弹出的快捷菜单中选择【属性】命令，如图 10.15 所示，在此处可以看到 db_owner 角色中的成员包括 Temp。

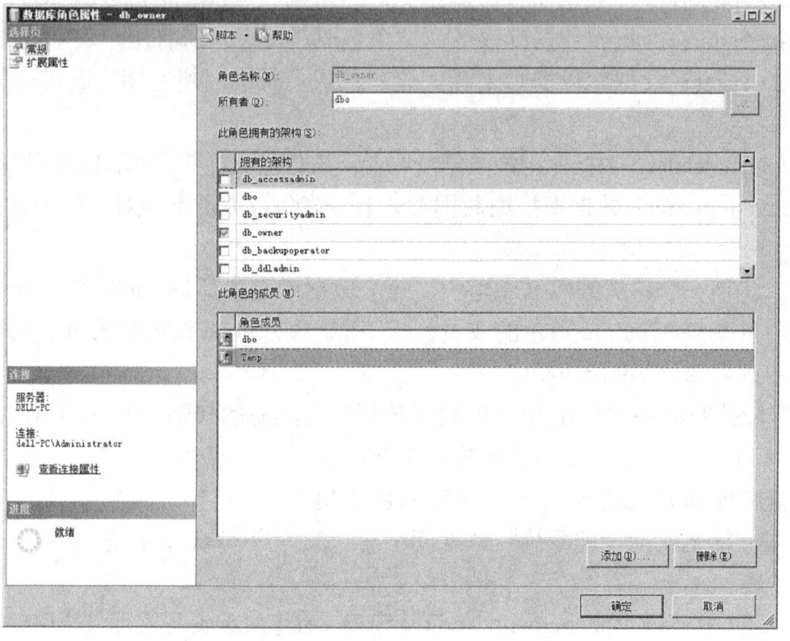

图 10.15 【数据库角色属性-db-owner】对话框

2. 使用系统存储过程添加固定数据库角色成员

SQL Server 2008 中可使用系统存储过程 SP_ADDROLEMEMBER 将登录名添加到某个固定服务器角色中，其语法格式如下：

```
sp_addrolemember [ @rolename = ] 'role',
    [ @membername = ] 'security_account'
```

其中，role 是指当前数据库中的数据库角色名称，security_account 是指要添加该数据库角色的用户。

例如，将学生成绩管理系统数据库中的用户 Temp 加入到数据库角色 db_accessadmin 中，代码如下：

```
SP_ADDROLEMEMBER 'db_accessadmin','Temp'
```

3. 使用系统存储过程删除固定数据库角色成员

SQL Server 2008 中可使用系统存储过程 SP_DROPROLEMEMBER 将登录名添加到某个固定服务器角色中，其语法格式如下：

```
sp_droprolemember [ @rolename=] 'role',
    [ @membername=] 'security_account'
```

其中，role 是指当前数据库中的数据库角色名称，security_account 是指要删除该数据库角色的用户。

例如，将“学生成绩管理系统”数据库中的用户 Temp 从 db_owner 角色成员中删除，代码如下：

```
SP_DROPROLEMEMBER 'db_owner', 'Temp'
```

10.4.3　自定义数据库角色

固定数据库角色的权限是不能更改的，在实际应用中，有些情况下需要一些特定的操作权限，固定数据库角色不能满足这些要求，只能通过创建自定义数据库角色的方法来实现。

SQL Server 2008 中可使用图形界面方式和 T-SQL 语句方式来创建数据库角色。

1．使用图形界面方式创建数据库角色

例如，在“学生成绩管理系统”数据库中创建一个数据库角色 TempRole，该角色的成员有用户 tempuser，具体步骤如下。

（1）打开【SQL Server Management Studio】窗口，在【对象资源管理器】窗口中依次展开【数据库】→【学生成绩管理系统】→【安全性】→【角色】→【数据库角色】节点。

（2）右键单击【数据库角色】节点，在弹出的快捷菜单中选择【新建数据库角色】命令，弹出如图 10.16 所示的【数据库角色-新建】对话框。

（3）在【角色名称】文本框中输入“TempRole”，【所有者】默认为“dbo”。

（4）单击【添加】按钮，将用户 tempuser 添加成为该角色的成员。单击【确定】按钮完成创建。

> **注意**　此处暂未给新建的数据库角色设置权限，后面的内容会有详细的介绍。

2．运用 T-SQL 语句创建数据库角色

SQL Server 2008 中可以使用 CREATE ROLE 语句来创建数据库角色，其语法格式如下：

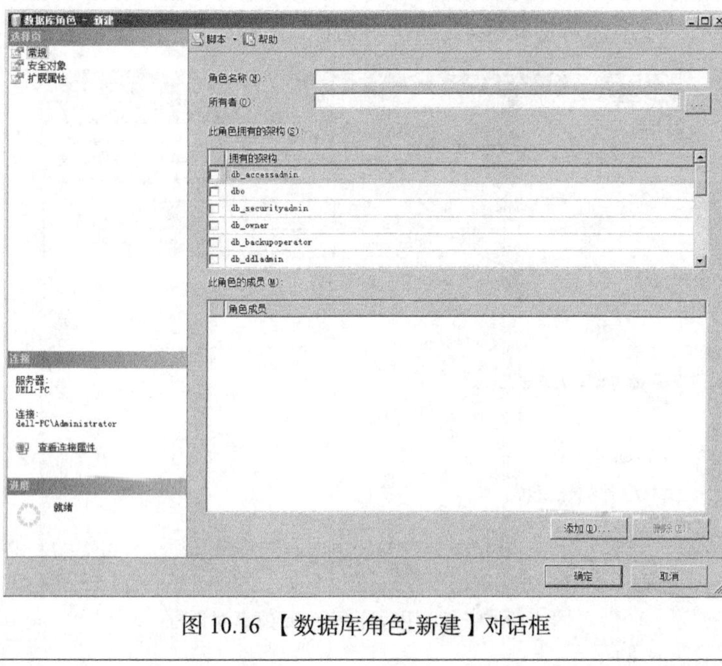

图 10.16 【数据库角色-新建】对话框

```
CREATE ROLE role_name [ AUTHORIZATION owner_name ]
```

其中，role_name 表示要创建的角色名称，AUTHORIZATION owner_name 将拥有新角色的数据库用户或角色。

例如，在“学生成绩管理系统”数据库中创建一个数据库角色 Role1，该角色的成员有用户 tempuser，代码如下：

```
USE 学生成绩管理系统
GO
CREATE ROLE role1 AUTHORIZATION dbo
EXEC sp_addrolemember 'role1', 'tempuser'
```

另外，可通过 T-SQL 语句 DROP ROLE 和系统存储过程 SP_DROPROLE 删除自定义数据库角色，固定数据库角色则不允许删除。在删除自定义数据库角色时，无法删除拥有安全对象或成员的数据库角色。

10.4.4 应用程序角色

应用程序角色是一个数据库主体，它使应用程序能够用其自身的、类似用户的权限来运行。使用应用程序角色可以只允许通过特定应用程序连接的用户访问特定数据。与数据库角色不同的是，应用程序角色默认情况下不包含任何成员，而且是非活动的。应用程序角色可以使用两种身份验证模式。

使用应用程序角色的一般过程是：创建一个新的应用程序角色并给它指派权限，用户打开批准的应用程序并登录 SQL Server，使用系统存储过程 SP_SETAPPROLE 启用应用程序角色。

应用程序角色启用后，SQL Server 就会将用户作为应用程序来看待，并给用户指派应用程序角色所拥有的权限。

下面以一个实例来介绍应用程序角色的创建过程。

（1）打开【SQL Server Management Studio】窗口，在【对象资源管理器】窗口中依次展开【数据库】→【学生成绩管理系统】→【安全性】→【角色】→【应用程序角色】节点。

（2）右键单击【应用程序角色】节点，在弹出的快捷菜单中选择【新建应用程序角色】命令，弹出如图 10.17 所示的【应用程序角色-新建】对话框。

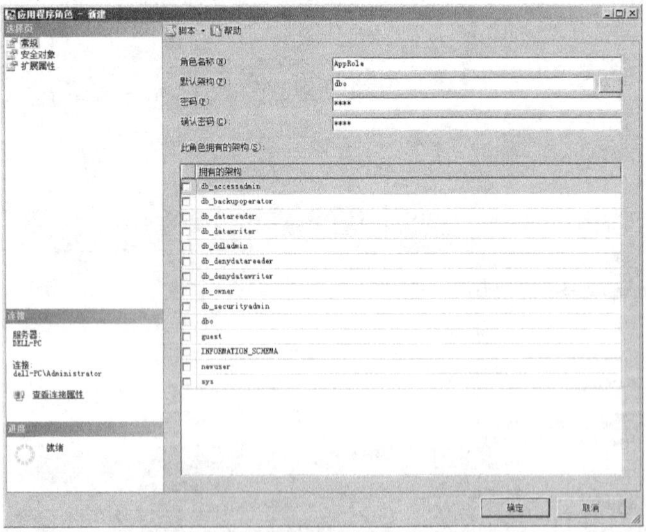

图 10.17 【应用程序角色-新建】对话框

（3）在【角色名称】文本框中输入“AppRole”，【默认架构】为“dbo”，【密码】设为“1234”。切换到【安全对象】页，如图 10.18 所示，单击【搜索】按钮，在弹出的【添加对象】对话框中选择“特定对象”，单击【确定】按钮，弹出【选择对象】对话框，单击【对象类型】按钮，在弹出的【选择对象类型】对话框中选中对象类型“表”，单击【确定】按钮，返回【选择对象】对话框，单击【浏览】按钮，弹出【查找对象】对话框，选中“学生”表，单击【确定】按钮返回【选择对象】对话框，如图 10.19 所示，单击【确定】按钮，返回如图 10.18 所示的【安全对象】页，授予该角色对学生表“选择”的权限，单击【确定】按钮完成 AppRole 角色的创建。

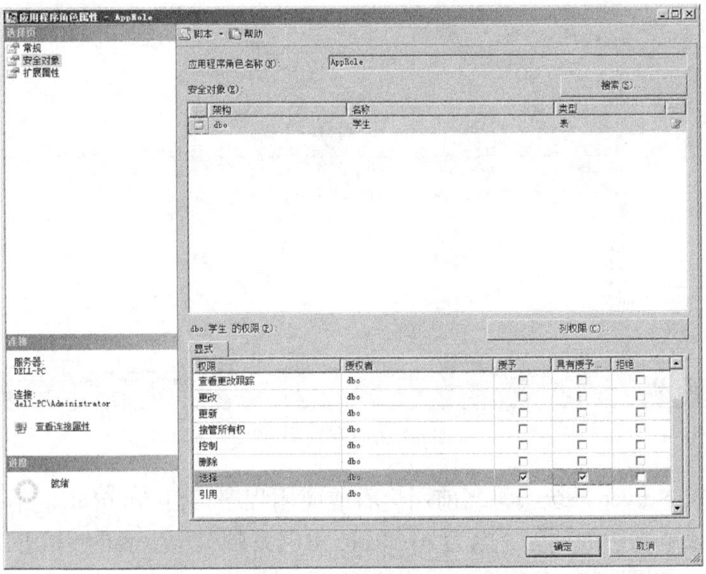

图 10.18 【安全对象】页

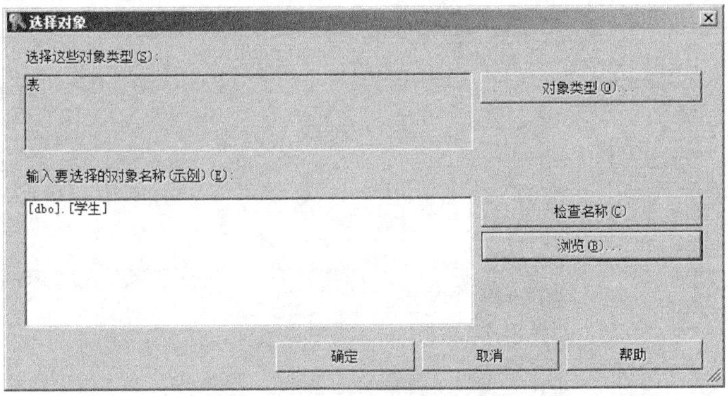

图 10.19 【选择对象】对话框

（4）新建一个 SQL Server 登录名 AppLogin（服务器角色为默认 public），在“学生成绩管理系统”数据库中新建用户 AppLogin 与登录名 AppLogin 对应，并将用户 AppLogin 添加到 db_denydatareader 数据库角色成员中。

（5）使用 AppLogin 登录名重新登录 SQL Server 系统，在【新建查询】窗口中输入如下代码：

```
USE 学生成绩管理系统
GO
SELECT * FROM 学生
```

执行代码的结果如图 10.20 所示，因用户 AppLogin 属于 db_denydatareader 数据库角色，所以系统拒绝对学生表的查询操作。

（6）使用系统存储过程 SP_SETAPPROLE 启用应用程序角色 AppRole，语句如下：

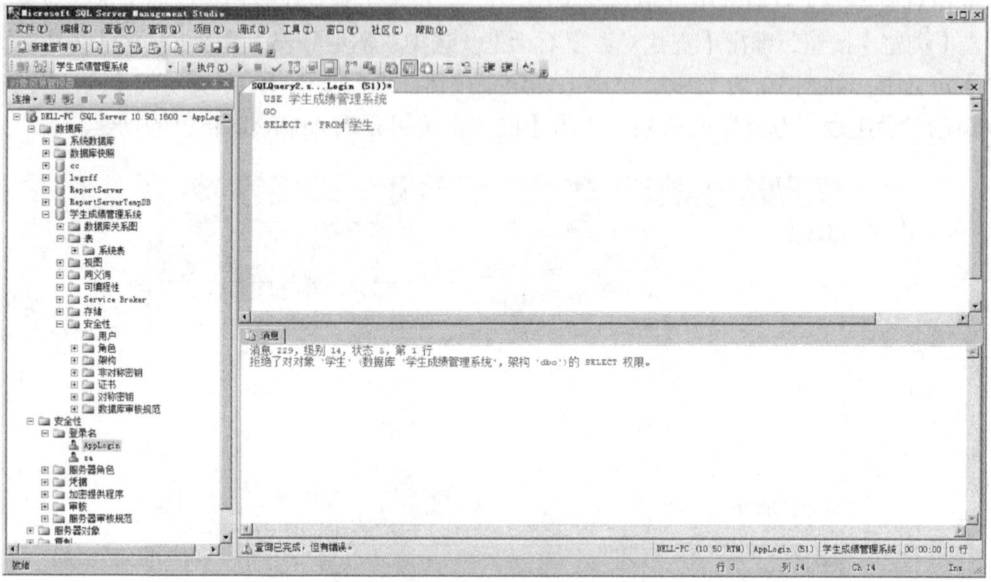

图 10.20　查询失败

（7）此时，SQL Server 系统会将当前用户看成应用程序角色 AppRole。清除当前查询窗口中的内容，重新执行第 4 步中的语句，因为 AppRole 角色具备对学生表的 SELECT 权限，此时可以成功地查询到数据，如图 10.21 所示。

```
EXEC sp_setapprole 'approle', '1234'
```

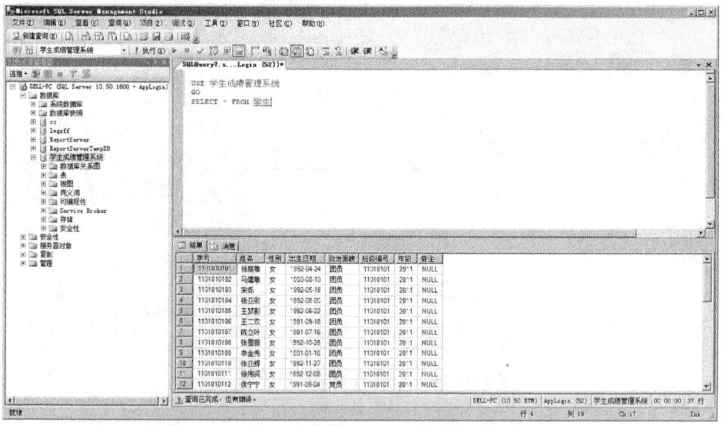

图 10.21　查询成功

10.5　架　　构

架构可以看作是包含表、视图、过程等对象的容器，用于简化管理和创建可以共同管理的对象子集。当访问默认架构对象时，不需要指定架构名称，而访问其他架构中的对象时，需要指定架构名，格式如“架构名.对象名”或“数据库名、架构名、对象名”。

10.5.1　登录名、用户、角色、架构的关系

SQL Server 2008 系统中登录名、用户、角色以及架构的关系如图 10.22 所示。它们之间的关系如下：

- 服务器登录名属于某组固定服务器角色，默认为 public。
- 服务器登录名需要与数据库的用户映射后才具有操作数据库的权限。
- 数据库用户属于某组数据库角色以获取该组数据库角色操作数据库的权限。
- 数据库用户和数据库角色都可以拥有对应的数据库架构，数据库用户也可以通过数据库角色间接拥有架构。
- 数据库用户有默认架构。
- 多个数据库用户可以共享单个默认架构。

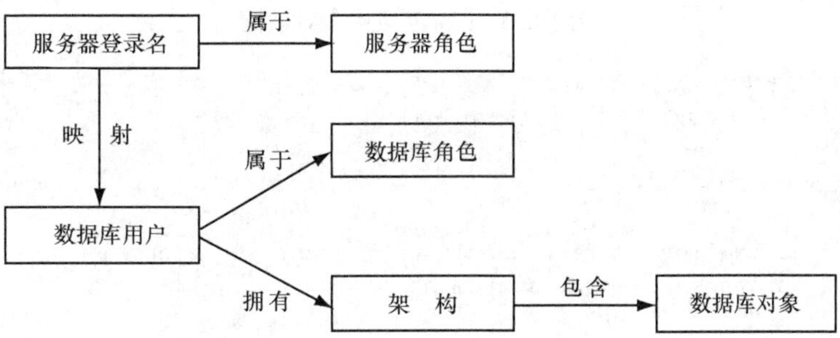

图 10.22　登录名、用户、角色、架构的关系

10.5.2　架构的定义

SQL Server 2008 中可以使用图形界面和 T-SQL 语句两种方式来创建架构。

1. 使用图形界面方式创建架构

以在“学生成绩管理系统”数据库中创建架构 schema1 为例，具体步骤如下。

（1）打开【SQL Server Management Studio】窗口，在【对象资源管理器】窗口中依次展开【数据库】→【学生成绩管理系统】→【安全性】→【架构】节点，右键单击【架构】节点，在弹出的快捷菜单中选择【新建架构】命令，弹出如图 10.23 所示的【架构-新建】对话框。

（2）在【架构名称】文本框中输入名称“schema1”，单击【搜索】按钮来选择架构的所有者，此处选择“dbo”。

（3）单击【确定】按钮完成架构的创建。

2. 运用 T-SQL 语句创建架构

SQL Server 2008 系统中可以运用 CREATE SCHEMA 语句来创建架构，其基本的语法格式如下：

```
CREATE SCHEMA schema_name_clause [ <schema_element> [ …n ] ]
<schema_name_clause> ::=
    {
       schema_name
```

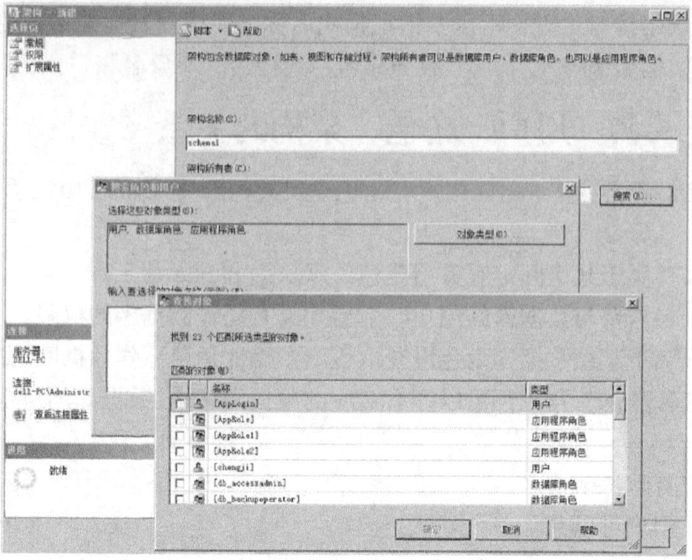

图 10.23 【新建架构】对话框

```
    | AUTHORIZATION owner_name
    | schema_name AUTHORIZATION owner_name
    }
<schema_element> ::=
    {
      table_definition | view_definition | grant_statement |
      revoke_statement | deny_statement
    }
```

各参数说明如下。

- schema_name：架构的名称。
- AUTHORIZATION owner_name：指定将拥有架构的数据库级主体的名称。此主体还可以拥有其他架构，并且可以不使用当前架构作为其默认架构。
- table_definition：指定在架构内创建表的 CREATE TABLE 语句。执行此语句的主体必须对当前数据库具有 CREATE TABLE 权限。
- view_definition：指定在架构内创建视图的 CREATE VIEW 语句。执行此语句的主体必须对当前数据库具有 CREATE VIEW 权限。
- grant_statement：指定可对除新架构外的任何安全对象授予权限的 GRANT 语句。
- revoke_statement：指定可对除新架构外的任何安全对象撤销权限的 REVOKE 语句。
- deny_statement：指定可对除新架构外的任何安全对象拒绝授予权限的 DENY 语句。

例如，在“学生成绩管理系统”数据库中创建架构 schema2，其所有者为用户 tempuser，代码如下：

```
USE 学生成绩管理系统
GO
CREATE SCHEMA schema2
    AUTHORIZATION tempuser
```

另外，在 SQL Server 2008 系统中可以运用 DROP SCHEMA 语句来删除架构，如删除架构 schema2 的语句如下：

```
USE 学生成绩管理系统
```

```
GO
DROP  SCHEMA schema2
```

10.6　权　　限

数据库的权限指明了用户能够对哪些对象执行何种操作。用户的权限取决于用户账户的数据库权限和用户所属的数据库角色的类型。

10.6.1　权限类型

在 SQL Server 2008 中可以将权限分为 3 种类型：对象权限、语句权限和隐式权限。

1. 对象权限

在 SQL Server 2008 中，所有对象的权限都是可授予的。可以为特定的对象、特定类型的所有对象和所有属于特定架构的对象管理权限。用户管理权限的对象依赖于作用范围。

在服务器级别，可以为服务器、站点、登录和服务器角色授予对象权限，也可以为当前服务器实例管理权限。

在数据库级别，可以为应用程序角色、程序集、非对称密钥、凭据、数据库角色、数据库、全文目录、函数、架构、存储过程、对称密钥、同义词、表、用户定义的数据类型、用户、视图和 XML 架构集授予对象权限。

通过授予、拒绝或撤销执行特殊语句或存储过程的操作来控制对这些对象的访问。例如，可以授予某用户检索表中数据的权限，而拒绝在表中添加、修改和删除数据的权限。

2. 语句权限

语句权限是用于控制创建数据库或数据库中的对象所涉及的权限。例如，如果用户需要在数据库中创建表，则应该向该用户授予 CREATE TABLE 语句权限。

常见的语句权限包括以下几种。

- CREATE DATABASE：确定是否能创建数据库。
- CREATE DEFAULT：确定用户是否具有创建表的各列默认值的权限。
- CREATE FUNCTION：确定用户是否具有在数据库中创建用户自定义函数的权限。
- CREATE PROCEDURE：确定用户是否具有在数据库中创建存储过程的权限。
- CREATE RULE：确定用户是否具有在数据库中创建表的列规则的权限。
- CREATE TABLE：确定用户是否具有在数据库中创建表的权限。
- CREATE VIEW：确定用户是否具有在数据库中创建视图的权限。
- BACKUP DATABASE：确定用户是否具有备份数据库的权限。
- BACKUP LOG：确定用户是否具备备份事务日志的权限。

3. 隐式权限

系统固定角色的成员有隐式权限。固定角色的隐式权限不能被更改，而且可以自动赋予角色成员相同的隐式权限。例如，sysadmin 服务器角色的成员能在 SQL Server 2008 中执行所有的操作，任何添加到 sysadmin 角色的用户也都具备相同的权限。

数据库和数据库对象所有者有隐式的权限，这些权限允许它们对数据库或数据库对象进行管理。例如，表的所有者可以查看、增加、更改和删除数据。

10.6.2 授予权限

为了允许用户执行某些操作，需要授予相应的权限，权限的授予可以通过图形界面和 T-SQL 语句两种方式来完成。

1. 使用图形界面方式授予权限

以给“学生成绩管理系统”数据库中用户 tempuser 授予创建表及对学生表插入记录的权限为例，具体步骤如下。

（1）打开【SQL Server Management Studio】窗口，在【对象资源管理器】窗口中依次展开【数据库】→【学生成绩管理系统】节点，右键单击【学生成绩管理系统】节点，在弹出的快捷菜单中选择【属性】命令，弹出如图 10.24 所示的【数据库属性-学生成绩管理系统】对话框。

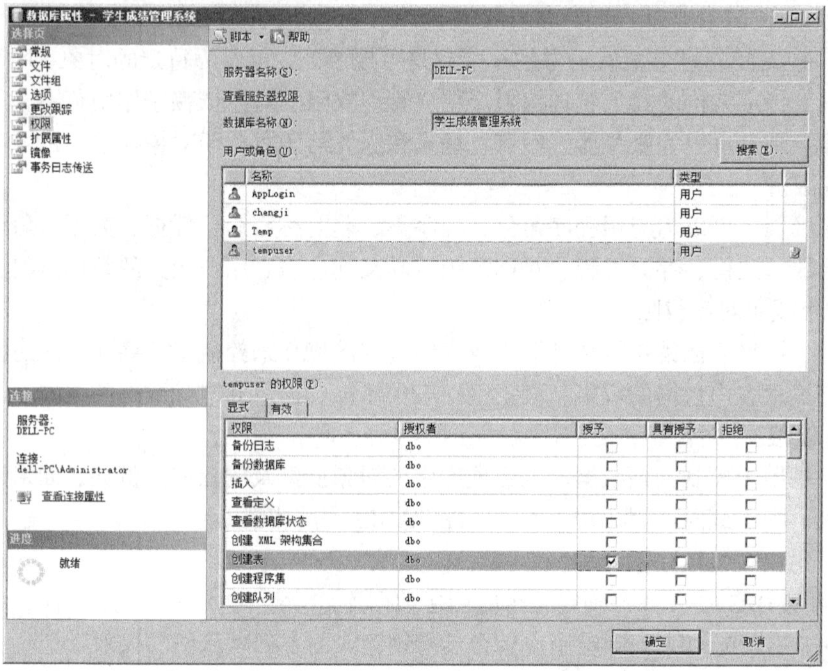

图 10.24 【数据库属性-学生成绩管理系统】对话框

（2）切换到【权限】页，选择用户 tempuser，在【tempuser 的权限】列表中选中【创建表】的授予权限，单击【确定】按钮保存。

（3）在【对象资源管理器】窗口中依次展开【数据库】→【学生成绩管理系统】→【表】节点，右键单击【学生】节点，在弹出的快捷菜单中选择【属性】命令，弹出【表属性-学生】对话框，如图 10.25 所示。

（4）切换到【权限】页，单击【搜索】按钮，在弹出的【选择用户或角色】对话框中单击【浏览】按钮，弹出【查找对象】对话框，选择用户 tempuser，返回到属性对话框的【权限】页，选择用户 tempuser，在【tempuser 的权限】列表中选中【插入】的授予权限，单击【确定】按钮即可。

2. 运用 T-SQL 语句授予权限

可运用 GRANT 语句给数据库用户或数据库角色授予权限，其基本的语法格式如下。

```
GRANT { ALL [ PRIVILEGES ] }
```

```
    | permission [ ( column [ ,…n ] ) ] [ ,…n ]
    [ ON [ class :: ] securable ] TO principal [ ,…n ]
    [ WITH GRANT OPTION ] [ AS principal ]
```

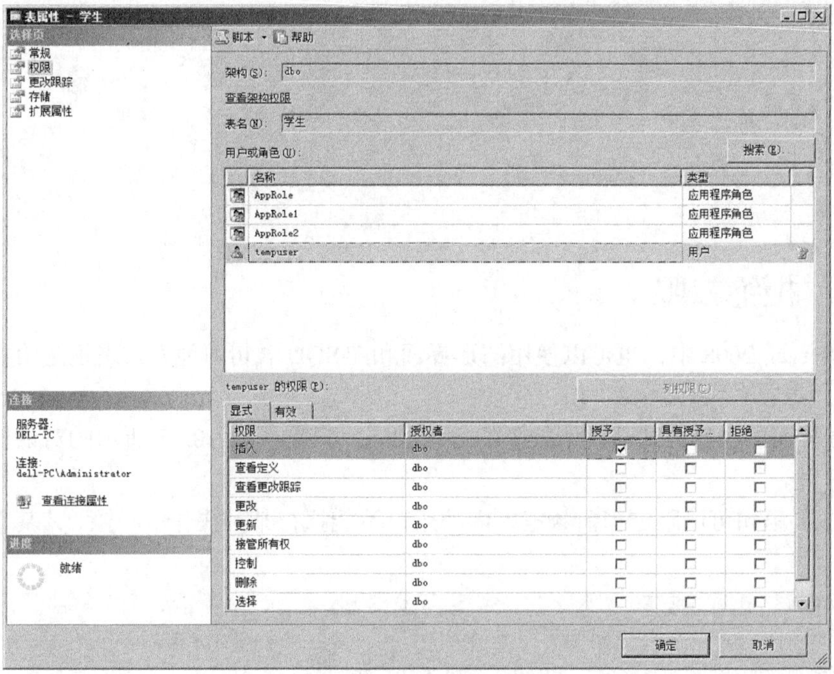

图 10.25 【表属性-学生】对话框

各参数的说明如下。

- ALL：表示授予所有可用的权限，ALL PRIVILEGES 是 SQL-92 标准的用法。例如，对象是数据库，则 ALL 对应 BACKUP DATABASE、BACKUP LOG、CREATE DATABASE、CREATE DEFAULT、CREATE FUNCTION、CREATE PROCEDURE、CREATE RULE、CREATE TABLE 和 CREATE VIEW 等权限。
- permission：权限的名称。
- column：指定表中将授予其权限的列的名称。
- class：指定将授予其权限的安全对象的类。
- ON securable：指定将授予其权限的安全对象。
- TO principal：主体的名称。可为其授予安全对象权限的主体随安全对象而异。
- WITH GRANT OPTION：指示被授权者在获得指定权限的同时还可以将指定权限授予其他主体。
- AS principal：指定一个主体，执行该查询的主体从该主体获得授予该权限的权利。

【例 10.13】 给“学生成绩管理系统”数据库上的用户 Temp 授予创建表的权限。

以系统管理员身份登录 SQL Server 系统，新建查询，输入如下代码：

```
USE 学生成绩管理系统
GO
GRANT CREATE TABLE
TO Temp
```

【例 10.14】 在“学生成绩管理系统”数据库中给 public 角色授予学生表的 SELECT 权限，

给用户 Temp 授予学生表的查询、添加、修改和删除权限。

以系统管理员身份登录 SQL Server 系统，新建查询，输入如下代码：

```
USE 学生成绩管理系统
GO
GRANT SELECT
ON 学生
TO public
GO
GRANT SELECT,INSERT,UPDATE,DELETE
ON 学生
TO Temp
```

10.6.3 拒绝权限

在 SQL Server 2008 中，也可以使用图形界面和 T-SQL 语句两种方式来拒绝给数据库用户某种权限。

使用图形界面的操作方式与授予权限的方法相同，只需在图 10.25 所示的对话框中选择需要拒绝的权限即可。

运用 DENY 语句可以限定当前数据库内的用户不能执行某种操作的权限，其基本的语法格式如下：

```
DENY { ALL [ PRIVILEGES ] }
     | permission [ ( column [ ,…n ] ) ] [ ,…n ]
     [ ON [ class :: ] securable ] TO principal [ ,…n ]
     [ CASCADE] [ AS principal ]
```

其中，CASCADE 表示拒绝授予指定用户或角色某种权限，同时对该用户或角色授予该权限的所有其他用户和角色也拒绝授予该权限。其他参数的作用与 GRANT 语句相同。

【例 10.15】 不允许“学生成绩管理系统”数据库上的用户 Temp 执行创建视图的操作。

以系统管理员身份登录 SQL Server 系统，新建查询，输入如下代码：

```
USE 学生成绩管理系统
GO
DENY CREATE VIEW
TO Temp
```

【例 10.16】 不允许“学生成绩管理系统”数据库上的用户 Temp 对学生表执行查询、添加、修改和删除操作。

以系统管理员身份登录 SQL Server 系统，新建查询，输入如下代码：

```
USE 学生成绩管理系统
GO
DENY SELECT,INSERT,UPDATE,DELETE
ON 学生
TO Temp
```

10.6.4 撤销权限

通过撤销权限可以停止之前给当前数据库用户授予或拒绝的权限。可运用 REVOKE 语句来实现，其语法格式如下：

```
REVOKE [ GRANT OPTION FOR ]
     {
```

```
        [ ALL [ PRIVILEGES ] ]
        |
                permission [ ( column [ ,…n ] ) ] [ ,…n ]
    }
    [ ON [ class :: ] securable ]
    { TO | FROM } principal [ ,…n ]
    [ CASCADE] [ AS principal ]
```

各参数的作用与 GRANT、DENY 相同，此处不再重复。

【例 10.17】 撤销“学生成绩管理系统”数据库上的用户 Temp 创建表的权限。

以系统管理员身份登录 SQL Server 系统，新建查询，输入如下代码：

```
USE 学生成绩管理系统
GO
REVOKE  CREATE TABLE
FROM  Temp
```

【例 10.18】 撤销“学生成绩管理系统”数据库上的用户 Temp 对学生表的 SELECT、INSERT 权限。

以系统管理员身份登录 SQL Server 系统，新建查询，输入如下代码：

```
USE 学生成绩管理系统
GO
REVOKE  SELECT,INSERT
ON 学生
FROM  Temp
```

练 习 题

1. 试说明 SQL Server 2008 的安全机制。
2. 试说明 SQL Server 2008 的登录验证过程。
3. 在“学生成绩管理系统”数据库中分别使用图形界面和 T-SQL 语句创建 Windows 身份验证登录名和 SQL Server 身份验证登录名，并尝试使用所创建的登录名登录 SQL Server 系统。
4. 在“学生成绩管理系统”数据库中分别使用图形界面、T-SQL 语句和系统存储过程创建数据库用户。
5. 在“学生成绩管理系统”数据库中分别使用图形界面和系统存储过程给固定服务器角色和固定数据库角色添加成员，并测试不同角色成员权限上的区别。
6. 在“学生成绩管理系统”数据库中分别使用图形界面和 T-SQL 语句创建自定义数据库角色。
7. 在“学生成绩管理系统”数据库中创建应用程序角色并测试其作用。
8. 在“学生成绩管理系统”数据库中创建新的架构，并在其中创建若干个数据库对象，尝试访问该架构中的数据库对象。
9. 给第 4 题、第 6 题中创建的用户和数据库角色赋予一定的权限并撤销。

第 11 章 数据备份与还原

保护好数据、防止数据丢失是数据库管理员需要面临的最关键的问题之一。虽然系统中采取了各种措施来保障数据库的完整性和安全性，但是各种软硬件故障、病毒和误操作等事件的发生，仍会影响甚至破坏数据库，造成数据丢失。数据库管理系统提供了数据库备份和恢复的功能，可以将数据库从错误的状态恢复到某一种正确的状态。

本章将详细介绍有关数据的备份、数据还原以及数据导入、导出的相关知识和操作技巧。

学习目标

1. 了解备份的概念
2. 了解备份所需要的常用设备
3. 掌握备份数据的操作方法
4. 掌握恢复数据的操作方法
5. 熟悉复制数据库的操作技巧
6. 掌握数据的导入与导出

11.1 备份与还原概述

用户使用数据库是因为要利用数据库来管理和操作数据，数据对于用户来说是非常宝贵的资产。数据存放在计算机上，即使是最可靠的硬件和软件也会出现系统故障或产品故障，所以，应该在意外发生之前做好充分的准备工作，以便在意外发生之后有相应的措施能快速地恢复数据库的运行，并使丢失的数据量减少到最小。

11.1.1 备份与还原的基本概念

1. 备份

为了保证数据的安全，需要定期对数据进行备份。备份的方式有很多种，效果也不一样。关于备份需要遵循两个简单规则：一是尽早并且经常备份；另一条规则就是，不要只备份到相同磁盘的一个文件中，应该确保在完全分离的位置（最好是远离工作场所）还有一个副本，以确保备份安全。在进行数据库的备份与恢复过程中就要涉及数据库之间的数据导入与导出。

备份是制作数据库的副本，即将数据库中的部分或全部内容复制到其他的存储介质（如磁盘）上保存起来的过程，以便在数据库遭到破坏时能够修复数据库。造成数据库被破坏，导致数据丢失的原因主要有以下几种。

- 存储媒体损坏，如存放数据库数据的磁盘损坏。
- 用户操作错误，如误删了某些表和数据。
- 整个服务器崩溃，如操作系统被破坏，造成计算机无法启动或服务器报废。
- 自然灾害。

通过适当的备份，可以从多种故障中恢复数据。另外，可以将数据库从一台服务器复制到另一台服务器。设置数据库镜像和文件归档等也需要对数据库进行备份。

2. 还原

还原指将数据库备份加载到服务器中，使数据库恢复到备份时的正常状态。这一状态是由备份决定的，但是为了维护数据库的一致性，在备份中未完成的事务不能进行还原。

备份和还原的工作主要是由数据库管理员来完成的。数据库管理员日常比较重要和频繁的工作就是对数据库进行备份和还原，因此，数据库管理员应该设计有效的备份和还原策略以提高工作效率、减少数据丢失。设计有效的备份和还原策略需要仔细计划、实现和测试，需要考虑以下因素。

- 系统对数据库的生产目标，尤其是对可用性和防止数据丢失的要求。
- 每个数据库的特性，如大小、使用模式、内容特征及其数据要求等。
- 对资源的约束，如硬件、人员、存储备份媒体的空间及存储媒体的物理安全性等。

11.1.2 数据备份的类型

在 SQL Server 2008 中有 4 种备份类型：完整数据库备份、差异数据库备份、事务日志备份及数据库文件和文件组备份。

1. 完整数据库备份

完整数据库备份就是备份整个数据库。它备份数据库文件、这些文件的地址以及事务日志的某些部分（从备份开始时所记录的日志顺序号到备份结束时的日志顺序号）。这是任何备份策略中都要求完成的第一种备份类型，因为其他所有备份类型都依赖于完整数据库备份。换句话说，如果没有执行完整数据库备份，就无法执行差异数据库备份和事务日志备份。

虽然从单独一个完全数据库备份就可以恢复数据库，但是完整数据库备份与差异数据库备份和事务日志备份相比，在备份的过程中需要花费更多的空间和时间，所以完整数据库备份不需要频繁的进行。如果只使用完整数据库备份，那么进行数据恢复时只能恢复到最后一次完整数据库备份时的状态，该状态之后的所有改变都将丢失。

2. 差异数据库备份

差异数据库备份是指备份从最近一次完整数据库备份以后发生改变的数据。如果在完整数据库备份后将某个文件添加至数据库，则下一个差异数据库备份会包括该新文件。这样可以方便地备份数据库，而无须了解各个文件。例如，如果在星期一执行了完整数据库备份，并在星期二执行了差异数据库备份，那么该差异数据库备份将记录自星期一的完整数据库备份以来已发生的所有修改，而星期三的另一个差异数据库备份将记录自星期一的完整数据库备份以来已发生的所有修改。差异数据库备份每做一次就会变得更大一些，但仍然比完整数据库备份小，因此差异数据库备份比完整数据库备份快。

3. 事务日志备份

尽管事务日志备份依赖于完整数据库备份，但它并不备份数据库本身。这种类型的备份只记录事务日志的适当部分，明确地说，自从上一个事务以来已经发生变化的部分。事务日志备份比完整数据库备份节省时间和空间，而且利用事务日志备份进行恢复时，可以指定恢复到某一个事务，比如可以将其恢复到某个破坏性操作执行的前一个事务，完整数据库备份和差异数据库备份则不能做到。但是与完整数据库备份和差异数据库备份相比，用事务日志备份恢复数据库要花费较长的时间，这是因为事务日志备份仅仅存放日志信息，恢复时需要按照日志重新插入、修改或删除数据。所以，通常情况下，事务日志备份经常与完整数据库备份和差异数据库备份结合使用，比如，每周进行一次完整数据库备份，每天进行一次差异数据库备份，每小时进行一次事务日志备份。这样，最多只会丢失一个小时的数据。

4. 数据库文件和文件组备份

当一个数据库很大时，对整个数据库进行备份可能会花很多的时间，这时可以采用数据库文件和文件组备份，即对数据库中的部分文件或文件组进行备份。

文件组是一种将数据库存放在多个文件上的方法，并允许控制数据库对象（比如表或视图）存储到这些文件当中的哪些文件上。这样，数据库就不会受到只存储在单个硬盘上的限制，而是可以分散到许多硬盘上，因而可以变得非常大。利用文件组备份，每次可以备份这些文件当中的一个或多个文件，而不是同时备份整个数据库。

文件组还可以用来加快数据访问的速度，因为文件组允许将表存放在一个文件上，而将对应的索引存放在另一个文件上。尽管这么做可以加快数据访问的速度，但也会减慢备份过程，因为必须将表和索引作为一个单元来备份。

为了使恢复的文件与数据库的其余部分保持一致，执行数据库文件和文件组备份之后，必须执行事务日志备份。

11.1.3 恢复模式

备份和还原操作是在某种“恢复模式”下进行的。恢复模式是一个数据库的属性，它用于控制数据库和还原操作的基本行为，它控制了将事务记录在日志中的方式、事务日志是否需要备份和可用的还原操作等。选择不同的恢复模式可以简化恢复计划、简化备份和恢复的过程。

在 SQL Server 2008 中可以使用的“恢复模式”有以下 3 种。

1. 简单恢复模式

在简单恢复模式下，简略地记录大多数事务，所记录的信息只是为了确保在系统崩溃或还原数据备份之后数据库的一致性。在简单恢复模式下，每个数据备份后的日志将被截断，截断日志将删除备份和还原事务日志，所以没有事务日志备份。这虽然简化了备份和还原，但是没有事务日志备份，便不可能恢复到失败的时间点。通常，只有在数据安全要求不高的数据库中使用该恢复模式。

2. 完整恢复模式

在完整恢复模式下，完整地记录了所有的事务，并保留所有事务的日志记录。完整恢复模式可在最大范围内防止出现故障时丢失数据，并提供全面保护，使数据库免受媒体故障影响。通常，对数据可靠性要求比较高的数据库需要使用该恢复模式，如银行、邮电等部门的数据库系统，任何事务日志都是必不可少的。使用该模式应定期做事务日志备份，以免日志文件会变化很大。

3. 大容量日志恢复模式

与完整恢复模式（完整记录所有事务）相反，大容量日志恢复模式只对大容量操作（如索引创建和大容量加载）进行最小记录，这样可以大大提高数据库的性能，常用作完整恢复模式的补充。该模式事务日志不完整，一旦出现问题，数据库有可能无法恢复，因此，一般只有在需要进行大容量操作时才使用该恢复模式，操作完成后，应该用其他的恢复模式进行恢复。

11.2 备份数据操作

11.2.1 备份设备

备份存放在物理备份介质上，备份介质可以是磁带驱动器或者硬盘驱动器（位于本地或者网络上）。SQL Server 并不知道连接到服务器的各种介质形式，因此必须通知 SQL Server 将备份存储在哪里。

1. 备份设备的分类

备份设备就是用来存储数据库、事务日志或文件和文件组备份的存储介质。常见的备份设备可以分为 3 种类型：磁盘备份设备、磁带备份设备和物理备份（逻辑设备）设备。

（1）磁盘备份设备

磁盘备份设备就是存储在硬盘或其他磁盘媒体上的文件，与常规操作系统文件一样。引用磁盘备份设备与引用任何其他操作系统文件一样。可以在服务器的本地磁盘上或共享网络资源的远程磁盘上定义磁盘备份设备，根据需要可大可小，最大的文件大小相当于磁盘上可用的闲置空间。如果磁盘备份设备定义在网络的远程设备上，则应该使用统一命名方式（UNC）来引用该文件，以\\Servername\Sharename\Path\File 格式指定文件的位置。在网络上备份数据可能受到网络错误的影响，因此，在完成备份后应该验证备份操作的有效性。

建议不要将数据库事务日志备份到数据库所在的同一物理磁盘上的文件中。如果包含数据库的磁盘设备发生故障，由于备份位于同一发生故障的磁盘上，因此将无法恢复数据库。

（2）磁带备份设备

磁带备份设备的用法与磁盘备份设备相同，不过磁带备份设备必须物理连接到运行 SQL Server 2008 实例的计算机上。如果磁带备份设备在备份操作过程中已满，但还需要写入一些数据，SQL Server 2008 将提示更换新磁带并继续备份操作。

若要将 SQL Server 2008 数据备份到磁带，则需要使用磁带备份设备或者 Microsoft Windows 平台支持的磁带驱动器。另外，对于特殊的磁带驱动器，就仅使用驱动器制造商推荐的磁带。在使用磁带驱动器时，备份操作可能会写满一个磁带，并继续在另一个磁带上进行。所使用的第一个媒体称为“起始磁带”，该磁带含有媒体标头，每个后续磁带称为“延续磁带”，其媒体序列号比前一磁带的媒体序列号大 1。

（3）物理备份设备

物理备份设备名称主要用来供操作系统对备份设备进行引用和管理，如：C:\Backups\ GradeMis\ Full.bak。逻辑备份设备是物理备份设备的别名，通常比物理备份设备更能简单、有效地描述备份设备的特征。逻辑备份设备名称被永久地保存在 SQL Server 的系统表中。

如果准备将一系列备份数据写入相同的路径或磁带设备，则使用逻辑备份设备非常有用。逻辑备份设备对于标识磁带备份设备尤为有用。

可以编写一个备份脚本以使用特定逻辑备份设备，这样就无需更新脚本即可切换到新的物理备份设备。切换涉及以下过程。

- 删除原来的逻辑备份设备。

- 定义新的逻辑备份设备，新设备使用原来的逻辑设备名称，但映射到不同的物理备份设备。

2. 创建备份设备

备份设备是用来存储数据库、事务日志或者文件和文件组备份的存储介质，因此在执行备份数据之前，首先来介绍一下如何创建备份设备。

在 SQL Server 2008 中创建备份设备的方法有两种：一是在 SQL Server Management Studio 窗口中使用现有命令和功能，通过方便的图形化工具创建；二是通过使用系统存储过程 SP_ADDUMPDEVICE 创建。下面将对这两种创建备份设备的方法分别阐述。

（1）使用图形界面方式创建备份设备

使用图形界面方式创建备份设备的操作步骤如下。

① 在【对象资源管理器】窗口中单击服务器名称以展开服务器树。

② 展开【服务器对象】节点，然后右键单击【备份设备】选项。

③ 从弹出的快捷菜单中选择【新建备份设备】命令，打开【备份设备】窗口。

④ 在【备份设备】窗口中输入设备名称并且指定该文件的完整路径，这里创建一个名称为“学生成绩管理系统备份”的备份设备，如图 11.1 所示。

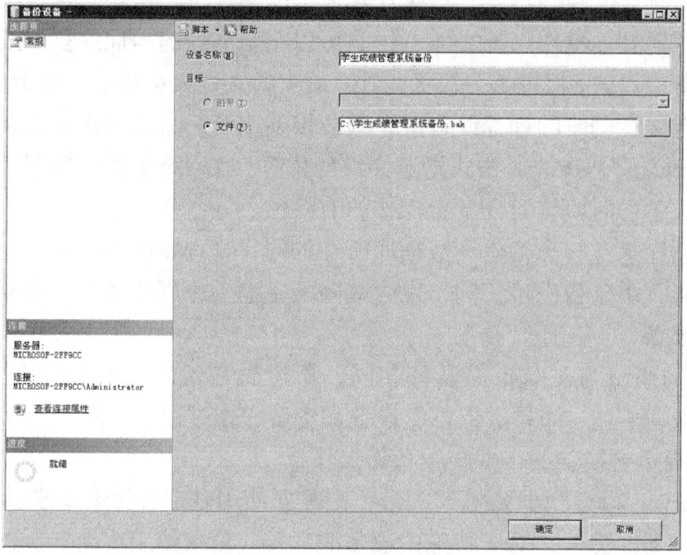

图 11.1　创建备份设备

⑤ 单击【确定】按钮，完成备份设备的创建。展开【备份设备】节点，就可以看到刚刚创建的名称为“学生成绩管理系统备份”的备份设备。

（2）使用系统存储过程 SP_ADDUMPDEVICE 创建备份设备

除了使用图形化工具创建备份设备外，还可以使用系统存储过程 SP_ADDUMPDEVICE 来创建备份设备，这个存储过程可以创建磁盘和磁带备份设备。SP_ADDUMPDEVICE 的基本语法如下：

```
SP_ADDUMPDEVICE [ @devtype = ] 'device_type'
        , [ @logicalname = ] 'logical_name'
        , [ @physicalname = ] 'physical_name'
        [, { [ @cntrltype = ] controller_type |
         [ @devstatus = ] 'device_status' }
        ]
```

下面对上述语法中的各参数进行简单地说明。

- [@devtype =]'device_type'：指备份设备的类型。device_type 的数据类型为 varchar（20），无默认值，可以是 disk、tape 和 pipe。其中：disk 用于指硬盘文件作为备份设备；tape 用于指 Microsoft Windows 支持的任何磁带备份设备；pipe 是指使用命名管道备份设备。
- [@logicalname =]'logical_name'：指在 BACKUP 和 RESTORE 语句中使用的备份设备的逻辑名称。logical_name 的数据类型为 sysname，无默认值，且不能为 NULL。
- [@physicalname =]'physical_name'：指备份设备的物理名称。物理名称必须遵从操作系统文件命名规则或者网络设备的通用命名约定，并且必须包含完整路径。physical_name 的数据类型为 nvarchar（260），无默认值，且不能为 NULL。

指定存放备份设备的物理路径必须真实存在，否则将会提示"系统找不到指定的路径"，因为 SQL Server 2008 不会自动为用户创建文件夹。

- [@cntrltype =] 'controller_type'：如果 cntrltype 的值是 2，则表示是磁盘；如果 cntrltype 值是 5，则表示是磁带。
- [@devstatus =] 'device_status'：device_status 如果是 noskip，表示读 ANSI 磁带头；如果是 skip，表示跳过 ANSI 磁带头。

【例 11.1】 创建一个名称为 Test 的备份设备。

代码如下：

```
USE master
GO
EXEC sp_addumpdevice'disk','Test','C:\test.bak'
```

创建本地磁带备份设备 TapeTest，可以使用如下语句：

```
USE master
GO
EXEC SP_ADDUMPDEVICE 'tape', 'Tape Test','\\.\tape0 '
```

3. 管理备份设备

在 Microsoft SQL Server 2008 系统中，创建了备份设备以后就可以通过系统存储过程、T-SQL 语句或者图形界面查看备份设备的信息，或者把不用的备份设备删除等。

（1）查看备份设备

用户可以通过两种方式查看服务器上的所有备份设备：一种是通过使用图形界面方式，另一种是通过使用系统存储过程 SP_HELPDEVICE。

① 使用图形界面方式查看备份设备

使用图形界面方式查看所有备份设备的操作步骤如下。

在【对象资源管理器】窗口中单击服务器名称以展开服务器树。展开【服务器对象】→【备份设备】节点，就可以看到当前服务器上已经创建的所有备份设备，如图 11.2 所示。

② 使用系统存储过程 SP_HELPDEVICE

使用系统存储过程 SP_HELPDEVICE 也可以查看服务器上每个设备的相关信息，如图 11.3 所示。

（2）删除备份设备

对于不再需要的备份设备，用户可以将其删除，删除备份设备后，其上的数据都将丢失。删除备份设备也有两种方式：一种是使用图形界面方式，另一种是使用系统存储过程 SP_DROPDEVICE。

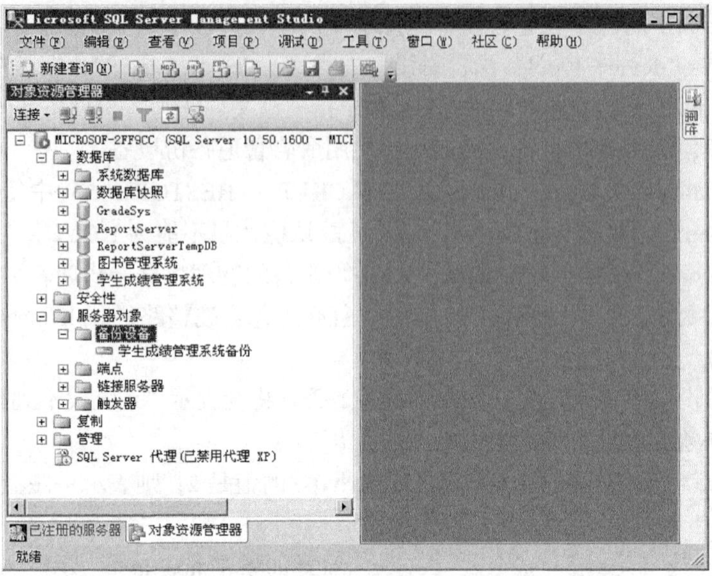

图 11.2 使用图形界面方式查看备份设备

① 使用图形界面方式删除备份设备

使用图形界面方式可以删除备份设备。例如，将备份设备 Test 删除，操作步骤如下。

在【对象资源管理器】窗口中单击服务器名称以展开服务器树。展开【服务器对象】→【备份设备】节点，右键单击要删除的备份设备 Test，在弹出的快捷菜单中选择【删除】命令，打开【删除对象】窗口。在【删除对象】窗口单击【确定】按钮，即完成对该备份设备的删除操作。

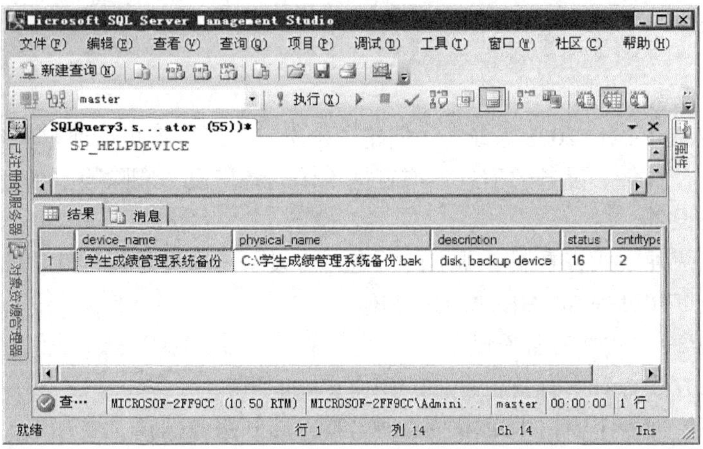

图 11.3 使用系统存储过程查看备份设备

② 使用系统存储过程 SP_DROPDEVICE 删除备份设备

使用系统存储过程 SP_DROPDEVICE 将服务器中的备份设备删除，并能删除操作系统文件。具体语句如下所示：

```
SP_DROPDEVICE '备份设备名' [,'DELETE']
```

上述语句中，如果指定了 DELETE 参数，则在删除备份设备的同时删除它使用的操作文件。例如，删除名称为 Test 的备份设备，可以使用如下代码：

```
EXEC SP_DROPDEVICE 'Test'
```

11.2.2　备份命令

通过前面知识的介绍，大家知道，备份数据的类型可以分为 4 种，在创建每一种备份时，所用到的操作都不相同，因此，本节将重点围绕这 4 种类型展开详细论述。

1. 创建完整数据库备份

完整数据库备份是指包含所有数据文件的完整映像的任何备份。完整数据库备份会备份所有数据和足够的日志，以便恢复数据。由于完整数据库备份是任何备份策略中都要求完成的第一种备份类型，所以首先介绍如何使用 BACKUP 语句进行完整数据库备份。

下面简单地介绍一下如何使用 BACKUP 命令来备份数据库。对数据库进行完整备份的语法如下：

```
BACKUP DATABASE database_name
TO <backup_device> [,…n]
[WITH
[[,] NAME=backup_set_name]
[ [,] DESCRIPITION='TEXT']
[ [,] {INIT | NOINIT } ]
[ [,]{ COMPRESSION | NO_COMPRESSION }
]
```

参数说明如下。

- database_name：指定了要备份的数据库。
- backup_device：为备份的目标设备，采用“备份设备类型=设备名”的形式。
- WITH 子句：指定备份选项，这里仅给出两个，更多的备份选项可以参考 SQL Sever 联机丛书。
- NAME=backup_set_name：指定了备份的名称。
- DESCRIPITION=‘TEXT’：给出了备份的描述。
- INIT|NOINIT：INIT 表示新备份的数据覆盖当前备份设备上的每一项内容，即原来在此设备上的数据信息都将不存在，NOINIT 表示新备份的数据添加到备份设备上已有的内容后面。
- COMPRESSION|NO_COMPRESSION：COMPRESSION 表示启用备份压缩功能，NO_COMPRESSION 表示不启用备份压缩功能。

【例 11.2】 使用 BACKUP 命令对“学生成绩管理系统”数据库做一次完整备份，备份设备为以前创建好的“学生成绩管理系统备份”本地磁盘设备，并且此次备份覆盖以前所有的备份。

代码如下：

```
BACKUP DATABASE 学生成绩管理系统
TO DISK='学生成绩管理系统备份'
WITH INIT,
NAME='学生成绩管理系统 完整备份',
DESCRIPTION='this is the full backup of 学生成绩管理系统'
```

执行上述代码。如图 11.4 所示的结果可以看出，完整备份操作已经成功完成。

2. 创建差异数据库备份

当数据量十分庞大时，执行一次完整数据库备份需要耗费非常多的时间和空间，因此完整数据库备份不能频繁进行，创建了数据库的完整数据库备份以后，如果数据库从上次备份以来只修改了很少的数据时，比较适合使用差异数据库备份。下面将介绍创建差异数据库备份的方法。

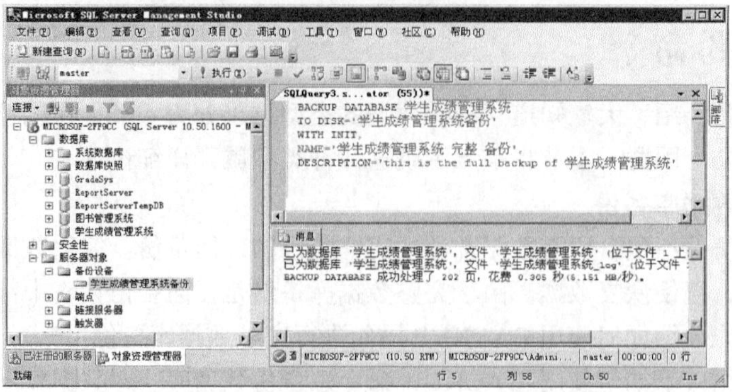

图 11.4　使用 BACKUP 语句备份数据库

创建差异数据库备份也可以使用 BACKUP 语句，进行差异数据库备份的语法与完整数据库备份的语法相似，进行差异数据库备份的语法如下所示：

```
BACKUP DATABASE database_name
TO <backup_device> [,…n]
WITH
DIFFERENTIAL
[[,] NAME=backup_set_name]
[ [,] DESCRIPITION='TEXT']
[ [,] {INIT | NOINIT } ]
[ [,]{ COMPRESSION | NO_COMPRESSION }
]
```

其中，WITH DIFFERENTIAL 子句指明了本次备份是差异数据库备份。其他参数与完全数据库备份参数完全一样，在此就不再重复。

【例 11.3】 对“学生成绩管理系统”数据库做一次差异数据库备份。

代码如下：

```
BACKUP DATABASE 学生成绩管理系统
TO DISK='学生成绩管理系统备份'
WITH DIFFERENTIAL,
NOINIT,
NAME='学生成绩管理系统差异备份',
DESCRIPTION='this is differential backup of 学生成绩管理系统 on disk'
```

执行上述代码。从图 11.5 所示的结果可以看出，“学生成绩管理系统”数据库的差异备份已经创建完成。

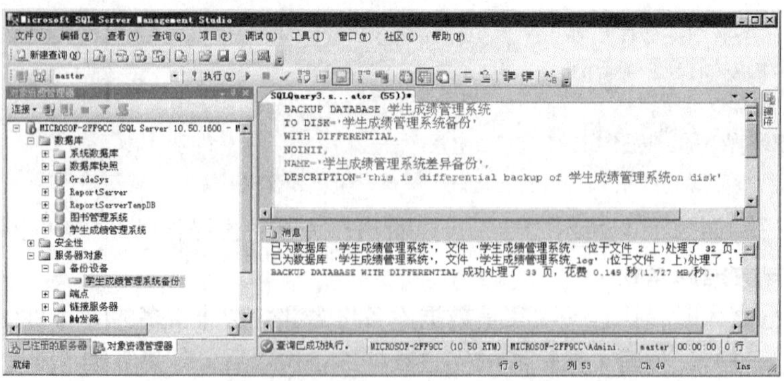

图 11.5　执行数据库差异备份

使用 BACKUP 语句执行差异数据库备份时，要使用 WITH NOINIT 选项，追加到现有的备份集，避免覆盖已经存在的完整备份。

3. 创建事务日志备份

在前面小节中已经执行了完整数据库备份和差异数据库备份，但是如果没有执行事务日志备份，则数据库可能无法正常工作。

尽管事务日志备份信赖于完整数据库备份，但它并不备份数据库本身，这种类型的备份只记录事务日志的适当部分，明确地说，自从上一个事务以来已经发生变化的部分。使用事务日志备份可以将数据库恢复到故障点或特定的时间点。一般情况下，事务日志备份比完整数据库备份和差异数据库备份使用的资源少，因此，可以更频繁地创建事务日志备份，减少数据丢失的风险。在 Microsoft SQL Server 2008 系统中事务日志备份有 3 种类型：纯日志备份、大容量操作日志备份和尾日志备份。具体情况如表 11.1 所示。

表 11.1　　事务日志类型

日志备份类型	说　明
纯日志备份	仅包含一定间隔的事务日志记录而不包含在大容量日志恢复模式下执行的任何大容量更改的备份
大容量操作日志备份	包含日志记录以及由大容量操作更改的数据页的备份，不允许对大容量操作日志备份进行时点恢复
尾日志备份	对可能已损坏的数据库进行的日志备份，用于捕获尚未备份的日志记录。尾日志备份在出现故障时进行，用于防止丢失工作，可以包含纯日志记录或大容量操作日志记录

只有当启动事务日志备份序列时，完整数据库备份或差异数据库备份才必须与事务日志备份同步。每个事务日志备份的序列都必须在执行完整数据库备份或差异数据库备份之后启动。

执行事务日志备份至关重要，除了允许用户还原备份事务外，事务日志备份将截断日志以删除日志文件中已备份的日志记录。即使经常备份日志，日志文件也会填满。

连续的日志序列称为“日志链”。日志链从数据库的完整备份开始。通常情况下，只有当第一次备份数据库或者从简单恢复模式转变到完整或大容量恢复模式，需要进行完整数据库备份时，才会启动新的日志链。

当事务日志最终变成 100%满时，用户将无法访问数据库，直到数据库管理员消除了事务日志为止。避开这个问题的最佳办法是执行定期的事务日志备份。

使用 BACKUP 语句创建事务日志备份，语法格式如下：

```
BACKUP LOG database_name
TO <backup_device> […n]
WITH
 [[,] NAME=backup_set_name]
[ [,] DESCRIPITION='TEXT']
[ [,] {INIT | NOINIT } ]
[ [,]{ COMPRESSION | NO_COMPRESSION }
]
```

其中，LOG 指定仅备份事务日志。该日志是从上一次成功执行的日志备份到当前日志的末尾。用户必须创建完整数据库备份后才能创建第一个事务日志备份。其他的各参数与完整数据库备份语法中的各参数完全相似，这里也不再重复。

【例 11.4】对“学生成绩管理系统”数据库做事务日志备份，要求追加到现有的备份设备“学生成绩管理系统备份”上。

完成上述备份，可以使用如下代码：

```
BACKUP LOG 学生成绩管理系统
TO DISK='学生成绩管理系统备份'
WITH NOINIT,
NAME='学生成绩管理系统事务日志备份',
DESCRIPTION='this is transaction backup of 学生成绩管理系统 on disk'
```

执行上述代码。从图 11.6 所示的结果可以看出，数据库“学生成绩管理系统”的事务日志备份已经完成。

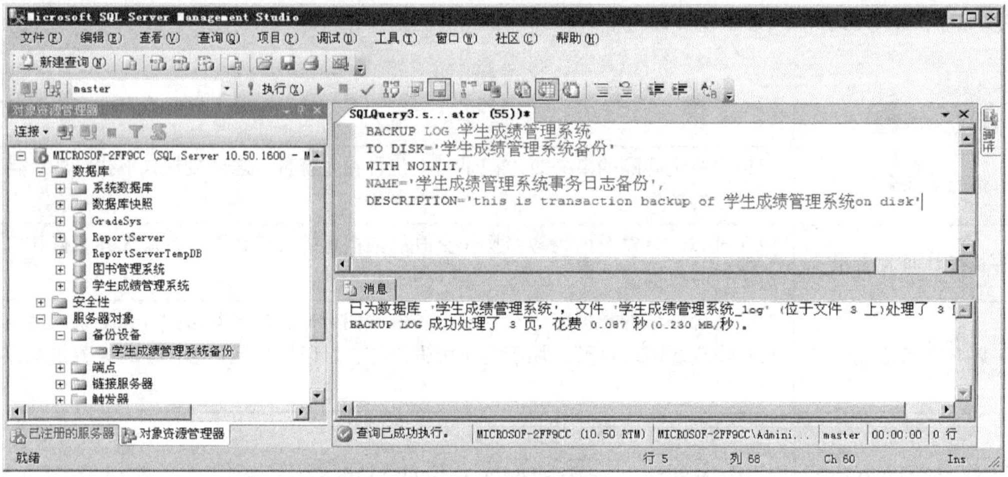

图 11.6　事务日志备份

当 SQL Server 完成事务日志备份时，自动截断数据库事务日志中不活动的部分。所谓不活动的部分是指已经完成的事务日志，这些事务日志已经被备份起来了，所以可以截断。事务日志被截断后，释放出的空间可以被重复使用，这样避免了日志文件的无限增长。

4. 创建文件组备份

现在，有越来越多的公司拥有 TB 级的数据库，这些数据库称为超大型数据库。对于超大型数据库，如果每次都执行完整数据备份不切实际，应当执行数据库文件或文件组备份。

文件组是一种将数据库存放在多个文件上的方法，并允许控制数据库对象（比如表或视图）存储到这些文件当中的哪些文件上。这样，数据库就不会受到只存储在单个硬盘上的限制，而是可以分散到许多硬盘上，因而可以变得非常大。利用文件组备份，每次可以备份这些文件当中的一个或多个文件，而不是同时备份整个数据库。

在执行文件组备份之前，首先为数据库“学生成绩管理系统”添加一个新文件组，操作步骤如下。

（1）打开【SQL Server Management Studio】窗口，连接服务器。

（2）在【对象资源管理器】窗口中展开【数据库】节点，右键单击【学生成绩管理系统】数据库，在弹出快捷菜单中选择【属性】命令，打开【数据库属性-学生成绩管理系统】窗口。

（3）单击【文件组】选项，【文件组】页，然后单击【添加】按钮，在【名称】文本框中输入“backup”，如图 11.7 所示。

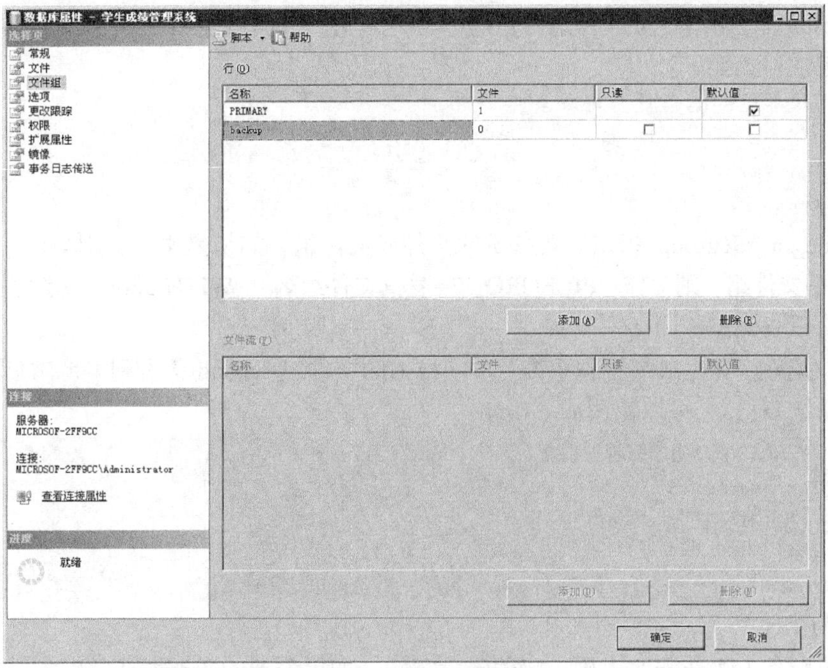

图 11.7　添加新文件组

（4）单击【文件】选项，切换到【文件】页，然后单击【添加】按钮，为【学生成绩管理系统】数据库创建一个新的数据文件，并且设置该数据文件所属的文件组为 backup，具体如图 11.8 所示。

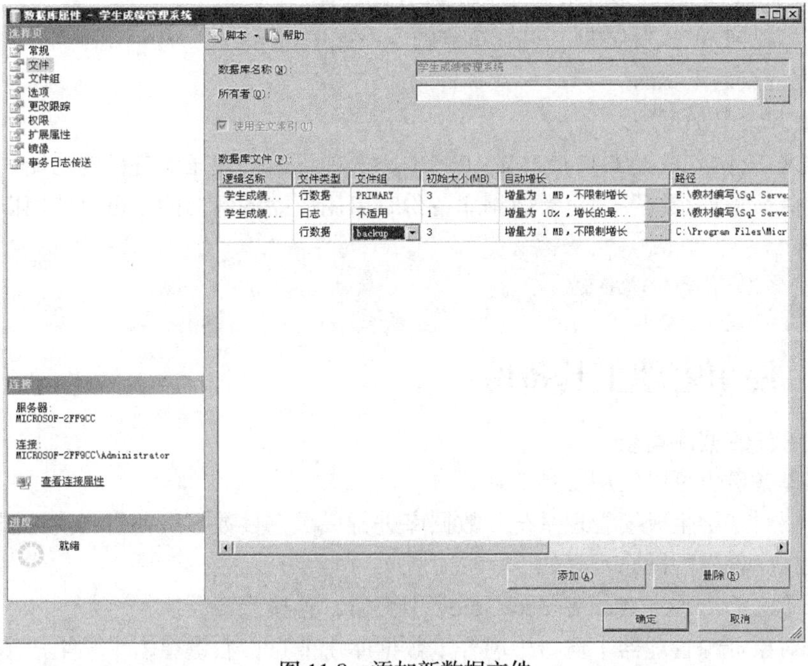

图 11.8　添加新数据文件

（5）单击【确定】按钮完成对数据库的更改。

在 SQL Server 2008 中，执行文件组备份的方式有两种：使用图形界面方式【SQL Server

Management Studio】和 T-SQL 语言中的 BACKUP 语句。下面将使用 BACKUP 语句进行备份。

具体的语法格式如下：

```
BACKUP DATABASE database_name
<file_or_filegroup> […n]
TO <backup_device> […n]
WITH options
```

其中：file_or_filegroup 指定了要备份的文件或文件组，如果是文件，则写作“FILE=逻辑文件名”；如果是文件组，则写作“FILEGROUP=逻辑文件组名”。WITH options 用于指定备份选项，与前几种备份设备类型相同。

比如将数据库“学生成绩管理系统”中刚添加的文件组 second 备份到本地磁盘备份设备“学生成绩管理系统备份”，可以使用如下语句：

```
BACKUP DATABASE 学生成绩管理系统
FILEGROUP='second'
TO DISK='学生成绩管理系统备份'
WITH
DESCRIPTION='this the filegroup backup of 学生成绩管理系统'
```

5. 备份压缩

数据库执行备份操作需要占用一定的磁盘空间，如果公司的数据库非常庞大，那么对数据库的备份需要的空间将会十分惊人。对于数据库管理员来说，这是一件十分头疼的事情。幸运的是，在 SQL Server 2008 中新增了数据压缩功能。通常，数据压缩总是和节约硬盘、更小的物理文件、备份次数的减少联系在一起，而对于 SQL Server 2008 的数据压缩而言，主要的目的是实际的表的尺寸的减小。数据压缩的某些好处包括以下几点。

- 通过减少 I/O 和提高缓存命中率来提升查询性能。
- 提供对真实 DW 实际数据 2 倍到 7 倍的压缩比率。
- 和其他特点是正交的。
- 对数据和索引都可用。

使用 BACKUP 语句的 WITH COMPRESSION 选项可以实现压缩备份的功能。例如，在创建数据库“学生成绩管理系统”的完整数据库备份时启用压缩备份功能就可以使用以下代码：

```
BACKUP DATABASE 学生成绩管理系统
TO DISK='学生成绩管理系统备份'
WITH INIT,COMPRESSION
```

11.2.3 使用管理工具备份

1. 创建完整数据库备份

完整数据库备份也可以使用工具实现。

例如，需要对“学生成绩管理系统”数据库进行一次完整数据库备份，使用图形界面方式对其进行完整数据库备份的操作步骤如下。

（1）打开【SQL Server Management Studio】窗口，连接服务器。

（2）在【对象资源管理器】窗口中展开【数据库】节点，右键单击【学生成绩管理系统】数据库，在弹出的快捷菜单中选择【属性】命令，打开【数据库属性-学生成绩管理系统】窗口。

（3）在【选项】页中确保恢复模式为完整恢复模式，如图 11.9 所示。

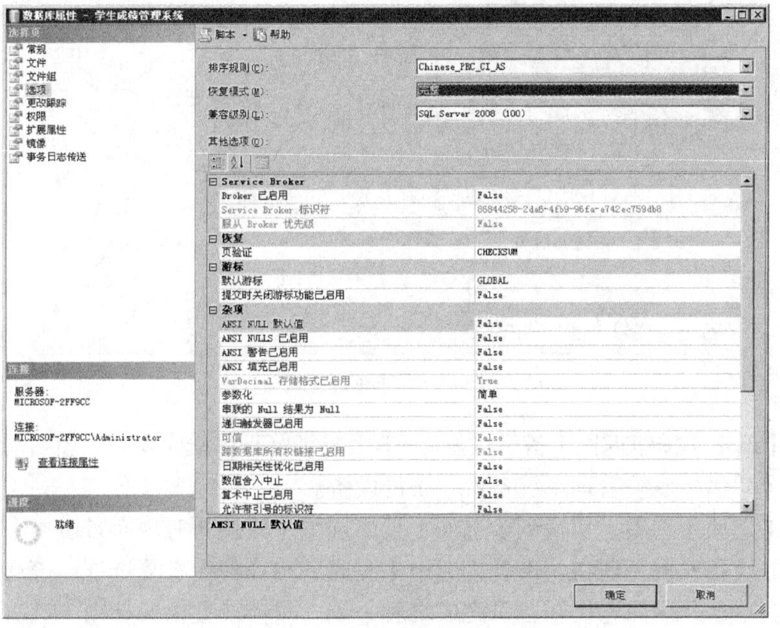

图 11.9　选择恢复模式

（4）单击【确定】按钮应用修改结果。

（5）右键单击数据库【学生成绩管理系统】，从弹出的快捷菜单中选择【任务】→【备份】命令，打开【备份数据库-学生成绩管理系统】窗口，如图 11.10 所示。

（6）在【备份数据库-学生成绩管理系统】窗口中，从【数据库】下拉列表中选择【学生成绩管理系统】，【备份类型】下拉列表中选择【完整】，保留【名称】文本框的内容不变。

（7）设置备份到磁盘的目标位置，通过单击【删除】按钮删除已存在默认生成的目标，然后单击【添加】按钮，弹出【选择备份目标】对话框，选中【备份设备】单选按钮，选择以前建立的"学生成绩管理系统备份"备份设备，如图 11.11 所示。

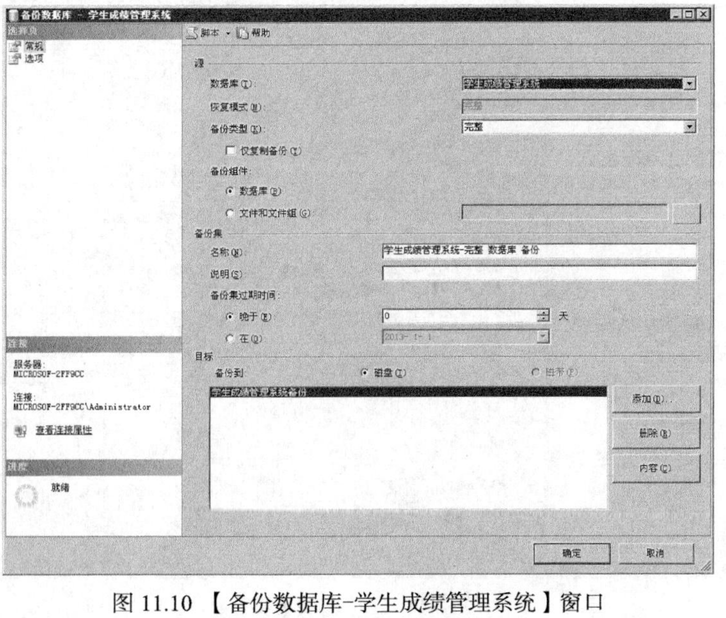

图 11.10 【备份数据库-学生成绩管理系统】窗口

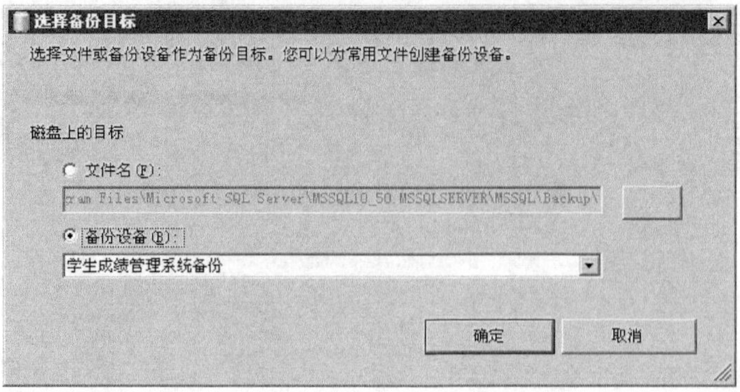

图 11.11　选择备份设备

（8）单击【确定】按钮返回【备份数据库-学生成绩管理系统】窗口，就可看到【目标】文本框中将增加一个“学生成绩管理系统备份”备份设备。

（9）单击【选项】选项，切换到【选项】页，选中【覆盖所有现有备份集】复选框，该选项用于初始化新的设备或覆盖现在的设备；选中【完成后验证备份】复选框，该选项用来核对实际数据库与备份副本，并确保它们在备份完成之后一致。具体设置情况如图 11.12 所示。

（10）单击【确定】按钮，完成对数据库的备份。完成备份后将弹出【备份完成】对话框。

现在已经完成了数据库“学生成绩管理系统”的一个完整数据库备份。为了验证是否真的备份完成，下面来检查一下，检查的步骤如下。

（1）打开【SQL Server Management Studio】窗口中，在【对象资源管理器】窗口中展开【服务器对象】节点下的【备份设备】节点。

（2）右键单击备份设备【学生成绩管理系统备份】，从弹出的快捷菜单中选择【属性】命令。

（3）选中【介质内容】选项，切换到【介质内容】页，可以看到刚刚创建的【学生成绩管理系统】数据库的完整数据库备份，如图 11.13 所示。

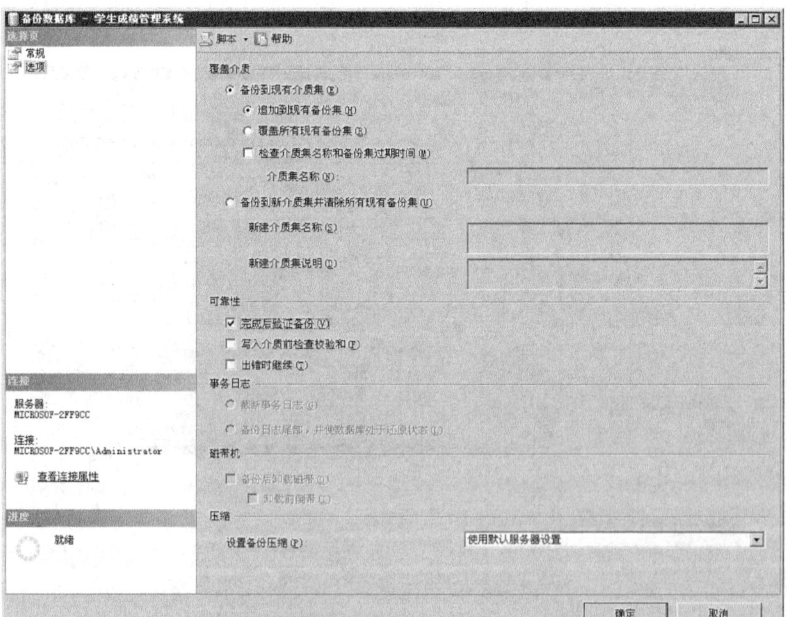

图 11.12　【选项】页

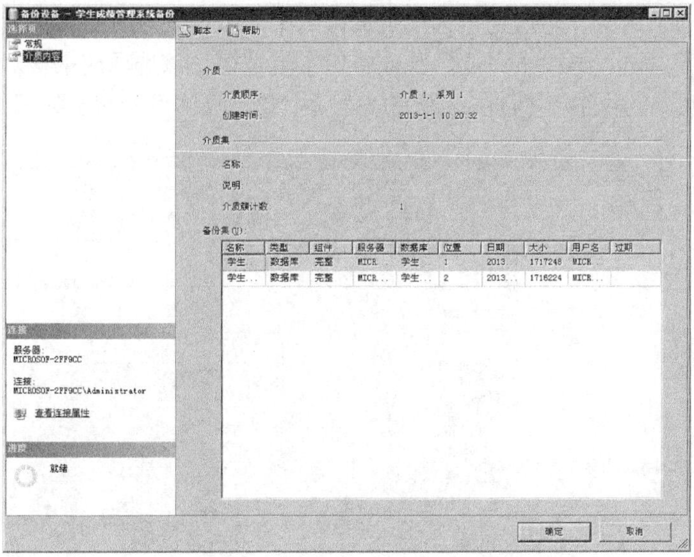

图 11.13 查看备份设备的内容

2. 创建差异数据库备份

下面使用工具在上一节创建的永久备份设备“学生成绩管理系统备份”上创建数据库“学生成绩管理系统”的一个差异数据库备份。操作过程如下。

（1）打开【SQL Server Management Studio】窗口，连接服务器。

（2）在【对象资源管理器】窗口中展开【数据库】节点，右键单击【学生成绩管理系统】数据库，在弹出的快捷菜单中选择【任务】→【备份】命令，打开【备份数据库-学生成绩管理系统】窗口。

（3）在【备份数据库-学生成绩管理系统】窗口中，从【数据库】下拉列表中选择【学生成绩管理系统】，在【备份类型】下拉列表中选择【差异】，保留【名称】文本框的内容不变，在【目标】文本框中确保罗列了【学生成绩管理系统备份】设备，如图 11.14 所示。

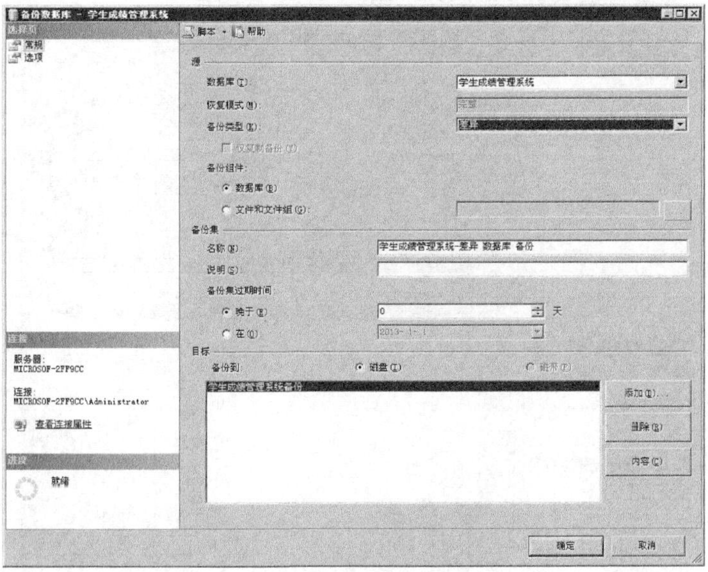

图 11.14 备份数据库

（4）单击【选项】选项，切换到【选项】页，选中【追加到现有备份集】单选按钮，以免覆盖现有的完整数据库备份；选中【完成后验证备份】复选框，该选项用来核对实际数据库与备份副本（或者称为拷贝），并确保它们在备份完成之后一致。具体设置情况如图 11.15 所示。

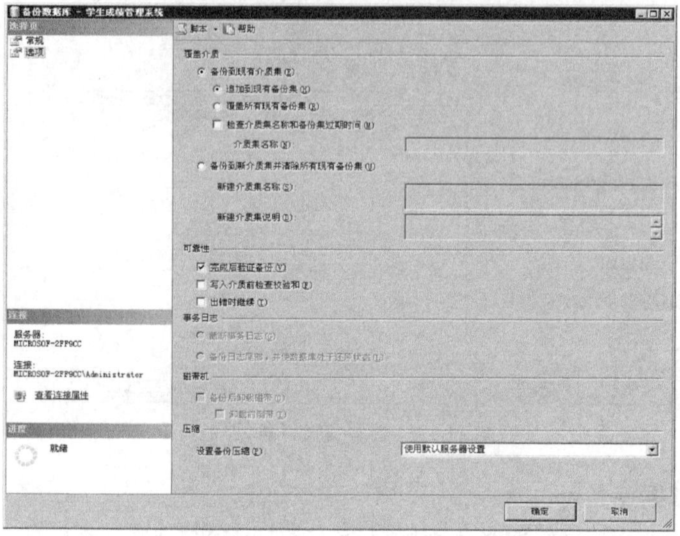

图 11.15　差异数据库备份的【选项】页

（5）完成设置后，单击【确定】按钮开始备份，完成备份将弹出备份完成窗口。

现在已经完成了数据库“学生成绩管理系统”的一个差异数据库备份。为了验证是否真的备份完成，下面来检查一下，检查的步骤如下。

（1）打开【SQL Server Management Studio】窗口，在【对象资源管理器】窗口中展开【服务器对象】节点下的【备份设备】节点。

（2）右键单击备份设备【学生成绩管理系统备份】，从弹出的快捷菜单中选择【属性】命令。

（3）单击【介质内容】选项，切换到【介质内容】页，可以看到刚刚创建的“学生成绩管理系统”数据库的差异数据库备份，如图 11.16 所示。

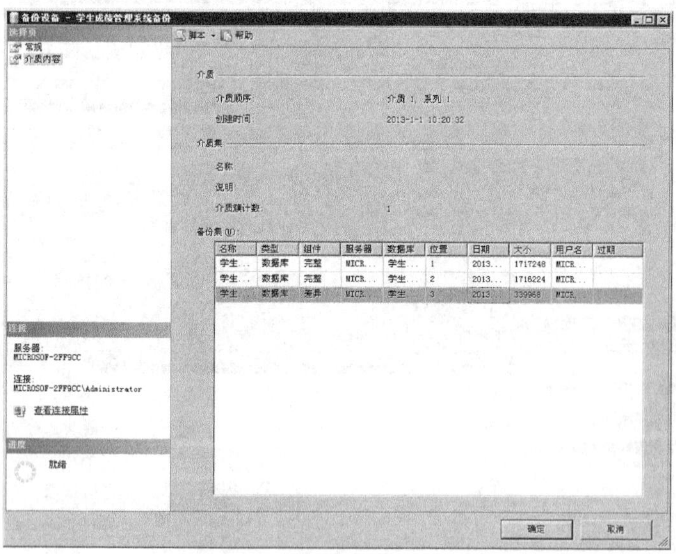

图 11.16　查看备份设备内容

3. 创建事务日志备份

下面使用图形界面方式在前面创建的永久备份设备“学生成绩管理系统备份”上创建数据库“学生成绩管理系统”的一个事务日志备份。操作过程如下。

（1）打开【SQL Server Management Studio】窗口，连接服务器。

（2）在【对象资源管理器】窗口中展开【数据库】节点，右键单击【学生成绩管理系统】数据库，在弹出的快捷菜单中选择【任务】→【备份】命令，打开【备份数据库-学生成绩管理系统】窗口。

（3）在【备份数据库-学生成绩管理系统】窗口中，从【数据库】下拉列表中选择【学生成绩管理系统】,【备份类型】选择【事务日志】，保留【名称】文本框的内容不变，在【目标】文本框确保出现“学生成绩管理系统系统备份”设备，如图 11.17 所示。

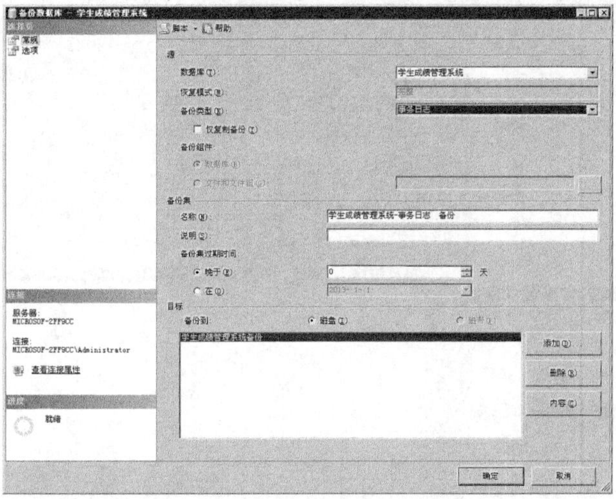

图 11.17　创建事务日志备份

（4）单击【选项】选项，切换到【选项】页，选中【追加到现有备份集】单选按钮，以免覆盖现有的完整和差异数据库备份；选中【完成后验证备份】复选框，该选项用来核对实际数据库与备份副本（或者称为拷贝），并确保它们在备份完成之后一致，并且选中【截断事务日志】单选按钮。具体设置情况如图 11.18 所示。

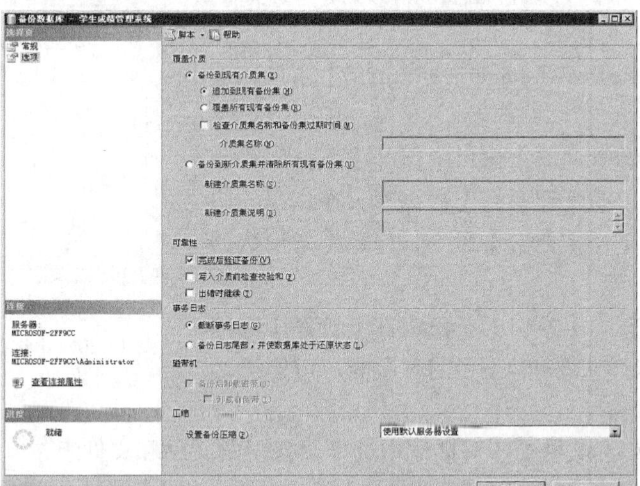

图 11.18　事务日志备份的【选项】页

（5）完成设置后，单击【确定】按钮开始备份，完成后将弹出备份完成窗口。

现在已经完成了“学生成绩管理系统”数据库的一个事务日志备份。为了验证是否真的备份完成，下面来检查一下，检查的步骤如下。

（1）打开【SQL Server Management Studio】窗口，在【对象资源管理器】窗口中展开【服务器对象】节点下的【备份设备】节点。

（2）右键单击备份设备【学生成绩管理系统备份】，从弹出的快捷菜单中选择【属性】命令。

（3）单击【介质内容】选项，切换到【介质内容】页面，可以看到刚刚创建的“学生成绩管理系统”数据库的事务日志备份，如图 11.19 所示。

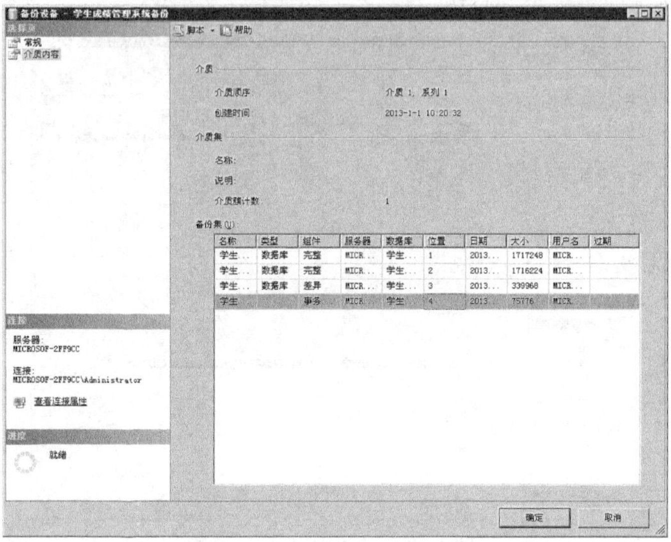

图 11.19　查看事务日志备份

4. 创建文件组备份

在执行文件组备份之前，首先为数据库“学生成绩管理系统”添加一个新文件组，操作步骤见 11.2.2。

使用图形界面方式执行文件组备份的具体步骤如下所示。

（1）打开【SQL Server Management Studio】窗口，连接服务器。

（2）在【对象资源管理器】窗口中展开【数据库】节点，右键单击【学生成绩管理系统】数据库，在弹出的快捷菜单中选择【任务】→【备份】命令，打开【备份数据库】窗口。

（3）在【备份数据库】窗口的备份组件下选择【文件和文件组】就弹出【选择文件和文件组】对话框，如图 11.20 所示。

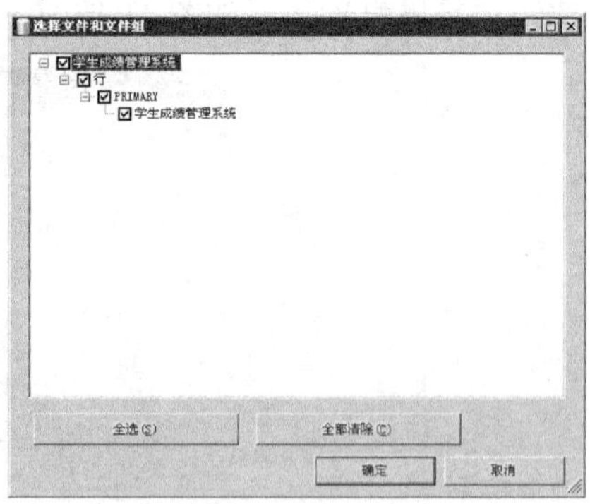

图 11.20　【选择文件和文件组】对话框

（4）在【选择文件和文件组】对话框中选择要备份的文件和文件组，单击【确定】按钮返回。

（5）在【备份数据库-学生成绩管理系统】窗口的【常规】页中，选择数据库为【学生成绩管理系统】，备份类型为【完整】，并选择备份设备，具体设置如图 11.21 所示。

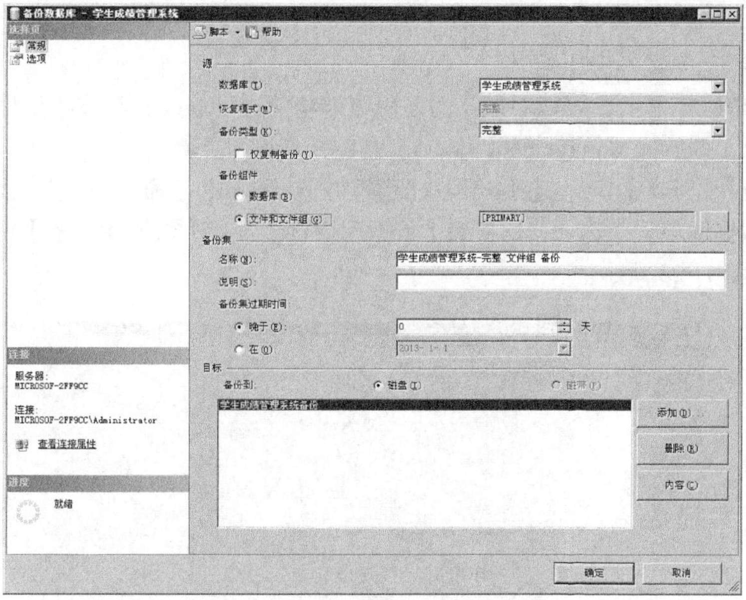

图 11.21　文件组备份【常规】页

（6）单击【选项】选项，切换到【选项】页，选中【追加到现有备份集】单先按钮，以免覆盖现有的完整数据库备份；选中【完成后验证备份】复选框即可。

（7）设置完成后，单击【确定】按钮开始备份，完成后将弹出成功消息。

创建文件组备份以后，就可以验证文件组是否备份成功。查看备份设备“学生成绩管理系统备份”的介质内容，查看结果如图 11.22 所示。可以看到刚刚创建“学生成绩管理系统”数据库的文件组备份已经创建成功。

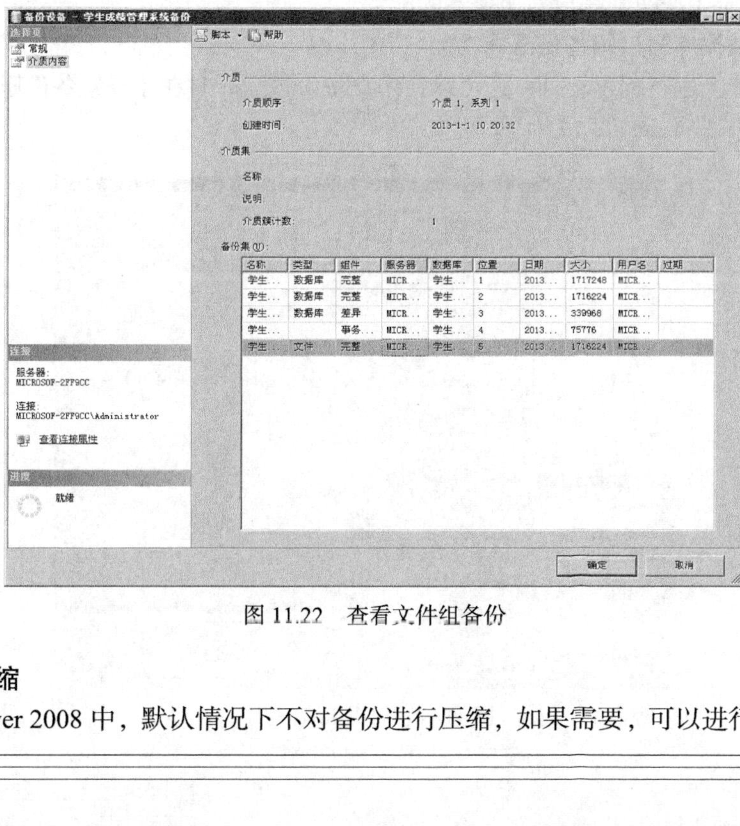

图 11.22　查看文件组备份

5. 备份压缩

在 SQL Server 2008 中，默认情况下不对备份进行压缩，如果需要，可以进行具体的配置，启用备份压缩功能。

（1）在服务器上配置备份压缩

在数据库引擎服务器上，可以对默认的备份压缩功能进行修改，具体的步骤如下。

① 打开【SQL Server Management Studio】窗口，连接服务器。

② 右键单击【服务器】节点，在弹出的快捷菜单中选择【属性】命令，打开【服务器属性】窗口。

③ 单击【数据库设置】选项，切换到【数据库设置】页在【数据库设置】页中选中【压缩备份】复选框，如图 11.23 所示。

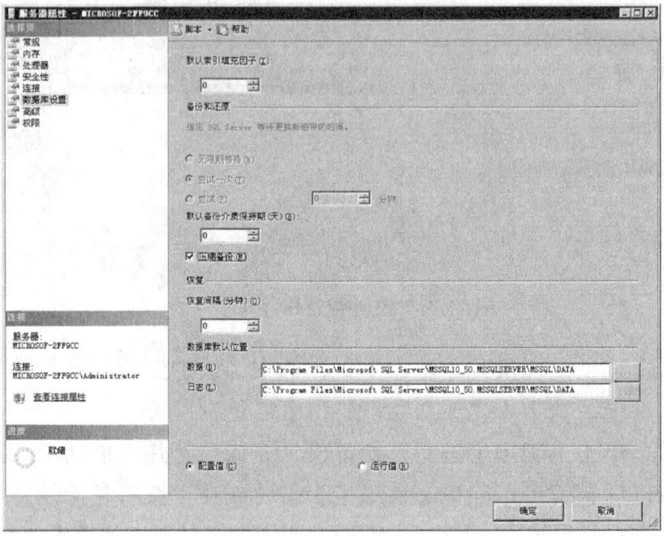

图 11.23　启用压缩备份

④ 单击【确定】按钮，完成对服务器的配置。

（2）在备份数据库时启用备份压缩功能

除了在服务器上进行配置之外，还可以在用户备份数据库时在【设置备份压缩】下拉列表中选择【压缩备份】选项，如图 11.24 所示。

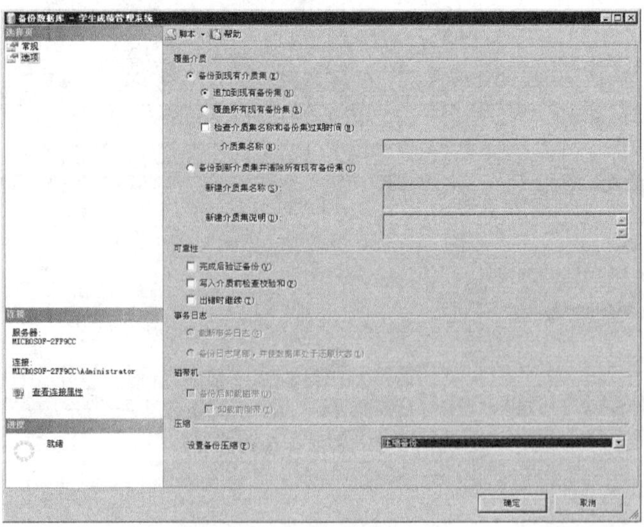

图 11.24　启用压缩备份

11.3　还原数据操作

还原数据库就是让数据库根据备份的数据回到备份时的状态。当恢复数据库时，SQL Server 会自动将备份文件中的数据全部拷贝到数据库中，并回滚任何未完成的事务，以保证数据库中数据的完整性。

11.3.1　常规还原

还原数据前，管理员应当断开准备还原的数据库和客户端应用程序之间的一切连接，此时，所有用户都不允许访问该数据库，并且执行还原操作的管理员也必须更改数据库连接到 master 或其他数据库，否则不能启动还原进程。

在执行任何还原操作前，用户要对事务日志进行备份，这样有助于保证数据的完整性。如果用户在还原之前不备份事务日志，那么用户将丢失从最近一次数据库备份到数据库脱机之间的更新数据。

使用图形界面方式还原数据库的操作步骤如下。

（1）打开【SQL Server Management Studio】窗口，连接服务器。

（2）在【对象资源管理器】窗口中，展开【数据库】节点，右键单击【学生成绩管理系统】数据库，在弹出的快捷菜单中选择【任务】→【还原】→【数据库】命令，打开【还原数据库】窗口。

（3）在【还原数据库-学生成绩管理系统】窗口中选中【源设备】单选按钮，然后单击□按钮弹出【指定备份】对话框，在【备份介质】下拉列表中选择【备份设备】选项，然后单击【添加】按钮，弹出【选择备份设备】对话框，在【备份设备】下拉列表中选择之前创建的【学生成绩管理系统备份】备份设备，如图 11.25 所示。

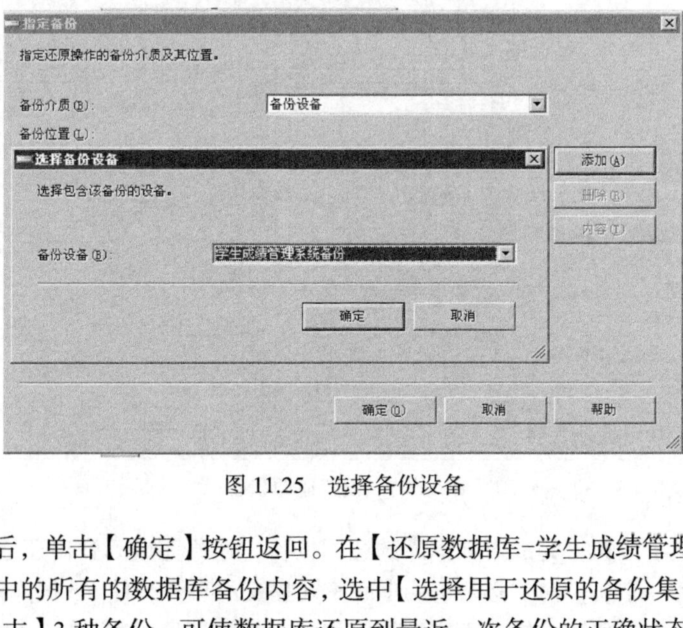

图 11.25　选择备份设备

（4）选择完成后，单击【确定】按钮返回。在【还原数据库-学生成绩管理系统】窗口中就可以看到该备份设备中的所有的数据库备份内容，选中【选择用于还原的备份集】列表框中【完整】、【差异】和【事务日志】3 种备份，可使数据库还原到最近一次备份的正确状态，如图 11.26 所示。

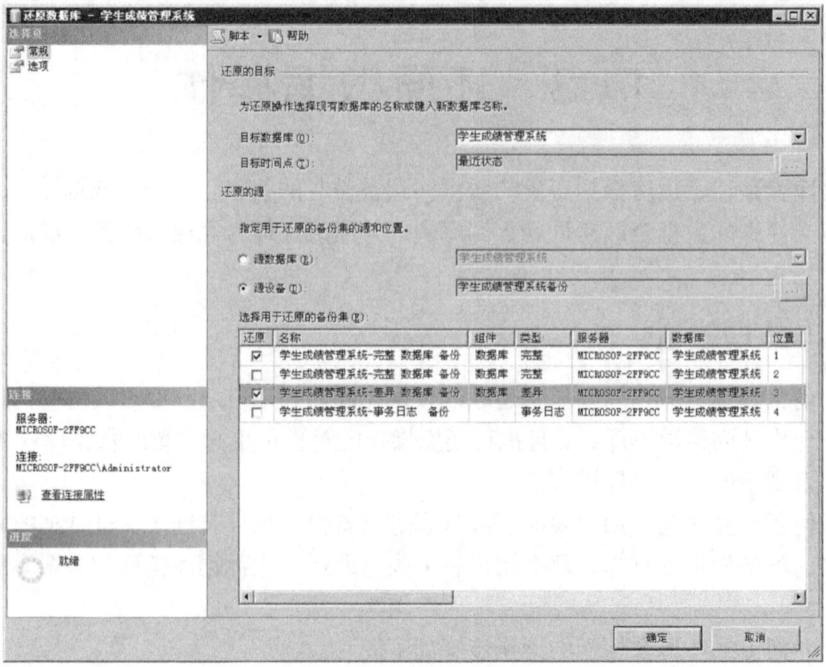

图 11.26　选择备份集

（5）如果还需要还原别的备份文件，需要选中【不对数据库执行任何操作，不回滚提交的事务。可以还原其他事务日志】单选按钮，还原完成后，数据库会显示处于正在还原状态，无法进行操作，必须到最后一个备份还原为止。单击【选项】选项，在【选项】页中选中【不对数据库执行任何操作，不回滚提交的事务。可以还原其他事务日志】单选按钮，如图 11.27 所示。

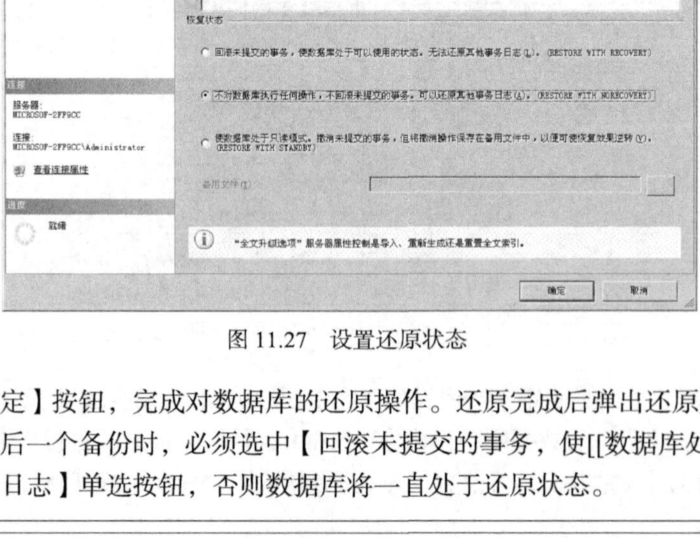

图 11.27　设置还原状态

（6）单击【确定】按钮，完成对数据库的还原操作。还原完成后弹出还原成功消息对话框。

当执行还原最后一个备份时，必须选中【回滚未提交的事务，使[[数据库处于可以使用状态。无法还原其他事务日志】单选按钮，否则数据库将一直处于还原状态。

11.3.2　时间点还原

在 SQL Server 2008 中进行事务日志备份时，不仅给事务日志中的每个事务标上日志号，还给它们都标上一个时间。这个时间与 RESTORE 语句的 STOPAT 从句结合起来，允许将数据返回到前一个状态。但是，在使用这个过程时需要记住以下两点。

- 这个过程不适用于完整与差异数据库备份，只适用于事务日志备份。
- 将失去 STOPAT 时间以后整个数据库上所发生的任何修改。

例如一个数据库每天有大量的数据，每天 12 点都会定时做事务日志备份，10:00 的时候服务器出现故障，误清除了许多重要的数据。通过对日志备份的时间点还原，可以把时间点设置在 10:00:00，既可以保存 10:00:00 之前的数据修改，又可以忽略 10:00:00 之后的错误操作。

使用图形界面方式按照时间点还原数据库的操作步骤如下。

（1）打开【SQL Server Management Studio】窗口，连接服务器。

（2）在【对象资源管理器】窗口中，展开【数据库】节点，右键单击【学生成绩管理系统】数据库，在弹出的快捷菜单中选择【任务】→【还原】→【数据库】命令，打开【还原数据库-学生成绩管理系统】窗口。

（3）单击【目标时间点】文本框后面的【选项】按钮，打开【时点还原】窗口，选中【具体日期和时间】单选按钮，输入具体时间“10:00:00”，如图 11.28 所示。

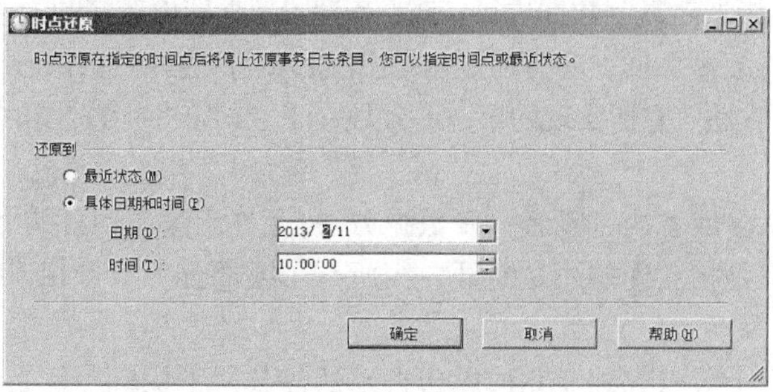

图 11.28　设置时点还原的日期和时间

（4）设置完成后，单击【确定】按钮返回。

（5）最后还原备份，设置时间以后的操作将会被还原。

11.4　复制数据库

数据库复制是企业级分布式数据库用到的重要而强大的技术，通过它可以在企业内多台服务器上分布式地存储数据、执行存储过程。SQL Server 2008 中的复制（Replacation）技术使企业的数据可以分布在局域网、广域网甚至因特网上的多台服务器上，并能实现这些分布式数据的一致性。

SQL Server 2008 为开发式应用提供了 3 种类型的复制模式：快照复制（Snapshot）、事务复制（Transaction）和合并复制（Merge）。下面是基于“出版/订阅”的复制模型结构来介绍下面的 3 类复制模式。该模型由出版者、分发者、订阅者、出版物、文章和订阅物等几个元素组成。

1．快照复制

快照复制就是在某一时刻对出版数据进行一次“照相”，生成一个描述出版数据库中数据瞬时状态的静态文件，最后在规定时间将其复制到订购者数据库。快照复制并不像事务复制那样要不断地监视、跟踪在出版数据库中发生的数据变化，它所复制的内容不是 INSERT、UPDATE、DELETE 语句（事务复制的特征），也不是仅限于那些被修改数据（合并复制的特征）。它实际上是对订购数据库进行一次阶段性的表刷新，把所有出版数据库中的数据从源数据库送至目标数据库，而不仅仅是那些发生了变化的数据。如果文件很大，那么要复制的数据就很多，因此对网络资源需求也较高，不仅要有较快的传输速度，而且要保证传输的可靠性。

快照复制是最简单的一种复制类型，能够在出版者和订购者之间保证事务的潜在一致性。快照复制的执行仅需要快照代理和分发代理。快照代理准备快照文件（包括出版表的数据文件和描述文件），并将其存储在分发者的快照文件夹中，除此之外，快照代理还要在分发者的分发数据库中跟踪同步作业。分发代理将在分发数据库中的快照作业分发至订购者服务器的目的表中。分发数据库仅用于复制而不包括任何用户表。

2. 事务复制

由于事务复制要不断地监视源数据库的数据变化，所以与快照复制相比，其服务器负载相应要重。在事务复制中，当出版数据库发生变化时，这种变化就会被立即传递给订购者，并在较短时间内完成（几秒或更短），而不是像快照复制那样要经过很长一段时间间隔。因此，事务复制是一种几近实时地从源数据库向目标数据库分发数据的方法。由于事务复制的频率较高，所以必须保证在订购者与出版者之间有可靠的网络连接。

事务复制只允许出版者对复制数据进行修改（若设置了立即更新订购者选项，则允许订购者修改复制数据），而不像合并复制那样，所有的节点（出版者和订购者）都被允许修改复制数据，因此事务复制保证了事务的一致性。它所实现的事务一致性介于立即事务一致性和潜在事务一致性之间。

3. 合并复制

合并复制是一种从出版者向订购者分发数据方法，允许出版者和订购者对出版数据进行修改，而不管订购者与出版者是相互连接还是断开，当所有（或部分）节点相连时便合并发生在各个节点的变化。

在合并复制中，每个节点都独立完成属于自己的任务，不像事务复制和快照复制那样，订购者与出版者之间要相互连接，合并复制完全不必连接到其他节点，也不必使用 MS DTC 来实现两阶段提交，就可以在多个节点对出版进行修改。只是在某一时刻才将该节点与其他节点相连（此时所指的其他节点并不一定指所有其他节点），然后将所发生的数据变化复制到这些相连节点的数据库中。如果在复制时因更新同一数据而发生冲突，则数据的最终结果并不总是出版者修改后的结果，也不一定包含在某一节点上所做的所有修改。因为各节点都有自主权，都可以对出版物（复制数据）进行修改，这样在按照所设定的冲突解决规则对冲突处理之后，数据库最终的结果往往是包含了多个节点的修改。

练 习 题

1. 数据备份的类型主要有哪些？试按照不同类型执行备份数据库操作。
2. 在 SQL Server 2008 中可恢复模式有哪几种？
3. 什么是备份设备？如何创建备份设备？试创建并查看备份设备。
4. 如何还原数据库？试利用前面的备份来还原数据库。

第 12 章 Visual C#/SQL Server 2008 学生成绩管理系统开发案例

许多学校的学生成绩管理基本上都是靠手工进行的，随着学校的规模增大，有关学生成绩管理工作所涉及的数据量越来越大，有的学校不得不靠增加人力、物力来进行学生成绩管理，但手工管理具有效率底、易出错、对学校的管理提供决策信息较为困难等缺点。建立学生成绩管理系统，采用计算机对学生成绩进行管理，进一步提高办学效益和现代化水平，帮助广大教师提高工作效率，实现学生成绩信息管理工作流程的系统化、规范化和自动化。

学习目标

1. 了解 C#访问数据库的方法
2. 掌握数据设计的方法

12.1 系统需求分析

随着科学技术地不断提高，计算机科学技术日渐成熟，其强大的功能已为人们深刻认识，它已进入人类社会的各个领域并发挥着越来越重要的作用。

现在我国的教育机构对学生成绩管理还普遍停留在纸介质的基础上，这样的机制已经不能适应时代的发展，因为它浪费了许多人力和物力，在信息时代，这种传统的管理方法必然被计算机为基础的信息管理所取代。

通过调查，要求系统具有权限设置功能的登录模块，学生可以实现成绩信息查询功能。教务管理人员能够实现注册新用户，可以对学生成绩信息进行查询、录入、删除、修改、浏览和统计等操作。

12.2 系统总体设计

12.2.1 系统功能设计

本系统从功能上划分可分为以下几大模块：功能模块管理、组权限管理、学生信息管理、课程信息管理、学生成绩管理、学生信息查询、学生成绩统计等。以下将对各子模块进行说明。

（1）功能模块管理：将系统功能模块保存到数据库中，以便于动态地进行不同用户组权限的分配等操作。本模块包括功能模块的添加、删除和修改等。

（2）组权限管理：对用户进行分组，并将权限设置到不同的用户组。

（3）学生信息管理：输入学生基本信息，并可以对学生信息进行添加、查询、修改和删除；还可以用关键字查询出学生的基本信息。

（4）课程信息管理：设置课程号、课程名和选修课等课程信息。

（5）学生成绩管理：输入成绩信息，并可以对成绩信息进行添加、查询、修改和删除。

（6）学生信息查询：对学生成绩进行查询，可按学号、姓名、年龄、所在院系和入学年份等不同条件独立查询或进行模糊查询。

（7）学生成绩统计：对学生成绩总分和平均分等进行统计。

12.2.2 系统数据库设计

1. 表的结构

本系统定义的数据库中包含以下 7 个表：学生信息表、AdminGroup、AdminUrl、Admin、成绩表、授课表、课程表等。下面介绍这些表的结构。

学生信息表：用于保存学生的学号、姓名、性别、年龄，所在院系，班级名和入学年份等信息。

AdminGroup 表：用于保存系统用户组信息、权限和组说明等信息。

AdminUrl 表：用于保存系统功能模块信息，包括模块 URL、模块名和说明等。

Admin 表：用于保存系统用户及管理员信息，包括组别、登录用户名和密码等。

成绩表：用于保存学生成绩信息，包括学号、课程号和成绩等字段。

课程表：用户保存课程信息，包括课程名、课程号和先修课等信息。

数据库表结构及设计如下。

（1）学生信息表

学生信息表如表 12.1 所示。

表 12.1 学生信息表

字段名	数据类型	长度	可为空	默认值	说明
学号	char	10	否	无	主键
姓名	char	8	否	无	
性别	nchar	1	是	无	
年龄	date		是	1990-01-01	
所在院系	varchar	50	是	无	
班级名	varchar	50	是	无	
入学年份	date		是	1990-01-01	

（2）AdminGroup 表

AdminGroup 表如表 12.2 所示。

表 12.2　　AdminGroup 表

字段名	数据类型	长度	可为空	默认值	说明
ID	Int		否	无	流水号
[Group]	varchar	50	否	无	主键、角色
Promise	varchar	50	是	无	权限
Comment	varchar	50	是	无	备注

（3）AdminUrl 表

AdminUrl 表如表 12.3 所示。

表 12.3　　AdminUrl 表

字段名	数据类型	长度	可为空	默认值	说明
ID	Int		否	无	权限编号
Url	varchar	50	否	无	主键、页面地址
UrlName	varchar	50	否	无	权限名称
Comment	varchar	50	是	无	备注

（4）Admin 表

Admin 表如表 12.4 所示。

表 12.4　　Admin 表

字段名	数据类型	长度	可为空	默认值	说明
UserID	Int		否	无	流水号
UserName	varchar	50	否	无	主键、用户名
Password	varchar	50	否	无	密码
[Group]	varchar	50	否	无	所属角色

（5）成绩表

成绩表如表 12.5 所示。

表 12.5　　成绩表

字段名	数据类型	长度	可为空	默认值	说明
学号	char	10	否	无	主键
课程号	char	10	否	无	主键
成绩	Tinyint		是	无	

（6）课程表

课程表如表 12.6 所示。

表 12.6　　课程表

字段名	数据类型	长度	可为空	默认值	说明
课程号	char	10	否	无	主键
课程名	char	10	否	无	

续表

字段名	数据类型	长度	可为空	默认值	说明
学分	Float		否	无	
选修课	varchar	50	是	无	

2. 表与视图的创建语句

（1）创建学生信息表

代码如下：

```
CREATE TABLE [dbo].[学生信息表] (
   [学号] [char] (10)  NOT NULL PRIMARY KEY ,
   [姓名] [char] (8)  NOT  NULL ,
   [性别] [nchar] (1) ,
   [出生日期] [date] DEFAULT '1990-1-1' ,
   [所在院系] [varchar] (50) ,
   [班级名] [varchar](50) ,
   [入学年份] [date] DEFAULT '1990-1-1'
)
GO
```

（2）创建 AdminGroup 表

代码如下：

```
CREATE TABLE [dbo].[AdminGroup] (
   [ID] [int] IDENTITY (1, 1) ,
   [Group] [varchar] (50) PRIMARY KEY,
   [Promise] [varchar] (50),
   [comment] [varchar] (50)
)
GO
```

（3）创建 AdminUrl 表

代码如下：

```
CREATE TABLE [dbo].[AdminUrl] (
   [Id] [int] IDENTITY (1, 1) ,
   [Url] [varchar] (50)  PRIMARY KEY ,
   [UrlName] [varchar] (50) NOT NULL ,
   [Comment] [varchar] (50)
)
GO
```

（4）创建 Admin 表

代码如下：

```
CREATE TABLE [dbo].[Admin] (
   [userid] [int] IDENTITY (1, 1),
   [username] [varchar] (50) PRIMARY KEY ,
   [password] [varchar] (50) ,
   [group] [varchar] (50)
)
GO
```

（5）创建成绩表

代码如下：

```
CREATE TABLE [dbo].[成绩表] (
    [学号] [char] (10) NOT NULL ,
    [课程号] [char] (10)  NOT NULL ,
    [成绩] [tinyint] ,
     CONSTRAINT [PK_CJ] PRIMARY KEY(学号,课程号)
)
GO
```

(6)创建课程表

代码如下：

```
CREATE TABLE [dbo].[课程表] (
    [课程号] [char] (10) PRIMARY KEY,
    [课程名] [char] (20) NOT NULL ,
    [学分] [float]  NOT NULL ,
    [选修课] [varchar] (50)
)
GO
```

12.3　系统详细设计与实现

12.3.1　基本信息维护模块设计

1. 系统登录的实现

(1)前台页面设计

系统登录实现用户登录的身份验证，不同权限的用户进入主页面后显示的信息是不同的。登录界面如图 12.1 所示。

图 12.1　系统登录界面

该页主要使用的控件及用途如表 12.7 所示。

表 12.7　　系统登录界面主要使用的控件及用途

控件类型	控件名称	数　量	用　途
HTML	Table	2	布局页面
HTML	Img	3	美化页面
标准	TextBox	2	输入用户名与密码
标准	Button	1	登录按钮

（2）后台功能代码

主要代码如下。

首先定义数据库连接对象，连接字符串来自系统的配置文件，代码如下所示：

```
    private SqlConnection conn = new
SqlConnection(System.Configuration.ConfigurationSettings.AppSettings["GradeSys"]);
```

编写方法实现系统登录，用户密码采用 md5 加密，如果用户名或密码输入正确，则网页转到 main.aspx 页面，否则提示用户"用户名或者密码错误,请重新输入!"。

代码如下所示：

```
            private void userLogin()
            {
                string sql = string.Empty;
                string user = this.txtUsername.Text;
                string pwd =
System.Web.Security.FormsAuthentication.HashPasswordForStoringInConfigFile(this.txtPas
sword.Text,"MD5");
                sql = string.Format("select  username,password,[group] from admin
where username='{0}' and password='{1}'",user,pwd);
                SqlDataReader dr;
                SqlCommand cmd = new SqlCommand(sql,conn);
                try
                {
                    conn.Open();
                    dr = cmd.ExecuteReader();
                    if(dr.Read())
                    {
                        Session["username"] = dr["username"].ToString();
                        Session["group"] = dr["group"].ToString();
                        Response.Redirect("Main.aspx");
                    }
                    else
                    {
                    Response.Write("<script>alert('用户名或者密码错误，请重新输
入!')</script>");
                    }
                }
                catch(Exception ex)
                {
                    Response.Write(ex);
                }
                finally
                {
                    conn.Close();
                }
            }
```

2. 主界面的实现

该页面是软件后台的功能导航页面。

（1）前台页面设计

界面如图 12.2 所示。

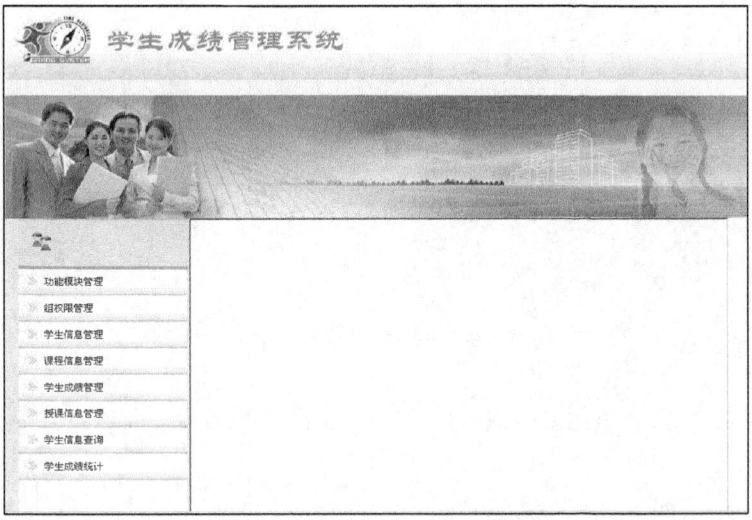

图 12.2　学生成绩管理系统主界面

该页主要使用的控件及用途如表 12.8 所示。

表 12.8　　学生成绩管理系统主界面控件及用途

控件类型	控件名称	数　量	用　途
HTML	Table	3	布局页面
HTML	Img	3	美化页面
HTML	Iframe	1	框架页（显示相关页面信息）

（2）后台功能代码

该页面主要是根据用户的角色权限生成对应角色的导航页面。

主要代码如下：

```
    private SqlConnection  conn = new
SqlConnection(System.Configuration.ConfigurationSettings.AppSettings["GradeSys"]);
        public string promiseUrl;
        private string promise;
        private string username;
        private void Page_Load(object sender, System.EventArgs e)
        {
            try
            {
                username = Session["username"].ToString();
            }
            catch
            {
                Response.Redirect("Login.aspx");
            }
```

```
                if(!Page.IsPostBack)
                {
                    GetPromise();
                    GetUrlByPromise();
                }
            }
            #region 取得权限 ID
            private void GetPromise()
            {
                string sql = string.Empty;
    sql = string.Format ("select promise from Admin inner join AdminGroup on Admin.[Group]
= AdminGroup.[Group] where username = '{0}'",username);
                SqlDataReader dr;
                SqlCommand cmd = new SqlCommand(sql,conn);
                try
                {
                    conn.Open();
                    dr = cmd.ExecuteReader();
                    if(dr.Read())
                    {
                        this.promise = dr["promise"].ToString();
                    }
                }
                catch(Exception ex)
                {
                    Response.Write(ex);
                }
                finally
                {
                    conn.Close();
                }
            }
            #endregion
            #region 取得权限 ID
            private void GetUrlByPromise()
            {
                string sql = string.Empty;
                System.Text.StringBuilder sb = new System.Text.StringBuilder();
                try
                {
        sql = string.Format ("select url,urlname from AdminUrl where id in
({0})",promise.Substring(0,promise.Length-1));
               }
               catch
               {
               }
               SqlDataReader dr;
               SqlCommand cmd = new SqlCommand(sql,conn);
               try
               {
                   conn.Open();
                   try
                   {
                       dr = cmd.ExecuteReader();
                       if(dr.Read())
                       {
```

```
                    sb.Append("<table  width=\"207\"  border=\"0\"  cellpadding=\"0\"
cellspacing=\"0\">");
                            do
                            {
                                sb.Append("<tr><td width=\"207\" height=\"33\"
background=\"images/Sys_menu.jpg\">        <a
target=\"main\" href=\""+dr["url"].ToString()+"\">"+dr["urlname"].ToString()+"</a></td></tr>\n");
                            }while(dr.Read());
                            sb.Append("</table>");
                        }
                    }
                    catch
                    {
                    Response.Write("你输入的用户名尚未分组,或者分组信息丢失,请与管理员联
系!");
                    }
                    promiseUrl = sb.ToString();
                }
                catch(Exception ex)
                {
                    Response.Write(ex);
                }
                finally
                {
                    conn.Close();
                }
            }
            #endregion
```

3. 学生录入的实现

该页面主要实现录入学生的信息。

（1）前台页面设计

界面如图 12.3 所示。

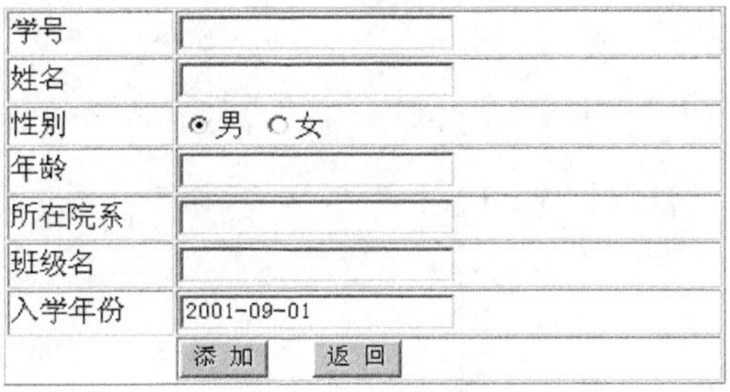

图 12.3　学生录入界面

该页主要使用的控件及用途如表 12.9 所示。

表 12.9　学生录入页面控件及用途

控件类型	控件名称	数　量	用　途
HTML	Table	1	布局页面
标准	TextBox	6	输入用户的信息
标准	RadioButton	2	性别
标准	Button	2	添加学生和返回主页面

（2）后台功能代码

该页面实现学生信息的添加。主要代码如下：

```
private void Add()
          {
                string sql = string.Empty;
                string sid = this.txtsid.Text.ToString();
                string name = this.txtname.Text.ToString();
                string sex = string.Empty;
                if(this.rbman.Checked)
                {
                    sex = "男";
                }
                else
                {
                    sex = "女";
                }
                int age = Convert.ToInt32(this.txtage.Text.ToString());
                string s = this.txts.Text.ToString();
                string classname = this.txtclassname.Text.ToString();
                string years = this.txtyear.Text.ToString();
                sql = string.Format("insert into 学生信息表(学号,姓名,性别,年龄,所在院系,
班级名,入学年份 ) values('{0}', '{1}', '{2}',{3},'{4}', '{5}', '{6}')",sid,name,sex,age,s,
classname,years);
                SqlCommand cmd = new SqlCommand(sql,conn);
                try
                {
                    conn.Open();
                    cmd.ExecuteNonQuery();
                    Response.Write("<script>alert('学生信息添加成功!')</script>");
                }
                catch (Exception ex)
                {
                    Response.Write("<script>alert(' 该 学 号 已 经 存 在 ， 添 加 失
败!')</script>");
                }
                finally
                {
                    conn.Close();
                }
          }
```

4. 课程录入的实现

该页面实现课程信息的录入。

（1）前台页面设计

界面如图 12.4 所示。

图 12.4　课程录入界面

该页主要使用的控件及用途如表 12.10 所示。

表 12.10　　　课程录入页面控件及用途

控件类型	控件名称	数　量	用　途
HTML	Table	1	布局页面
标准	TextBox	3	输入课程的信息
标准	Button	2	添加课程和返回主页面

（2）后台功能代码

该页面实现课程信息的添加。主要代码如下：

```
private void Add()
        {
            string sql = string.Empty;
            sql = string.Format("insert into 课程表 (课程号,课程名,选修课)
values('{0}','{1}','{2}')",this.txtid.Text,this.txtname.Text,this.txtpre.Text);
            SqlCommand cmd = new SqlCommand(sql,conn);
            try
            {
                conn.Open();
                cmd.ExecuteNonQuery();
                Response.Write("<script>alert('课程信息添加成功!')</script>");
            }
            catch (Exception ex)
            {
              Response.Write("<script>alert('课程信息添加失败!')</script>");
            }
            finally
            {
                conn.Close();
            }
        }
```

5. 成绩录入

该页面实现学生成绩的录入。

（1）前台页面设计

界面如图 12.5 所示。

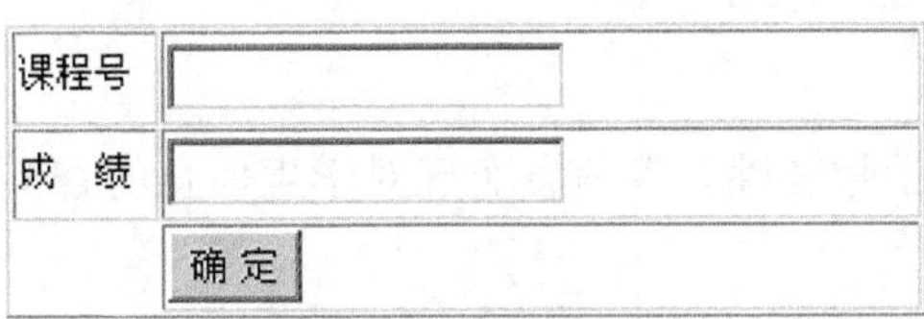

图 12.5　成绩录入界面

该页主要使用的控件及用途如表 12.11 所示。

表 12.11　　　成绩录入页面控件及用途

控件类型	控件名称	数　量	用　途
HTML	Table	1	布局页面
标准	TextBox	2	输入成绩的信息
标准	Button	1	添加成绩

（2）后台功能代码

主要代码如下：

```
        private void GetClassName()
        {
            string sql = string.Empty;
            sql = string.Format("select 班级名  from 学生信息表  group by 班级名");
            SqlDataAdapter da = new SqlDataAdapter(sql,conn);
            DataSet ds = new DataSet();
            try
            {
                da.Fill(ds,"t");
                this.DataGrid1.DataSource = ds.Tables["t"];
                this.DataGrid1.DataBind();
            }
            catch
            {}
        }
        #endregion
        #region
        private void GetStu()
        {
            string sql = string.Empty;
            sql = string.Format("select 学号,姓名,性别,班级名,所在院系 from 学生信息表
where 班级名='{0}'",Request.QueryString["班级名"].ToString());
            SqlDataAdapter da = new SqlDataAdapter(sql,conn);
            DataSet ds = new DataSet();
            try
            {
                da.Fill(ds,"t");
                this.DataGrid2.DataSource = ds.Tables["t"];
                this.DataGrid2.DataBind();
            }
            catch(Exception ex)
            {
                Response.Write(ex);
            }
        }
```

12.3.2 查询统计模块设计

1. 学生信息查询

该页面根据用户提供的学号和姓名等信息实现对学生信息的查询。

（1）前台页面设计

界面如图 12.6 所示。

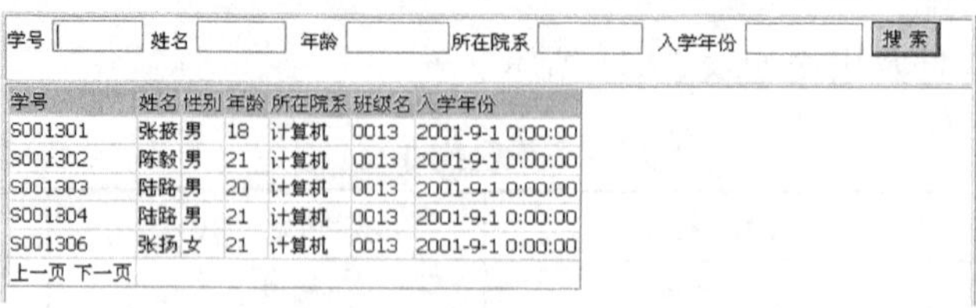

图 12.6　学生信息查询界面

该页主要使用的控件及用途如表 12.12 所示。

表 12.12　　学生信息查询页面控件及用途

控件类型	控件名称	数　量	用　途
HTML	Table	2	布局页面
标准	TextBox	5	输入要查询学生的信息
标准	Datagrid	1	显示学生信息
标准	Button	1	搜索学生信息

（2）后台功能代码

该页面实现学生信息的查询。用户可以根据学生的学号、姓名、年龄、所在院系以及入学年份进行查询，软件支持模糊查询。主要代码如下：

```
        private void Add()
        {
            string sql = string.Empty;
            sql = string.Format("insert into 成绩表(学号,课程号,成绩)
values('{0}','{1}',{2})",Request.QueryString["学号
"].ToString(),this.txtcid.Text.ToString(),this.txtgrade.Text.ToString());
            SqlCommand cmd = new SqlCommand(sql,conn);
            try
            {
                conn.Open();
                cmd.ExecuteNonQuery();
                Response.Write("<script>alert('成绩添加成功!')</script>");
            }
            catch(Exception ex)
            {
                Response.Write("<script>alert('成绩添加失败!')</script>");
            }
            finally
            {
                conn.Close();
            }
        }
```

2. 学生成绩统计

该页面实现学生成绩的统计功能。

（1）前台页面设计

界面如图 12.7 所示。

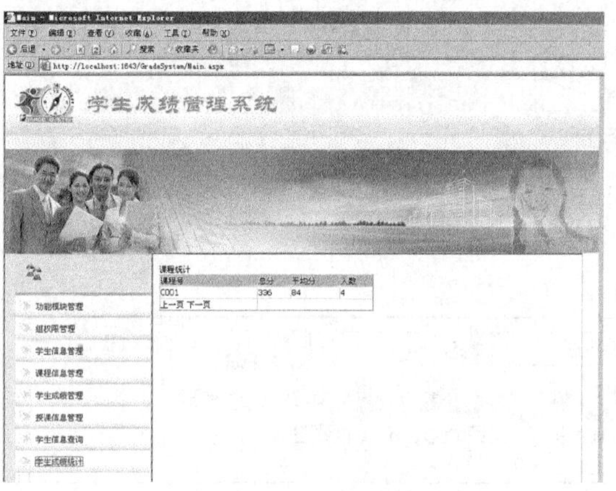

图 12.7　学生成绩统计界面

该页主要使用的控件及用途如表 12.13 所示。

表 12.13　　　　学生成绩统计页面控件及用途

控件类型	控件名称	数　量	用　途
HTML	Table	1	布局页面
标准	Datagrid	1	显示学生成绩信息

（2）后台功能代码

该页面实现课程总分和平均分的统计。主要代码如下：

```
      private SqlConnection conn = new
SqlConnection(System.Configuration.ConfigurationSettings.AppSettings["GradeSys"]);
        protected System.Web.UI.WebControls.DataGrid DataGrid1;
        private void Page_Load(object sender, System.EventArgs e)
        {
              GetData();
        }
        #region 取得数据
        private void GetData()
        {
               string sql = string.Empty;
      sql = string.Format("select 课程号,sum(成绩) as 总分,avg(成绩) as 平均分,count(学号)
as 人数 from v_stuGrade group by 课程号");
                          SqlDataAdapter da = new SqlDataAdapter(sql,conn);
                          DataSet ds = new DataSet();
                          try
                          {
                              da.Fill(ds,"t");
                              this.DataGrid1.DataSource = ds.Tables["t"];
                              this.DataGrid1.DataBind();
                          }
                          catch(Exception ex)
                          {
                              Response.Write(ex);
                          }
           }
           #endregion
private void DataGrid1_PageIndexChanged(object source,
System.Web.UI.WebControls.DataGridPageChangedEventArgs e)
           {
               this.DataGrid1.CurrentPageIndex = e.NewPageIndex;
               GetData();
           }
```

3. 学生成绩信息查询

该页面根据用户提供的学号和姓名等信息实现对学生成绩信息的查询。

（1）前台页面设计

界面如图 12.8 所示。

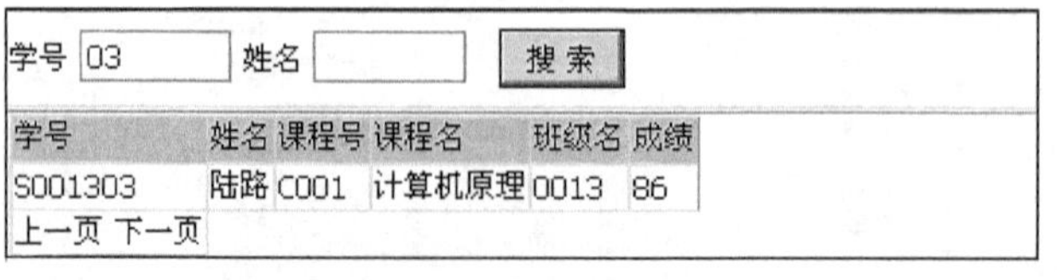

图 12.8　学生成绩信息查询界面

该页主要使用的控件及用途如表 12.14 所示。

表 12.14 学生成绩信息查询页面控件及用途

控件类型	控件名称	数 量	用 途
HTML	Table	2	布局页面
标准	TextBox	2	输入要查询成绩学生的信息
标准	Datagrid	1	显示学生信息
标准	Button	1	搜索学生成绩信息

（2）后台功能代码

用户可以根据学生的学号和姓名进行成绩查询，软件支持模糊查询。主要代码如下：

```
private SqlConnection conn = new
SqlConnection(System.Configuration.ConfigurationSettings.AppSettings["GradeSys"]);
    protected void Page_Load(object sender, EventArgs e)
    {
            if (!Page.IsPostBack)
            {
               GetStuData();
            }
     }
     #region
     private void GetStuData()
     {
            string sql = string.Empty;
            sql = GetSql();
            SqlDataAdapter da = new SqlDataAdapter(sql, conn);
            DataSet ds = new DataSet();
            try
            {
                da.Fill(ds, "t");
                this.DataGrid1.DataSource = ds.Tables["t"];
                this.DataGrid1.DataBind();
            }
            catch
            { }
     }
     #endregion
     #region
     private string GetSql()
     {
            string sql = string.Empty;
            ArrayList sqlArr = new ArrayList();
            if (this.txtsid.Text.Length != 0)
            {
              sqlArr.Add(string.Format("学号 like '%{0}%' ", this.txtsid.Text.ToString()));
            }
            if (this.txtname.Text.Length != 0)
            {
              sqlArr.Add(string.Format("姓名 like '%{0}%' ", this.txtname.Text.ToString()));
            }
            foreach (string str in sqlArr)
            {
```

```
            sql = sql + str + " and ";
        }
        sql = "select * from v_stuGrade where " + sql;
        int i = sql.Trim().Length - 5;
        sql = sql.Substring(0, i);
        return sql;
    }
    #endregion
```

单击【搜索】按钮，实现成绩查询。代码如下：

```
    protected void Button1_Click(object sender, EventArgs e)
    {
        GetStuData();
    }
    protected void DataGrid1_PageIndexChanged(object source,
System.Web.UI.WebControls.DataGridPageChangedEventArgs e)
    {
        this.DataGrid1.CurrentPageIndex = e.NewPageIndex;
        GetStuData();
    }
```

练 习 题

请编程实现图书管理系统，功能需求如下。

1. 在图书管理系统中，管理员要为每个读者建立借阅账户，并给读者发放不同类别的借阅卡（借阅卡可提供卡号、读者姓名），账户内存储读者的个人信息和借阅记录信息。持有借阅卡的读者可以通过管理员（作为读者的代理人与系统交互）借阅、归还图书，不同类别的读者可借阅图书的范围、数量和期限不同，可通过互联网或图书馆内查询终端查询图书信息和个人借阅情况，以及续借图书（系统审核符合续借条件）。

2. 借阅图书时，先输入读者的借阅证号，系统验证借阅卡的有效性和读者是否可继续借阅图书，无效则提示其原因，有效则显示读者的基本信息（包括照片），供管理员人工核对。然后输入要借阅的书号，系统查阅图书信息数据库，显示图书的基本信息，供管理员人工核对。最后提交借阅请求，若被系统接受，则存储借阅记录，并修改可借阅图书的数量。

3. 归还图书时，输入读者借阅卡号和图书号（或丢失标记号），系统验证是否有此借阅记录以及是否超期借阅，无则提示，有则显示读者和图书的基本信息供管理员人工审核。如果有超期借阅或丢失情况，先转入过期罚款或图书丢失处理；然后提交还书请求，系统接受后删除借阅记录，登记并修改可借阅图书的数量。

4. 图书管理员定期或不定期对图书信息进行入库、修改和删除等图书信息管理以及注销（不外借），包括图书类别和出版社管理。

5. 为系统维护人员提供权限管理、数据备份等通用功能。

第二部分
实验指导

本部分以图书管理系统数据库为对象，设计了 SQL Server 2008 环境配置、创建和管理数据库、创建表、数据操作与数据查询、索引和数据完整性、视图的创建与使用、Transact-SQL 编程、存储过程与触发器、SQL Server 2008 安全管理、数据库的备份与还原 10 个针对性的实验，读者可结合第一部分介绍的相关知识完成本部分的实验及思考练习。通过本部分的练习可进一步提高用户的实际应用能力。

实验 1　SQL Server 2008 环境配置

1. 实验目的和要求

（1）熟悉 SQL Server 2008 平台的结构

（2）熟悉 SQL Server Management Studio 客户端管理软件的使用

（3）掌握 SQL Server 2008 的服务的启动、停止等管理方法

（4）掌握 SQL Server 2008 的远程管理和注册的方法

2. 实验准备

（1）了解 SQL Server 2008 各种版本安装的系统环境要求

（2）了解 SQL Server 2008 的组件与体系结构

（3）了解 SQL Server 2008 的相关服务

（4）了解 SQL Server 2008 服务器的连接方式

（5）了解 SQL Server 2008 支持的身份验证模式

3. 实验内容

（1）SQL Server 2008 的安装

对照 SQL Server 2008 对系统环境的要求检查服务器的软、硬件配置，参考第 2 章内容中 SQL Server 2008 的安装方法，实施 SQL Server 2008 的完整安装。

（2）本地客户机访问 SQL Server 2008 的配置

① 选择【开始】→【程序】→【Microsoft SQL Server 2008】→【配置工具】→【SQL Server 配置管理器】命令，打开【SQL Server Configuration Manager】窗口。

② 单击左侧目录树中的【SQL Server 2008 网络配置】→【MSSQLServer 的协议】节点，根据相应的网络环境对此处的协议进行设置，可以设置其协议为启用或禁用。

③ 单击左侧目录树中的【SQL Native Client 配置】→【客户端协议】节点，根据网络环境对此处的客户端协议进行相应的设置，可以设置其协议为启用或禁用。

④ 单击左侧目录树中的【SQL Server 2008 服务】，在右侧的服务列表中，右键单击【SQL Server（MSSQLServer）】服务，在弹出的快捷菜单中选择【启动】命令。

（3）暂停和关闭 SQL Server 2008 服务器

暂停服务器并不从内存中清除所有与 SQL Server 2008 服务器有关的进程，仅仅暂停对数据库的登录请求和对数据的操作。

关闭服务器将从内存中清除所有有关的 SQL Server 2008 服务器的进程。

① 在服务列表中暂停和关闭服务器

选择【开始】→【设置】→【控制面板】→【管理工具】→【服务】命令，右键单击【SQL Server（MSSQLSERVER）】服务项，在弹出的快捷菜单中选择【暂停】命令，暂停 SQL Server 服务，或选择【停止】命令停止 SQL Server 服务。

② 在【SQL Server Management Studio】中暂停和关闭服务器

选择【开始】→【程序】→【Microsoft SQL Server 2008】→【SQL Server Management Studio】命令，并选择正确的身份验证模式连接到数据库服务器。

在【SQL Server Management Studio】窗口中选择左侧的目录树，右键单击服务器，在弹出的快捷菜单中选择【暂停】命令来暂停 MS SQL Server 服务，或选择【停止】命令来停止 SQLServer 服务。

③ 在 SQL Server Configuration Manage 中暂停和关闭服务器

选择【开始】→【程序】→【Microsoft SQL Server 2008】→【配置工具】→【Microsoft SQL Server Configuration Manager】命令，打开【Microsoft SQL Server Configuration Manager】窗口。

单击左侧目录树中的【SQL Server 2008 服务】，右键单击【SQL Server（MSSQLServer）】服务，在弹出的快捷菜单中选择【暂停】命令来暂停 SQL Server 服务，或选择【停止】命令来停止 SQL Server 服务。

（4）启动和重新启动 SQL Server 2008 服务器

当服务器关闭时，可以启动服务器；当服务器正在运行时，可以重新启动服务器。重新启动服务器相当于先关闭服务器再启动服务器。

① 在【服务】中启动和重新启动服务器

选择【开始】→【设置】→【控制面板】→【管理工具】→【服务】命令，右键单击【SQL Server（MSSQLSERVER）】服务项，在弹出的快捷菜单中选择【启动】命令，启动 SQL Server 服务，或选择【重新启动】命令，来重新启动 SQL Server 服务。

② 在【SQL Server Management Studio】中启动和重新启动服务器

选择【开始】→【程序】→【Microsoft SQL Server 2008】→【SQL Server Management Studio】命令，并连接到数据库服务器。

在【SQL Server Management Studio】窗口中左侧的目录树中，右键单击服务器，在弹出的快捷菜单中选择【启动】命令来启动 SQL Server 服务，或选择【重新启动】命令来重新启动 SQL Server 服务。

③ 在【Microsoft SQL Server Configuration Manage】中启动和重新启动服务器

选择【开始】→【程序】→【Microsoft SQL Server 2008】→【配置工具】→【SQL Server 配置管理器】命令，打开【Microsoft SQL Server Configuration Manager】窗口。

单击左侧目录树中的【SQL Server 2008 服务】，右键单击【SQL Server(MSSQLServer)】服务项，在弹出的快捷菜单中选择【启动】命令来启动 SQL Server 服务，或者选择【重新启动】命令来重新启动 MS SQL Server 服务。

（5）通过【SQL Server Management Studio】连接本地数据库服务器

① 选择【开始】→【程序】→【Microsoft SQL Server 2008】→【SQL Server Management Studio】命令。

② 在弹出的对话框中的【服务器名称】文本框中输入本机数据库服务器的 IP 地址或本机数据库服务器的计算机名称或“.”。

③ 选择 SQL Server 身份验证，并输入对应的登录名和密码，单击【连接】按钮，此时即可连接到本地数据库服务器。

（6）通过【SQL Server Management Studio】连接远程数据库服务器

① 选择【开始】→【程序】→【Microsoft SQL Server 2008】→【SQL Server Management Studio】命令。

② 在弹出的对话框中的【服务器名称】文本框中输入远程数据库服务器的 IP 地址或远程数据库服务器的计算机名称。

③ 选择【SQL Server 身份验证】，并输入对应的登录名和密码，单击【连接】按钮，即可连接到远程数据库服务器。

4. 思考与练习

（1）本地客户机管理本地服务器与本地客户机管理远程服务器有什么区别？

（2）数据库服务器和数据库客户端管理软件的体系结构是什么？

（3）在远程数据库服务器上进行工作时应该注意什么问题？

（4）SQL Server Management Studio 无法连接数据库服务器，试分析原因。

实验 2　创建和管理数据库

1. 实验目的和要求

（1）熟悉数据库对象及构成

（2）熟练掌握运用图形界面和 T-SQL 语句两种方法创建数据库

（3）熟练掌握运用图形界面和 T-SQL 语句两种方法管理数据库

2. 实验准备

（1）了解数据库及数据库中的各种对象

（2）了解使用图形界面工具创建和管理数据库对象各属性的作用

（3）了解运用 T-SQL 语句创建数据库和管理数据库的基本语法

3. 实验内容

（1）使用图形界面方式创建图书管理系统数据库

① 在【对象资源管理器】窗口中展开服务器，然后选择【数据库】节点。

② 右键单击【数据库】节点，在弹出的快捷菜单中选择【新建数据库】命令。

③ 弹出【新建数据库】对话框，在这个对话框中有 3 个选项页，分别是【常规】、【选项】和【文件组】页，可根据实际情况进行相应的设置。

（2）使用图形界面分离图书管理系统数据库

① 在【对象资源管理器】窗口中右键单击图书管理系统数据库，在弹出的快捷菜单中选择【任务】→【分离】命令。

② 当数据库有 1 个或多个活动连接时，【消息】列将显示“<活动连接数>个活动连接”。在分离数据库之前，必须选中【删除连接】复选框来断开所有活动连接。

③ 分离数据库准备就绪后，单击【确定】按钮即可完成分离操作。

（3）使用图形界面方式附加图书管理系统数据库附加

① 在【对象资源管理器】窗口中右键单击【数据库】节点，在弹出的快捷菜单中选择【附加】命令。

② 在弹出的【附加数据库】对话框中单击【添加】按钮，从弹出的【定位数据库文件】对话框中选择要附加的数据库所在的位置，单击【确定】按钮返回。

（4）使用图形界面方式收缩图书管理系统数据库

在【对象资源管理器】窗口中右键单击图书管理系统数据库，在弹出的快捷菜单中选择【任务】→【收缩】命令。

（5）使用图形界面方式删除图书管理系统数据库

在【对象资源管理器】窗口中右键单击图书管理系统数据库，在弹出的快捷菜单中选择【删除】命令，在弹出的【删除对象】对话框中单击【确定】按钮即可。

（6）运用 T-SQL 语句创建图书管理系统数据库

打开【SQL Server Management Studio】窗口，单击工具栏上的【新建查询】按钮，打开【查询编辑器】窗口，输入如下代码：

```
CREATE DATABASE 图书管理系统
ON
(
    NAME=图书管理系统,
    FILENAME='C:\ 图书管理系统.mdf',
    SIZE=3MB,
    MAXSIZE=50MB,
    FILEGROWTH=10%
)
LOG ON
(
    NAME=图书管理系统_LOG,
    FILENAME='C:\ 图书管理系统_LOG.ldf',
    SIZE=1MB,
    MAXSIZE=10MB,
    FILEGROWTH=10%
)
GO
```

（7）运用 T-SQL 语句分离图书管理系统数据库

打开【查询编辑器】窗口，输入如下代码：

```
EXEC  sp_detach_db 图书管理系统
```

（8）运用 T-SQL 语句将图书管理系统数据库附加上

打开【查询编辑器】窗口，输入如下代码：

```
CREATE DATABASE  图书管理系统
ON
(
   NAME='图书管理系统',
   FILENAME = 'C:\ 图书管理系统.mdf'
)
LOG ON
(
    NAME=图书管理系统_LOG,
    FILENAME='C:\ 图书管理系统_LOG.ldf'
)
```

```
FOR ATTACH
```

（9）使用 T-SQL 语句收缩图书管理系统数据库

打开【查询编辑器】窗口，输入如下代码：

```
ALTER DATABASE 图书管理系统 SET AUTO_SHRINK ON
```

（10）使用 T-SQL 语句删除图书管理系统数据库

打开【查询编辑器】窗口，输入如下代码：

```
DROP DATABASE 图书管理系统
```

4. 思考与练习

（1）创建数据库时可以指定多个数据文件和多个日志文件吗？如果可以，如何指定？

（2）是不是所有的数据库都可以分离？什么情况下分离数据库的操作将会失败？

（3）只有数据文件的情况下附加数据库操作能否成功执行？

实验 3　创 建 表

1. 实验目的和要求

（1）熟练掌握创建表的两种方法

（2）熟练掌握维护表的主要操作

2. 实验准备

（1）了解表的结构

（2）了解使用图形界面方式创建表的基本方法

（3）了解运用 T-SQL 语句创建表的基本语法格式

（4）了解使用图形界面维护表的基本方法

（5）了解运用 T-SQL 语句维护表的基本语法格式

3. 实验内容

（1）数据表结构

图书管理系统数据库中包含学生信息、教师信息、书籍和借阅信息，数据库中应包含学生表、教师表、书籍表和借阅登记表，各数据表的结构分别如表 T3.1～表 T3.4 所示。

表 T3.1　　学生表的表结构

字段名	数据类型	长度	可为空	默认值	说　明
证件编号	char	12	否	无	主键
姓名	varchar	50	否	无	
班级	varchar	50	否	无	
系别	varchar	50	否	无	
状态	nchar	2	否	正常	正常、停用

表 T3.2 教师表的表结构

字段名	数据类型	长度	可为空	默认值	说　明
证件编号	char	8	否	无	主键
姓名	varchar	50	否	无	
部门	varchar	50	否	无	
状态	nchar	2	否	正常	正常、停用

表 T3.3 书籍表的表结构

字段名	数据类型	长度	可为空	默认值	说　明
条形码编号	char	11	否	无	主键
书名	varchar	100	否	无	
价格	money		否	无	
出版社	varchar	100	否	无	
ISBN 编号	varchar	50	否	无	
作者	varchar	50	否	无	
状态	nchar	2	否	无	正常、借出、丢失

表 T3.4 借阅登记表的表结构

字段名	数据类型	长度	可为空	默认值	说　明
人员类别	varchar	10	否	无	
证件编号	varchar	12	否	无	
书籍条形码编号	char	11	否	无	依赖于书籍表的条形码编号字段
借出时间	date		否	GetDate()	
应还时间	date		否	无	为借出时间后 60 天
实还时间	date		是		

（2）数据表的创建

① 使用图形界面方式创建学生表

打开【SQL Server Management Studio】窗口，在【对象资源管理器】窗口中依次展开【数据库】→【图书管理系统】节点，右键单击【表】节点，在弹出的快捷菜单中选择【新建表】命令，按照表 T3.1 所示，依次编辑各字段，编辑完成之后，保存为“学生表”。

② 运用 T-SQL 语句创建学生表

打开【SQL Server Management Studio】窗口，单击工具栏上的【新建查询】按钮，打开【查询编辑器】窗口，在其中输入如下语句并执行。

```
USE 图书管理系统
GO
CREATE TABLE 学生表
(
    证件编号 char(12) NOT NULL PRIMARY KEY ,
```

```
    姓名 varchar(50) NOT NULL,
    班级 varchar(50) NOT NULL,
    系别 varchar(50) NOT NULL,
    状态 nchar(2) NOT NULL DEFAULT '正常'
)
```

（3）数据表的维护

① 使用图形界面方式给学生表添加性别字段

打开【SQL Server Management Studio】窗口，在【对象资源管理器】窗口中依次展开【数据库】→【图书管理系统】→【表】节点，右键单击【学生表】节点，在弹出的快捷菜单中选择【设计】命令，在表设计窗口中增加性别字段，编辑完成之后，保存"学生表"。

② 运用 T-SQL 语句给学生表添加性别字段

打开【SQL Server Management Studio】窗口，单击工具栏上的【新建查询】按钮，打开【查询编辑器】窗口，在其中输入如下语句并执行。

```
USE 图书管理系统
GO
ALTER TABLE 学生表
ADD 性别 nchar(1) NULL  DEFAULT  '男'
```

③ 使用图形界面方式删除学生表

打开【SQL Server Management Studio】窗口，在【对象资源管理器】窗口中依次展开【数据库】→【图书管理系统】→【表】节点，右键单击【学生表】节点，在弹出的快捷菜单中选择【删除】命令项，在【删除对象】对话框中单击【确定】按钮即可。

④ 运用 T-SQL 语句删除学生表

打开【SQL Server Management Studio】窗口，单击工具栏上的【新建查询】按钮，打开【查询编辑器】窗口，在其中输入如下语句并执行。

```
USE 图书管理系统
GO
DROP  TABLE 学生表
```

4. 思考与练习

（1）使用图形界面方式创建教师表、书籍表和借阅登记表。

（2）使用图形界面方式给教师表添加照片字段，字段类型为 IMAGE，可为空值。

（3）运用 T-SQL 语句创建教师表、书籍表和借阅登记表。

（4）运用 T-SQL 语句修改书籍表，设置出版社字段允许为空值。

实验 4　数据操作与数据查询

1. 实验目的与要求

（1）熟练掌握使用图形界面方式对表中数据进行插入、修改和删除等操作

（2）熟练掌握运用 T-SQL 语句对表中数据进行插入、修改和删除等操作

（3）熟练掌握 SELECT 语句的运用

（4）熟练掌握子查询和连接查询的运用

2. 实验准备

（1）了解表中数据操作的基本方法

（2）了解 INSERT、UPDATE 和 DELETE 语句的基本语法格式

（3）了解 SELECT 语句的基本语法格式

（4）了解子查询、连接查询的使用方法

3. 实验内容

（1）使用图形界面方式在数据表中插入记录

打开【SQL Server Management Studio】窗口，在【对象资源管理器】窗口中依次展开【数据库】→【图书管理系统】→【表】节点，右键单击要进行操作的学生表，在弹出的快捷菜单中选择【编辑前 200 行】命令，打开数据表窗口。在此窗口中，每条记录占一行，用户可逐行录入新的记录。

录入记录时需遵循表中定义的各种约束，如主键约束、唯一键约束、检查约束、外键约束和非空约束等，否则无法提交数据。此外，在数据表中不允许出现两条完全相同的记录。

依此步骤，可依次在教师表、书籍表和借阅登记表中分别录入若干条记录。

（2）使用图形界面方式在数据表中修改记录

打开【SQL Server Management Studio】窗口，在【对象资源管理器】窗口中依次展开【数据库】→【图书管理系统】→【表】节点，右键单击要进行操作的学生表，右键单击，在弹出的快捷菜单中选择【编辑前 200 行】命令，打开数据表窗口。在此窗口中，将光标定位到需要修改的记录中的字段，将光标移出本行即可将数据保存到数据库中。

（3）使用图形界面方式在数据表中删除记录

打开【SQL Server Management Studio】窗口，在【对象资源管理器】窗口中依次展开【数据库】→【图书管理系统】→【表】节点，右键单击要进行操作的学生表，右键单击，在弹出的快捷菜单中选择【编辑前 200 行】命令，打开数据表窗口。在此窗口中，将光标定位到需要删除的记录，右键单击，在弹出的快捷菜单中选择【删除】命令，即可删除该记录。

（4）INSERT 语句的运用

① 运用 INSERT 语句向书籍表添加图书信息，条形码编号：20111111027，书名：电工电子技术，价格：25.5 元，出版社：人民邮电出版社，ISBN 编号：966-7-333-4567-6，作者：吴迪，状态：0。新建查询，在查询编辑器中输入以下语句并执行：

```
USE 图书管理系统
GO
INSERT INTO 书籍表(条形码编号,书名,价格,出版社,ISBN 编号,作者,状态)
VALUES('20111111027','电工电子技术',25.5,'人民邮电出版社','966-7-333-4567-6','吴迪',
'0')
```

此语句等价于：

```
INSERT INTO 书籍表
VALUES('20111111028','电工电子技术',25.5,'人民邮电出版社','966-7-333-4567-6','吴迪',
'0')
```

② 运用 INSERT 语句向学生表中添加 1 名学生信息，其中学号为：100002040208，姓名为：张绵绵，班级为：服装设计 101，系别为：服装系，状态为：正常。

```
USE 图书管理系统
GO
INSERT INTO 学生表(证件编号,姓名,班级,系别,状态)
VALUES('100002040208','张绵绵','服装设计101','服装系','正常')
```

（5）**UPDATE 语句的运用**

① 使用 UPDATE 语句将书籍表中所有图书的价格降低 1 元。

在查询编辑器中，输入下列代码并执行：

```
USE 图书管理系统
GO
UPDATE 书籍表 SET 价格=价格-1
```

② 将学生表中姓名为“胡可”的学生当前的状态修改为“停用”。

```
USE 图书管理系统
GO
UPDATE 学生表 SET 状态='停用'
WHERE 姓名='胡可'
```

（6）**DELETE 语句的运用**

① 从借阅登记表中将学生“周杰”的借阅记录删除。

```
USE 图书管理系统
GO
DELETE  FROM 借阅登记表
WHERE 证件编号 in(SELECT 证件编号 FROM 学生表 WHERE 姓名='周杰')
```

② 在学生表中删除学号为“100002040208”的学生信息。

```
USE 图书管理系统
GO
DELETE  FROM 学生表
WHERE 学号='100002040208'
```

（7）**SELECT 语句的运用**

① 在图书管理系统数据库中查询所有图书的信息。

```
USE 图书管理系统
GO
SELECT *
FROM 书籍表
```

② 在图书管理系统数据库中查询所有图书的书名和出版社。

```
USE 图书管理系统
GO
SELECT 书名,出版社
FROM 书籍表
```

③ 在图书管理系统数据库中查询还书时间为空的图书信息。

```
USE 图书管理系统
GO
SELECT *
FROM 借阅登记表
```

```
WHERE 实还时间  IS NULL
```

④ 在图书管理系统数据库中查询信息系学生所借的图书信息，包括学生姓名和图书名称。

```
USE 图书管理系统
GO
SELECT 姓名,书名
FROM 学生表,书籍表,借阅登记表
WHERE 学生表.证件编号 =借阅登记表.证件编号
AND 借阅登记表.书籍条形码编号=书籍表.条形码编号
AND 系别='信息系'
```

⑤ 在图书管理系统数据库中，查询借出时间是 5 月份的图书的条形码编号、书名和作者。

```
USE 图书管理系统
GO
SELECT 借阅登记表.书籍条形码编号,书名,作者
FROM 书籍表, 借阅登记表
WHERE 书籍表.条形码编号=借阅登记表.书籍条形码编号
AND MONTH(借出时间)=5
```

⑥ 在图书管理系统数据库中查询和“胡可”同系的学生的证件编号和姓名。

```
USE 图书管理系统
GO
SELECT 证件编号,姓名
FROM 学生表
WHERE 系别=(
        SELECT 系别
        FROM 学生表
        WHERE 姓名='胡可')
```

⑦ 在图书管理系统数据库中查询各系教师所借图书的个数，查询结果包括部门和人数，查询结果按人数降序排列。

```
USE 图书管理系统
GO
SELECT 部门,COUNT(姓名) AS 人数
FROM 教师表 JOIN 借阅登记表 ON 教师表.证件编号=借阅登记表.证件编号
GROUP BY 部门
ORDER BY 2 DESC
```

⑧ 在图书管理系统数据库中统计各类人员借书数量，并按数量降序排列。

```
USE 图书管理系统
GO
SELECT 人员类别,COUNT(*) AS 数量
FROM 借阅登记表
GROUP BY 人员类别
ORDER BY  2 DESC
```

⑨ 在图书管理系统数据库中显示人数超过 5 人的班级。

```
USE 图书管理系统
GO
SELECT 班级,COUNT(*) AS 人数
```

```
FROM 学生表
GROUP BY 班级 HAVING COUNT(*)>5
```

4. 思考与练习

（1）INSERT 语句有几种语法格式？

（2）按照表的要求运用 INSERT 语句向图书表中插入两条数据。

（3）运用 UPDATE 语句将图书表中所有电子工业出版社的图书的价格下调 1%。

（4）运用 DELETE 语句将借阅登记表中实还时间不为空的记录删除。

（5）运用 SELECT 语句查询图书名称包括数据库的图书信息。

（6）运用 SELECT 语句查询实还时间为空的证件编号、姓名和图书名称。

（7）运用 SELECT 语句查询信息系教师所借图书的个数，查询结果包括部门和人数。

（8）当表中的数据超过 1 000 行时，如何使用图形界面修改和删除表中特定的记录。

实验 5　索引和数据完整性

1. 实验目的与要求

（1）掌握索引的使用方法

（2）掌握数据完整性的实施方法

2. 实验准备

（1）了解索引的分类、各类索引的概念

（2）了解创建索引的方法

（3）了解数据完整性的概念和各种约束的作用

（4）了解各种约束的实施方法

3. 实验内容

（1）创建索引

① 为学生表的班级字段创建 1 个非聚集索引，索引名称为 bj。代码如下：

```
USE 图书管理系统
GO
CREATE NONCLUSTERED INDEX bj
ON 学生表(班级)
```

② 为图书管理系统中的借阅登记表中的证件编号字段创建非聚集索引，其名称为 zzbh。代码如下：

```
USE 图书管理系统
GO
CREATE NONCLUSTERED INDEX zzbh
ON 借阅登记表(证件编号)
```

（2）创建表的同时创建列级约束

用 T-SQL 语句创建表 test（id，name，sex，birthday）。其中，id 为主键，name 为唯一约束，sex 的默认值为“男”，birthday 的取值范围为“1980-1-1”至今。代码如下：

```
USE 图书管理系统
GO
CREATE TABLE TEST(
   id CHAR(6) PRIMARY,
   Name CHAR(8) UNIQUE,
   Sex  CHAR(2) DEFAULT '男',
   Birthday DATE CHECK(birthday>='1980/1/1' and birthday<=getdate())
)
```

（3）创建表级约束

用 T-SQL 语句创建表 test（id，name，sex，birthday）。其中，id 为主键，name 为唯一约束，sex 的默认值为“男”，birthday 的取值范围为“1980-1-1”至今，使用表级约束。代码如下：

```
USE 图书管理系统
GO
CREATE TABLE test(
    id CHAR(6),
    Name CHAR(8),
    Sex  CHAR(2) DEFAULT '男',
    Birthday DATE CHECK(birthday>='1980-1-1' AND birthday<=getdate()),
    CONSTRAINT pk_id  PRIMARY(ID),
    CONSTRAINT un_name  UNIQUE(NAME),
    CONSTRAINT ck_birth CHECK(birthday>='1980-1-1' AND  birthday<=getdate())
)
```

（4）为已存在的表增加约束

① 为上述 test 表的 sex 字段增加约束，要求性别只能输入“男”或“女”。代码如下：

```
USE 图书管理系统
GO
ALTER TABLE test
ADD
CONSTRAINT ck_xb CHECK(sex='男' AND sex='女')
```

② 用 T-SQL 语句创建 stu 表，表结构如表 T5.1 所示。

表 T5.1　　stu 表结构

字段名	数据类型	长度	可为空	默认值	说　明
学号	char	8	否	无	
姓名	char	12	否	无	
性别	char	2	否	无	默认值“男”
民族	char	20	否	无	
出生日期	datetime		否	无	
手机号码	char	11	否	无	

```
USE 图书管理系统
GO
```

```
CREATE TABLE STU(
            学号 CHAR(8) NOT NULL,
            姓名 CHAR(12) NOT NULL,
            性别 CHAR(2) NOT NULL DEFAULT '男',
            民族 CHAR(20) NOT NULL,
            出生日期 DATETIME NOT NULL,
            手机号码 CHAR(12) NOT NULL
            )
```

为学号设置主键，主键名 pk_xh。

```
ALTER TABLE STU
ADD
CONSTRAINT pk_xh PRIMARY KEY(学号)
```

为民族字段设置默认约束，认约束名称 df_mz，默认值为“汉族”。

```
ALTER TABLE STU
ADD
CONSTRAINT  df_mz DEFAULT '汉族'
```

为出生日期字段设置检查约束，约束名称为 ck_csrq，其检查条件为出生日期必须大于“1986/1/1”。

```
ALTER TABLE STU
ADD
CONSTRAINT  ck_csrq  CHECK(出生日期>'1986/1/1')
```

为手机号码字段添加检查约束，约束名称 ck_lxfs，该列要求联系方式必须是 11 位数字。

```
ALTER TABLE STU
ADD
CONSTRAINT  ck_lxfs CHECK(手机号码 like '[0-9] [0-9] [0-9] [0-9] [0-9] [0-9] [0-9] [0-9]
[0-9] [0-9] [0-9]')
```

删除约束 ck_csrq。

```
ALTER TABLE STU
DROP
CONSTRAINT ck_csrq
```

4. 思考与练习

（1）为教师表的班级字段创建非聚集索引，索引名称为 bj。

（2）为书籍表的价格字段增加检查约束，要求价格不能高于 100 元，约束名称 ck_jg。

（3）为教师表的状态字段增加默认约束，默认值为正常，约束名称 df_zht。

（4）删除约束 ck_jg。

实验6　视图的创建与使用

1. 实验目的与要求

（1）熟练掌握视图的创建方法

（2）熟练掌握视图的应用

2. 实验准备

（1）了解视图的定义和作用

（2）了解视图创建的基本语法格式

3. 实验内容

（1）在图书管理系统数据库中，以学生表为基础，创建视图 xinxi_view，该视图可显示信息系学生的全部信息。

```
USE 图书管理系统
GO
CREATE VIEW xinxi_view
AS
  SELECT * FROM 学生表  WHERE 系别='信息系'
```

（2）以学生表、书籍表和借阅登记表为基础，创建加密视图 fuzhuan_view，该视图显示信息系学生的借阅信息，包括学生的姓名及所借图书的书名、价格。

```
CREATE VIEW fuzhuan_view
WITH ENCRYPTION
AS
    SELECT 姓名,书名,价格
    FROM 学生表,借阅登记表 ,书籍表
    WHERE 学生表.证件编号=借阅登记表.证件编号
    AND 书籍表.条形码编号=借阅登记表.书籍条形码编号
    AND 系别='信息系'
```

（3）通过视图 xinxi_view，为学生表增加 1 名学生信息（'100002030108', '张乐乐', '计算 101', '信息系', '正常'）。

```
USE 图书管理系统
GO
INSERT INTO xinxi_view VALUES('100002030108','张乐乐','计算 101','信息系','正常')
```

（4）通过视图 xinxi_view 将姓名为“张乐乐”的学生的状态改为“停用”。

```
USE 图书管理系统
GO
UPDATE xinxi_view SET 状态='停用'
WHERE 姓名='张乐乐'
```

（5）通过视图 xinxi_view 删除姓名为“张乐乐”的学生。

```
USE 图书管理系统
GO
DELETE xinxi_view  WHERE 姓名='张乐乐'
```

（6）修改 xinxi_view 视图，显示信息系学生的证件编号、姓名和班级，要求通过视图的修改必须满足信息系这个条件。

```
USE 图书管理系统
GO
ALTER VIEW xinxi_view
AS
SELECT 证件编号,姓名,班级
```

```
FROM 学生表
WHERE 系别='信息系'
WITH CHECK OPTION
```

4. 思考与练习

（1）思考使用视图的优点。

（2）在图书管理系统数据库中，以学生表为基础，创建视图 dianzi_view，该视图可显示电子系学生的全部信息。

（3）创建加密视图 jia_view，该视图显示电子系学生的借阅信息，包括学生的姓名、所借的书名和价格。

（4）通过视图 dianzi_view 向学生表中添加两条记录。

（5）查询视图 jia_view，显示价格小于 30 的图书名称。

实验 7　Transact-SQL 编程

1. 实验目的与要求

（1）熟练掌握程序中的批处理、脚本和注释的使用方法

（2）熟练掌握各种流程控制语句的使用方法

（3）熟练掌握常用函数的用法

（4）熟练掌握用户自定义函数的创建及使用方法

（5）熟练掌握程序中的事务的使用方法

（6）熟练掌握游标的定义及使用方法

2. 实验准备

（1）了解批处理、脚本和注释的概念

（2）了解各种流程控制语句的基本语法格式

（3）了解系统函数的类型的作用

（4）了解用户自定义函数的类型和创建的语法格式

（5）了解游标的概念

3. 实验内容

（1）编写程序脚本实现：在书籍表中统计图书的平均价格，如果平均价格高于 45 元，则将所有图书的价格都下降 2 元，否则显示各个出版社的平均价格。

```
USE 图书管理系统
GO
DECLARE @PINGJUN NUMERIC(7,2)
SET @PINGJUN=(SELECT AVG(价格)
            FROM 书籍表 )
```

```
IF @PINGJUN>45
    UPDATE 书籍表  SET 价格=价格-2
ELSE
    SELECT 出版社,AVG(价格) AS 平均价格
    FROM 书籍表
    GROUP BY 出版社
```

（2）创建一个与教师表结构相同的表 jszt（使用 into 语句），用游标实现，检查教师表中的每条记录，将状态为“停用”的教师信息添加到 jszt 表中

```
USE 图书管理系统
GO
DECLARE c_xiugai  CURSOR  SCROLL  DYNAMIC  FOR
SELECT *
FROM 教师表    --定义游标
DECLARE @ZJBH CHAR(8),@XM VARCHAR(50),@BM VARCHAR(50),@ZT NCHAR(2)
OPEN c_xiugai
IF @@ERROR=0
BEGIN
    IF @@CURSOR_ROWS>0
    FETCH NEXT  FROM c_xiugai INTO @ZJBH,@XM,@BM,@ZT
    WHILE (@@FETCH_STATUS =0)                            --打开游标
    BEGIN
        IF @ZT='停用'
        INSERT INTO JSZT   VALUES(@ZJBH,@XM,@BM,@ZT)
        FETCH NEXT  FROM c_xiugai  INTO @ZJBH,@XM,@BM,@ZT
   END
END
CLOSE c_xiugai                                           --关闭游标
DEALLOCATE c_xiugai                                      --删除游标
GO
SELECT *
FROM jszt
GO
```

（3）将“计算机基础”字符串中的字符倒序显示。

```
DECLARE @zfc  VARCHAR(50),@zf  VARCHAR(10)
SET @zf=''
SET @zfc='计算机基础'
DECLARE @len INT
SET @len=LEN(@zfc)
WHILE @len>=0
 BEGIN
   SET @zf=@zf+substring(@zfc,@len,1)
   SET @len=@len-1
 END
PRINT @zfc +'的倒序显示为：'+@zf
```

（4）创建用户自定义标量函数，该函数通过输入学生的证件编号返回学生所在的系别，并使用该函数查看证件编号为“100002020101”的学生所在的系别。

```
USE 图书管理系统
GO
CREATE FUNCTION xi(@inzjbh CHAR(12)) RETURNS VARCHAR(50)
BEGIN
```

```
DECLARE @x VARCHAR(50)
SET @x=( SELECT 系别 FROM 学生表 WHERE 证件编号=@inzjbh)
RETURN @x
END
```

调用函数，查看证件编号为“100002020101”学生所在的系，如图 T7.1 所示。

```
USE 图书管理系统
GO
SELECT dbo.xi('100002020101')  as 所在系别
```

结果 | 消息

	所在系别
1	经管系

图 T7.1　标量值函数的调用示例

（5）创建用户自定义函数，该函数通过输入教师“姓名”，返回该教师的证件编号、借书时间、应还时间和实还时间。调用该函数显示林志强老师所借图书信息。

```
USE 图书管理系统
GO
CREATE FUNCTION fun1(@inxm CHAR(20)) RETURNS TABLE
AS
RETURN
     (
     SELECT 教师表.证件编号,借出时间,应还时间,实还时间
      FROM 教师表,借阅登记表
      WHERE 教师表.证件编号=借阅登记表.证件编号
      AND 姓名=@inxm
     )
GO
```

调用该函数显示林志强老师的借阅信息，如图 T7.2 所示。

```
USE 图书管理系统
GO
SELECT *
FROM DBO.FUN1('林志强')
```

结果 | 消息

	证件编号	借出时间	应还时间	实还时间
1	10000202	2012-03-08	2012-05-07	2012-04-17
2	10000202	2012-03-17	2012-05-16	2012-05-28

图 T7.2　内嵌表值函数的调用示例

（6）创建用户自定义内嵌表值函数，该函数通过输入“书名”返回所借图书的教师姓名，以及该书的条形码编号、价格、出版社、借出时间、应还时间和实还时间。调用该函数，显示“简爱”的借阅信息。

```
USE 图书管理系统
GO
CREATE FUNCTION fun2(@insm CHAR(20)) RETURNS TABLE
AS RETURN
(SELECT  书籍条形码编号,价格,出版社,借出时间,姓名,应还时间,实还时间
```

```
FROM 教师表,借阅登记表,书籍表
WHERE 教师表.证件编号=借阅登记表.证件编号
AND 借阅登记表.书籍条形码编号=书籍表.条形码编号
AND 书名=@insm)
GO
```

调用该函数显示“简爱”的借阅信息，如图 T7.3 所示。

```
USE 图书管理系统
GO
SELECT *
FROM DBO.FUN2('简爱')
```

	书籍条形码编号	价格	出版社	借出时间	姓名	应还时间	实还时间
1	20111111015	91.50	群言出版社	2012-03-07	王明方	2012-05-06	2012-05-07

图 T7.3　内嵌表值函数的调用结果

4. 思考与练习

（1）创建用户自定义函数，该函数通过输入系部返回该系教师的借书时间、应还时间和实还时间。调用该函数，查看经管系教师借阅信息。

（2）创建用户自定义标量函数，该函数通过输入教师的证件编号返回教师所在的系别。调用该函数，查看证件编号为“10000202”的学生所在的系别。

实验 8　存储过程与触发器

1. 实验目的与要求

（1）熟练掌握存储过程的创建与应用

（2）熟练掌握触发器的创建与应用

2. 实验准备

（1）了解存储过程的分类与作用

（2）了解存储过程创建的基本语法格式

（3）了解触发器的分类与作用

（4）了解触发器创建的基本语法格式

3. 实验内容

（1）创建存储过程实现教师信息的录入功能。

```
USE 图书管理系统
GO
CREATE PROCEDURE AddTeacher @tno char(8),@tname varchar(50),
                            @dept varchar(50),@status nchar(2)
```

```
AS
BEGIN
    IF LEN(@tno)<>8
   BEGIN
      PRINT '教师借书证编号长度必须是位！'
      RETURN
   END
    IF @status<>'正常' AND @status<>'停用'
   BEGIN
      PRINT '教师借书证状态错误！'
      RETURN
    END
    INSERT INTO 教师表
    VALUES(@tno,@tname,@dept,@status)
    PRINT '录入成功！'
END
```

（2）创建存储过程实现根据书籍条形码编号查询相关借阅记录的功能。

```
USE 图书管理系统
GO
CREATE PROCEDURE GetInfoByBook @bookno char(11)
AS
BEGIN
    SELECT * FROM 借阅登记表
    Where 书籍条形码编号=@bookno
END
```

（3）创建触发器，实现当修改学生证件编号时，借阅登记表中的学生证件编号自动修改。

```
USE 图书管理系统
GO
CREATE TRIGGER UpdateStuNo ON 学生表
FOR UPDATE
AS
BEGIN
    UPDATE 借阅登记表
    SET 证件编号=(SELECT 证件编号 FROM inserted)
    Where 证件编号=(SELECT 证件编号 FROM deleted)
END
```

（4）创建触发器，当在借阅登记表插入记录或修改记录时，可检查书籍条形码编号是否在书籍表中存在，如果不存在，则撤销插入或修改操作。

```
USE 图书管理系统
GO
CREATE TRIGGER CheckBookNo ON 借阅登记表
FOR UPDATE,INSERT
AS
BEGIN
    IF ((SELECT 书籍条形码编号 FROM inserted) NOT IN
        (SELECT 条形码编号  FROM 书籍表))
```

```
        ROLLBACK
END
```

4. 思考与练习

（1）创建存储过程，实现学生信息的录入，要求验证学生证件编号必须为 12 位、状态为正常或停用。

（2）创建存储过程，实现书籍信息的录入，要求验证条形码编号字段为 11 位、价格在 10 到 100 之间。

（3）创建存储过程，实现学生和教师借书登记业务，对于有超期未还记录的人员不允许借阅书籍。

（4）创建存储过程，实现学生和教师还书业务。

（5）创建触发器，实现阻止用户修改学生证件编号的功能。

（6）创建触发器，实现当删除学生信息时，该学生的借阅信息也会自动被删除。

实验 9　SQL Server 2008 安全管理

1. 实验目的与要求

（1）熟练掌握登录名的创建方法

（2）熟练掌握数据库用户的创建与管理方法

（3）熟练掌握数据库角色与服务器角色的运用方法

（4）熟练掌握架构的创建与运用方法

（5）熟练掌握权限授予、拒绝和撤销的方法。

2. 实验准备

（1）了解 SQL Server 2008 的安全管理机制

（2）了解登录名、用户、角色、架构、权限的分类和作用

3. 实验内容

（1）Windows 登录名

① 使用图形界面方式创建 Windows 登录名 Book

以管理员身份登录进入 Windows 系统，新建一个用户 Book。打开【SQL Server Management Studio】窗口，在【对象资源管理器】窗口中依次展开【安全性】→【登录名】节点，右键单击【登录名】节点，右键单击，在弹出的快捷菜单中选择【新建登录名】命令，在【新建登录名】对话框中选择 Windows 用户 Book，选择【Windows 身份验证】选项，单击【确定】按钮完成创建。

② 运用 T-SQL 语句创建 Windows 登录名 Books

可运用 CREATE LOGON 语句将 Windows 系统用户设置为数据库系统 Windows 身份验证模式的登录名，代码如下：

```
USE master
```

```
GO
CREATE LOGIN [DELL-PC\Books]
FROM WINDOWS
WITH DEFAULT_DATABASE=图书管理系统
```

此处，DELL-PC 为计算机名。

（2）系统登录名

① 运用图形界面方式创建 SQL Server 登录名 Book1

打开【SQL Server Management Studio】窗口，在【对象资源管理器】窗口中依次展开【安全性】→【登录名】节点，右键单击【登录名】节点，在弹出的快捷菜单中选择【新建登录名】命令，在【登录名】文本框中输入“Book1”，在下方选择【SQL Server 身份验证】选项，并输入密码及确认密码。取消选择【用户在下次登录时必须更改密码】选项，单击【确定】按钮完成创建。

② 运用 T-SQL 语句方式创建 SQL Server 登录名 Books1

可运用 CREATE LOGON 语句创建 SQL Server 登录名，代码如下：

```
USE master
GO
CREATE LOGIN Books1
WITH PASSWORD='123456',
DEFAULT_DATABASE=图书管理系统
```

（3）数据库用户

① 运用图形界面方式创建图书管理系统数据库用户 Book2

打开【SQL Server Management Studio】窗口，在【对象资源管理器】窗口中依次展开【数据库】→【图书管理系统】→【安全性】→【用户】节点，右键单击【用户】节点上右键单击，在弹出的快捷菜单中选择【新建用户】命令，在【用户名】文本框中输入用户名称“Book2”。单击【登录名】文本框右侧的按钮...，弹出【选择登录名】对话框，选择登录名 Book，返回【新建用户】对话框。按照同样的操作方式，选择【默认架构】为 dbo，单击【确定】按钮即可完成用户 Book2 的创建。

② 运用 T-SQL 语句创建图书管理系统数据库用户 Books2

可运用 CREATE USER 语句创建数据库用户，代码如下：

```
USE 图书管理系统
GO
CREATE USER Books2
FOR LOGIN Book
WITH DEFAULT_SCHEMA=dbo
```

（4）固定服务器角色

① 运用图形界面方式添加固定服务器角色成员

打开【SQL Server Management Studio】窗口，在【对象资源管理器】窗口中依次展开【安全性】→【登录名】节点，选择需要添加的登录名，如 Book，右键单击登录名，在弹出的快捷菜单中选择【属性】命令，在弹出的对话框中切换到【服务器角色】页，选择要添加到的服务器角色，单击【确定】按钮即可。

② 使用系统存储过程添加固定服务器角色成员

可使用系统存储过程 SP_ADDSRVROLEMEMBER 将登录名添加到某个固定服务器角色中，代码如下：

```
SP_ADDSRVROLEMEMBER 'Book1','setupadmin'
```

（5）固定数据库角色

① 使用图形界面方式添加固定数据库角色成员

打开【SQL Server Management Studio】窗口，在【对象资源管理器】窗口中依次展开【数据库】→【图书管理系统】→【安全性】→【用户】节点，选择需要添加的用户，如 Book2，右键单击用户，在弹出的快捷菜单中选择【属性】命令，在【常规】页中的【数据库角色成员身份】栏中选中需要添加的数据库角色，单击【确定】按钮即可。

② 使用系统存储过程添加固定数据库角色成员

可使用系统存储过程 SP_ADDROLEMEMBER 将登录名添加到某个固定数据库角色中，代码如下：

```
SP_ADDROLEMEMBER ' db_accessadmin','Book2'
```

（6）自定义数据库角色

① 使用图形界面方式创建数据库角色 BookRole 并添加成员 Book2

打开【SQL Server Management Studio】窗口，在【对象资源管理器】窗口中依次展开【数据库】→【图书管理系统】→【安全性】→【角色】→【数据库角色】节点，右键单击【数据库角色】节点，在弹出的快捷菜单中选择【新建数据库角色】命令，在【角色名称】对话框中输入“BookRole”，【所有者】默认为 dbo。单击【添加】按钮，将用户 Book2 添加成为该角色的成员，单击【确定】按钮完成创建。

② 运用 T-SQL 语句创建数据库角色 BookRole1 并添加成员 Book2

可使用 CREATE ROLE 语句来创建数据库角色，代码如下：

```
USE 学生成绩管理系统
GO
CREATE ROLE BookRole1  AUTHORIZATION dbo
EXEC sp_addrolemember 'BookRole1','Book2'
```

（7）架构

① 使用图形界面方式创建数据库架构 Book schema1

打开【SQL Server Management Studio】窗口，在【对象资源管理器】窗口中依次展开【数据库】→【图书管理系统】→【安全性】→【架构】节点，右键单击【架构】节点，在弹出的快捷菜单中选择【新建架构】命令，在【架构名称】文本框中输入名称“Book schema1”,单击【搜索】按钮来选择架构的所有者，单击【确定】按钮完成架构的创建。

② 使用 T-SQL 语句创建数据库架构 Book schema2

可以使用 CREATE SCHEMA 语句来创建架构，语句如下：

```
USE 学生成绩管理系统
GO
CREATE SCHEMA Book schema2
    AUTHORIZATION Book2
```

（8）数据库权限

① 使用图形界面方式授予用户 Book2 图书管理系统上的 CREATE TABLE 权限

打开【SQL Server Management Studio】窗口，在【对象资源管理器】窗口中依次展开【数据库】→【图书管理系统】节点，右键单击【图书管理系统】节点，在弹出的快捷菜单中选择【属性】命令，切换到【权限】页，选择用户 Book2，在下方的权限列表中选中【创建表】的授予权限，单击【确定】按钮保存。

② 使用图形界面方式授予用户 Book2 在学生表上的 SELECT 和 DELETE 权限

打开【SQL Server Management Studio】窗口，在【对象资源管理器】窗口中依次展开【数据库】→【图书管理系统】→【学生表】节点，右键单击【学生表】节点，在弹出的快捷菜单中选择【属性】命令，切换到【权限】页，选择用户 Book2，在下方的权限列表中选中【选择】和【删除】的授予权限，单击【确定】按钮保存。

③ 运用 T-SQL 语句授予用户 Books2 图书管理系统上的 CREATE TABLE 权限

可用 GRANT 语句实现权限的授予，代码如下：

```
USE 图书管理系统
GO
GRANT CREATE TABLE
TO Books2
```

④ 运用 T-SQL 语句授予用户 Books2 学生表上的 SELECT 和 DELETE 权限

可用 GRANT 语句实现权限的授予，代码如下：

```
USE 图书管理系统
GO
GRANT SELECT,DELETE
ON 学生表
TO Books2
```

⑤ 运用 T-SQL 语句拒绝用户 Books2 学生表上的 INSERT 权限

可用 DENY 语句实现权限的拒绝，代码如下：

```
USE 图书管理系统
GO
DENY INSERT
ON 学生表
TO Books2
```

⑥ 运用 T-SQL 语句撤销用户 Books2 学生表上的 SELECT 和 DELETE 权限

可用 REVOKE 语句实现权限的撤销，代码如下：

```
USE 图书管理系统
GO
REVOKE SELECT,DELETE
ON 学生表
FROM Books2
```

4. 思考与练习

（1）使用图形界面和 T-SQL 语句两种方式创建 Windows 登录名 BookLogin。

（2）使用图形界面和 T-SQL 语句两种方式创建 SQL Server 登录名 BooksLogin。

（3）使用图形界面和 T-SQL 语句两种方式创建图书管理系统数据库用户 BookUser。

（4）使用图形界面和系统存储过程将登录名 BookLogin 和 BooksLogin 添加到服务器角色 sysadmin 中。

（5）使用图形界面和系统存储过程将数据库用户 BookUser 添加到数据库角色 db_accessadmin 中。

（6）使用图形界面和 T-SQL 语句两种方式创建图书管理系统数据库角色 BooksRole，并为其添加成员 Books2。

（7）使用图形界面和 T-SQL 语句两种方式创建图书管理系统数据库架构 schema1，其所有者为 BookUser。

（8）使用图形界面和 T-SQL 语句两种方式授予数据库用户 BookUser 在图书管理系统数据库上的创建表和创建函数权限。

（9）使用图形界面和 T-SQL 语句两种方式拒绝数据库用户 BookUser 在图书管理系统数据库教师表上的查询、插入、修改和删除权限。

（10）使用图形界面和 T-SQL 语句两种方式撤销数据库用户 BookUser 在图书管理系统数据库上的创建表和创建函数权限。

实验 10　数据库的备份与还原

1. 实验目的与要求

（1）掌握备份数据的操作方法

（2）掌握恢复数据的操作方法

2. 实验准备

（1）了解数据备份的概念

（2）了解数据备份所需要的常用设备

3. 实验内容

（1）创建名称为“图书管理系统备份”备份设备

① 使用图形界面方式创建备份设备

在【对象资源管理器】窗口中单击服务器名称以展开服务器树，展开【服务器对象】节点，右键单击【备份设备】选项，在弹出的菜单中选择【新建备份设备】命令，打开【备份设备】窗口。在【备份设备】窗口输入设备名称并且指定该文件的完整路径，这里创建名称为“图书管理系统备份”的备份设备。

② 使用系统存储过程 SP_ADDUMPDEVICE 创建备份设备

```
EXEC sp_addumpdevice 'disk','图书管理系统备份','C:\ 图书管理系统备份.bak'
```

（2）查看服务器上的备份设备

① 使用图形界面方式查看所有备份设备

在【对象资源管理器】窗口中单击服务器名称以展开服务器树，依次展开【服务器对象】→【备份设备】节点，就可以看到当前服务器上已经创建的所有备份设备。

② 使用系统存储过程 SP_HELPDEVICE

在新建查询中输入 SP_HELPDEVICE，执行。

（3）对“图书管理系统”数据库进行完整备份

对“图书管理系统”数据库进行完整备份，备份设备为建好的“图书管理系统备份”本地磁盘设备。

① 使用图形界面方式实现

在【对象资源管理器】窗口中右键单击数据库【图书管理系统】，在弹出的菜单中选择【任务】→【备份】命令，打开【备份数据库】窗口。在【备份数据库】窗口中的【数据库】下拉列表中选择【图书管理系统】数据库，【备份类型】项选择【完整】，保留【名称】文本框的内容不变。

② 使用备份命令

新建查询，输入如下代码：

```
BACKUP DATABASE 图书管理系统
TO DISK='图书管理系统备份'
WITH INIT,
NAME='图书管理系统 完整 备份',
DESCRIPTION='this is the full backup of 图书管理系统'
```

（4）对“图书管理系统”数据库进行差异数据库备份

对“图书管理系统”数据库进行差异数据库备份，备份设备为建好的“图书管理系统备份”本地磁盘设备。

① 使用图形界面方式实现

在【对象资源管理器】窗口中展开【数据库】节点，右键单击【图书管理系统】数据库，在弹出的快捷菜单中选择【任务】→【备份】命令，打开【备份数据库】窗口。在【备份数据库】窗口的【数据库】下拉列表中选择【图书管理系统】数据库，【备份类型】项选择【差异】。

② 使用备份命令

新建查询，输入如下代码：

```
BACKUP DATABASE 图书管理系统
TO DISK='图书管理系统备份'
WITH DIFFERENTIAL,
NOINIT,
NAME='图书管理系统差异备份',
DESCRIPTION='this is differential backup of 图书管理系统 on disk'
```

（5）对“图书管理系统”数据库进行事务日志备份

对“图书管理系统”数据库进行事务日志备份，备份设备为建好的“图书管理系统备份”本地磁盘设备。

① 使用图形界面方式实现

在【对象资源管理器】窗口中展开【数据库】节点，右键单击【图书管理系统】数据库，在弹出的快捷菜单中选择【任务】→【备份】命令，打开【备份数据库】窗口。在【备份数据库】窗口的【数据库】下拉列表中选择【图书管理系统】数据库，【备份类型】项选择【事务日志】。

② 使用备份命令

新建查询，输入如下代码：

```
BACKUP LOG 图书管理系统
TO DISK='图书管理系统备份'
WITH NOINIT,
NAME='图书管理系统事务日志备份',
DESCRIPTION='this is transaction backup of 图书管理系统 on disk'
```

（6）对“图书管理系统”数据库进行文件组备份

对“图书管理系统”数据库进行文件组备份，备份设备为建好的“图书管理系统备份”本地磁盘设备。

① 使用图形界面方式实现

在【对象资源管理器】窗口中展开【数据库】节点，右键单击【图书管理系统】数据库，在弹出的快捷菜单中选择【任务】→【备份】命令，打开【备份数据库】窗口。在【备份数据库】窗口的备份组件下选择【文件和文件组】命令就打开【选择文件和文件组】对话框。在【选择文件和文件组】对话框中选择要备份的文件和文件组，单击【确定】按钮返回。在【备份数据库】窗口的【常规】页中，选择数据库为【图书管理系统】，备份类型为【完整】，并选择备份设备。

② 使用备份命令

新建查询，输入如下代码：

```
BACKUP DATABASE 图书管理系统
FILEGROUP='second'
TO DISK='图书管理系统备份'
WITH
DESCRIPTION='this the filegroup backup of 图书管理系统'
```

（7）使用常规还原对备份的“图书管理系统”进行还原数据库操作

在【对象资源管理器】窗口中展开【数据库】节点，右键单击【图书管理系统】数据库，在弹出的快捷菜单中选择【任务】→【还原】→【数据库】命令，打开【还原数据库】窗口。在【还原数据库】窗口中选中【源设备】单选按钮，然后单击□按钮弹出【指定备份】对话框，在【备份媒体】选项中选择【备份设备】选项，然后单击【添加】按钮，选择之前创建的“图书管理系统备份”备份设备。选择完成后，单击【确定】按钮返回。在【还原数据库】窗口就可以看到该备份设备中的所有的数据库备份内容，选中【选择用于还原的备份集】下面的【完整】、【差异】和【事务日志】3 种备份，可将数据库还原到最近一次备份的正确状态。

（8）使用时间点还原事务日志备份

在【对象资源管理器】窗口中展开【数据库】节点，右键单击【图书管理系统】数据库，在弹出的快捷菜单中选择【任务】→【还原】→【数据库】命令，打开【还原数据库】窗口。单击【目标时间点】文本框后面的【选项】按钮□，打开【时点还原】窗口，启用【具体日期和时间】选项，输入具体时间“10:00:00”。设置完成后，单击【确定】按钮返回，然后还原备份，设置时间以后的操作将会被还原。

4. 思考与练习

（1）只使用差异数据库备份可以还原数据库吗？

（2）只是用事务日志备份可以还原数据库吗？